HARALD LESCH · JÖRN MÜLLER

Sterne

Harald Lesch · Jörn Müller

STERNE

Wie das Licht
in die Welt kommt

GOLDMANN

Die Originalausgabe ist 2008
unter dem Titel »Weißt du, wie viel Sterne stehen?«
im C. Bertelsmann Verlag erschienen.

Verlagsgruppe Random House FSC-DEU-0100
Das FSC®-zertifizierte Papier *Profibulk* von Sappi
für dieses Buch liefert Igepa 2H-Papier.

2. Auflage
Taschenbuchausgabe April 2011
Wilhelm Goldmann Verlag, München,
in der Verlagsgruppe Random House GmbH
Copyright © 2008 der Originalausgabe
by C. Bertelsmann Verlag, München,
in der Verlagsgruppe Random House GmbH
Umschlaggestaltung: UNO Werbeagentur, München
in Anlehnung an die Gestaltung der Hardcover-Ausgabe
(R.M.E. Roland Eschelbeck und Rosemarie Kreuzer)
Umschlagmotiv: Mauritius Images/Phototake
Bildredaktion: Dietlinde Orendi
KF · Herstellung: Str.
Druck und Bindung: Těšínská tiskárna, a.s., Český Těšín
Printed in Czech Republic
ISBN: 978-3-442-15643-6

www.goldmann-verlag.de

Inhaltsverzeichnis

Kapitel 5

Kapitel 6

Kapitel 7

Kapitel 8

Kapitel 9

Kapitel 10

Kapitel 11

Kapitel 12

Kapitel 13

Kapitel 14

Anhang

Vorwort

Um es gleich vorwegzunehmen: Dieses Buch hat mit Astrologie nichts zu tun! Auch wenn der Titel gewisse Hoffnungen wecken sollte, so werden wir, stur, wie wir sind, nicht vom geraden Weg der reinen Wissenschaft abweichen. Alle, die etwas anderes erwarten, sollten dieses Buch besser gleich gegen einen Mondkalender tauschen.

Doch denen, die sich einen Überblick verschaffen wollen über das Wesen der Sterne und die Vielfalt der Erscheinungsformen, kann das Buch eine kurzweilige Lektüre sein. Allerdings: Ein bisschen »Mitdenken« sollte schon sein. Zwar sind wir der Meinung, dass es gut ist, Wissenschaft unterhaltsam zu vermitteln. Doch Wissenschaft nur zur Unterhaltung – das klappt nicht. Wissen wird einem nicht geschenkt, man kommt um ein gewisses Maß an geistiger Anstrengung nicht herum. In diesem Sinne: »Per aspera ad astra«, wie die Lateiner sagen. Es fällt einem nichts in den Schoß!

Kapitel 1

Von der Astronomie zur Astrophysik

Der Himmel ist unser Guckloch auf die Bühne des Kosmos. Dort wird ganz großes Theater gespielt. Stücke von grenzenloser Erhabenheit, Wucht und Dramatik. Kant, der »Alte aus Königsberg«, hat einmal gesagt: »Zwei Dinge erfüllen das Gemüt mit zunehmender Bewunderung und Ehrfurcht: der gestirnte Himmel über mir und das moralische Gesetz in mir.«

Versuchen wir zu verstehen, was den Philosophen Kant zu dieser Aussage bewegt hat. Das moralische Gesetz kann als eine objektive, rationale Regel begriffen werden, nach der sich der freie menschliche Wille vernünftigerweise zu richten bereit ist. Dabei verleiht der Begriff »Moral« dieser Regel erst ihren hohen Stellenwert. Salopp gesprochen ist Moral eine Art Gleitmittel zum Abbau sozialer Reibungen zwischen den Individuen. Sozialwissenschaftler würden es vermutlich anders ausdrücken. Vielleicht würden sie sagen: Moral ist ein Wertekanon, der in einer Gruppe von Individuen ein einvernehmliches Mit- und Nebeneinander möglich macht. In diesem Sinne setzt Moral ein Bewusstsein für »Gut« und »Böse« voraus. Man könnte daher sagen: Das moralische Gesetz ist das gefühlte innere Gewissen, das uns ermahnt: »Du sollst!« beziehungsweise »Du sollst nicht!«

Natürlich ist das moralische Empfinden individuell ausgeprägt. Die Bandbreite der Charakterzüge reicht vom Heiligen bis hin zum Verbrecher. Demnach bemisst sich der moralische Rang des Individuums daran, in welchem Umfang es sich seiner inneren Stimme verpflichtet fühlt. Ein isoliertes, nur sich selbst verantwortliches Wesen würde vermutlich auch ohne

Moral kaum in einen Gewissenskonflikt geraten, da sich Moral wohl erst in der Haltung gegenüber anderen zeigen kann. Doch innerhalb einer Gruppe, einer Population, ist ein gewisses Maß an Moral unverzichtbar. Dort bedarf es einer Leitlinie, einer Richtschnur, an der sich das individuelle Handeln wie auch das Verhalten gegenüber anderen orientieren kann. Damit Konfliktbewältigung funktioniert, muss der moralische Verhaltenskodex, das moralische Gesetz, nicht nur von allen Individuen akzeptiert sein, vielmehr müssen auch alle Individuen imstande sein, ihm Folge zu leisten. In dem ebenfalls von Kant formulierten Satz: »Handle stets so, dass die Maxime deines Handelns jederzeit als Prinzip einer allgemeinen Gesetzgebung gelten könne«, kommt das klar zum Ausdruck. Auf Erden ist der Mensch vermutlich das einzige Geschöpf, das eine gewisse innere Verpflichtung gegenüber seiner Umwelt verinnerlicht hat. Auf einen kurzen Nenner gebracht: Erst gelebte Moral macht den Homo sapiens zum Menschen.

Im Gegensatz zur Spezies Mensch kennt die Natur keine Moral. Manche sagen: »Die Natur ist grausam.« Aus der Perspektive eines vom Schicksal gebeutelten Individuums mag man dieser Ansicht zustimmen. Objektiv betrachtet erweist sich diese Meinung jedoch als falsch. In der Natur gelten andere Gesetze, keine moralischen, sondern eben Naturgesetze. An die Stelle der freien Entscheidung zwischen einem »Du sollst nicht!« und einem »Ich mache es trotzdem!« setzt die Natur ein kompromissloses »Du kannst nicht!« Jeder Versuch, sich dagegenzustemmen, muss scheitern. Die Natur kennt da keinen Spaß, aber – wiederum tröstlich – sie kennt auch keine Bosheit.

Verhaltensforscher haben mittlerweile auch im Tierreich, insbesondere bei den Primaten, Verhaltensweisen entdeckt, die man als eine Form von Moral deuten kann. Affen helfen sich manchmal gegenseitig. Doch ist das von ähnlicher Intensität wie beim Menschen? Handelt es sich dabei nicht lediglich um eine Art Instinkt, nach dem Motto: »Was dir hilft, hilft auch mir«? Bewusst gelebte Moral verlangt ein gewisses Maß an Selbstlosigkeit und setzt Selbstreflexion und insbesondere einen freien Willen voraus, sich so oder so zu entscheiden. Kann man das einem Schimpansen, dem uns am nächsten stehenden Primaten, zubilligen? Wir stellen das nicht in Abrede. Aber wir sehen doch einen deutlichen Unterschied. Vielleicht liegt es auch einfach daran, dass wir eben keine Affen und nicht in der Lage sind, die »Moral« dieser Gattung zu verstehen oder richtig zu deuten. Oder weil wir gar nicht bereit sind, anderen Lebewesen einen so hohen Entwicklungsstand zuzubilligen, der eine wie auch immer geartete Form von Moral einschließt. Man kann uns Menschen in dieser Hinsicht ja einen ausgeprägten Chauvinismus nicht absprechen. Wohin das führen kann, ist insbesondere am Umgang des Menschen mit seiner Umwelt zu beobachten. Wie auch immer: Gewisse Formen »animalischer« Moral sind nicht völlig auszuschließen.

Kann man sich ein moralisches Gesetz bei höher entwickelten Tieren noch vorstellen, so ginge es wohl zu weit, wollte man von ihnen auch eine gewisse Ehrfurcht beim Anblick des nächtlichen Sternenhimmels erwarten. Uns ist jedenfalls kein Fall bekannt, wo Primaten den Sternen gesteigerte Aufmerksamkeit entgegengebracht hätten beziehungsweise ihr Verhalten Anzeichen von Bewunderung erkennen ließ. Ganz anders beim Menschen. Was ihn auszeichnet, ist die Fähigkeit zu staunen. Auslöser dieser Befindlichkeit ist zumeist die Konfrontation mit etwas Unerwartetem, etwas Großartigem oder auch Verwunderlichem. Aber auch die Begegnung mit dem Unerklärlichen, dem Unverstandenen lässt Menschen ins Staunen geraten. Staunen heißt, sich des Besonderen bewusst zu werden. Der Romancier Theodor Fontane meint: »Staunen ist auch eine Kunst. Es gehört etwas dazu, Großes auch als groß zu begreifen.« Fast immer ist das Staunen mit intensiven Emotionen verknüpft: beispielsweise einem Gefühl der Bewunderung, des Respekts, der Verehrung. Oft ruft es aber auch Befremden oder Irritation hervor. Und nicht zuletzt folgt auf Staunen oft Neugierde. Das Unbekannte und Unbegreifliche soll zu Vertrautem und Erklärbarem werden. Schon Thomas von Aquin hat gesagt: »Das Staunen ist eine Sehnsucht nach

Wissen.« So gesehen sind Wissen und Erkenntnis das Ergebnis ursprünglichen Staunens und der daraus resultierenden Neugierde. Auf einen Nenner gebracht heißt das: Staunen ist die Triebfeder aller Wissenschaft. Niemand weiß, wann in der Geschichte erstmals einer unserer Vorfahren erstaunt den Blick zum Himmel gerichtet und sich Fragen gestellt hat wie: Was hat das da draußen zu bedeuten? Woher kommt das alles? Seitdem ist nichts mehr, wie es war. Der Blick »nach oben« und die Faszination, die davon ausgeht, haben nahezu alle Kulturen der Weltgeschichte in ihren Bann gezogen und bis heute nicht mehr losgelassen. Überspitzt ausgedrückt war diese erste gedankliche Auseinandersetzung mit dem Phänomen Himmel die Geburtsstunde der Astronomie.

Einst ...

Wie archäologische Funde zeigen, dürften sich bereits die Menschen der Steinzeit an den Strukturen des Himmels orientiert haben. Wie sonst ist es zu erklären, dass ihre Gräber bevorzugt nach bestimmten Himmelsrichtungen, vornehmlich nach Westen, ausgerichtet waren? Wandmalereien in der Höhle von Lascaux, in der Forscher heute die Plejaden und den Tierkreis zu erkennen glauben, deuten ebenfalls auf eine Beschäftigung mit den Sternen hin. Ab etwa 4000 v. Chr. waren es dann insbesondere die Ägypter und Babylonier im Orient, die Inder und Chinesen in Asien, die Mayas und Azteken in Südamerika sowie die Griechen in Europa, die sich sehr intensiv mit Astronomie befasst haben. So konnten die Babylonier die Positionen verschiedener Himmelskörper berechnen und deren Erscheinen vorhersagen. Sie waren auch die Ersten, die erkannten, dass der Morgen- und der Abendstern ein und dasselbe Objekt ist: die Venus. Bemerkenswert auch die schon um 2000 v. Chr. erstellten sehr genauen Mayakalender und die Tatsache, dass den Gelehrten dieser Kultur die Umlaufzeiten der Planeten bis auf eine Abweichung von nur wenigen Minuten genau bekannt waren.

Auch im frühen China war die Astronomie eine Wissenschaft von hohem Ansehen. Aus der Zeit um 3000 v. Chr. sind Aufzeichnungen und Beschreibungen von Kometen und Finsternissen überliefert. So waren die chinesischen Astronomen schon in der Lage, Sonnenfinsternisse vorauszuberechnen. Ihnen war bewusst, dass ein solches Ereignis immer nur bei Neumond stattfinden kann und dass die Mondbahn gegen die Umlaufbahn der Erde um die Sonne leicht geneigt ist. Derartige Berechnungen wurden mit besonderer Sorgfalt durchgeführt, denn die Hofastronomen mussten mit ihrem Leben bezahlen, wenn der Herrscher und sein Volk von einem derartigen Schauspiel überrascht wurden. Auch seltene, spektakuläre Himmelserscheinungen wie eine Supernova wurden als Besonderheit erkannt und als Besuch eines sogenannten »Gaststerns« in den Annalen vermerkt.

Bei den Ägyptern deutet die Ausrichtung der Pyramiden nach den Sternen auf ein intensives astronomisches Studium des Himmels hin. So unterteilte ihr Kalender das Jahr bereits in 365 Tage. Eine besondere Rolle spielte dabei der Stern Sirius. Der erste Tag, an dem dieser Himmelskörper kurz vor Sonnenaufgang am östlichen Horizont erschien, war für die Ägypter das Zeichen, dass nun die alljährliche Nilflut begann.

Auch im nördlichen Europa findet man Anzeichen einer Beschäftigung mit den Sternen. Das englische Stonehenge gibt davon ein eindrucksvolles Zeugnis. Vermutlich zwischen 2500 und 2000 v. Chr. erbaut, besteht diese Anlage aus mehreren konzentrischen Ringen riesiger, unbehauener Steinblöcke, sogenannten Megalithen. Einige dieser Steine sind nach den Positionen der Sonnenwende und Tagundnachtgleiche ausgerichtet. Man nimmt daher an, dass diese Anlage ein frühes Observatorium gewesen ist. In Griechenland und Kleinasien kann man den Beginn der beobachtenden Astronomie auf die Zeit um 3000 v. Chr. festlegen. Die Sonne, der Mond und der Wechsel der Jahreszeiten waren für die damaligen Naturphilosophen bereits Gegenstand intensiven Studiums. Dass das damalige Bild vom Kosmos jedoch noch sehr verschwommen war, darf nicht verwundern. So unterteilte Aristoteles im 4. Jahrhundert

v. Chr. das Universum in lediglich zwei Bereiche: in eine innere, sublunare Region, die von der im Zentrum stehenden Erde bis zur Umlaufbahn des Mondes reichen sollte, und in eine superlunare Region, von der Umlaufbahn des Mondes bis zu den kristallenen Sphären, an denen die Sterne beziehungsweise Planeten »angeheftet« sein mussten. Jenseits dieser Sphären war nach seiner Meinung nichts, nicht mal leerer Raum.

Doch das anfänglich noch verschwommene Bild gewann schnell an Kontur. Es hat nicht lange gedauert, bis aus dem damaligen griechischen Kulturraum hervorragende Denker und Philosophen hervorgingen, die nicht nur auf dem Gebiet der Astronomie bahnbrechende Entdeckungen machten. So kam es beispielsweise zur Entwicklung immer genauerer Verfahren zur Zeitmessung. Insbesondere der Bau von Sonnenuhren wurde mehr und mehr vervollkommnet. Auch die Armillarsphäre, ein astronomisches Instrument zur exakten Winkel- und Koordinatenmessung und zur Darstellung der Bewegung von Himmelskörpern, geht auf die Griechen zurück. In Europa wurde die Armillarsphäre erst Mitte des 15. Jahrhunderts bekannt, dann aber bis zur Erfindung des Fernrohres um 1600 zum wichtigsten Instrument der damaligen Astronomie (Abb. 1). Auch auf dem Gebiet der Vorhersagen standen die griechischen Naturphilosophen den Chinesen in nichts nach: Im Jahr 585 v. Chr. sagte Thales von Milet für den 28. Mai eine Sonnenfinsternis vorher. Als dieses Ereignis dann tatsächlich eintrat, soll es die Menschen derart erschreckt haben, dass man eine Schlacht, die just zu diesem Zeitpunkt zwischen den Lydern und den Medern tobte, abbrach und spontan Frieden schloss.

Doch machen wir uns nichts vor! Die Beschäftigung mit den Objekten des Himmels hatte ihre Beweggründe zunächst nicht so sehr in der wissenschaftlichen Erforschung der Dinge, sondern entsprang vorwiegend religiösen Aspekten. Mystik und der Glaube an Götter und Dämonen spielten eine bedeutende Rolle im Leben der Menschen. Was sich am Himmel tat, wurde als Ausdruck ihrer Macht verstanden, und die Katastrophen auf Erden gaben Zeugnis ihrer übernatürlichen Stärke. Was lag

Abb. 1: Bis zur erstmaligen Verwendung des Fernrohres durch Galilei im Jahr 1610 gehörte die Armillarsphäre zu den wichtigsten Instrumenten in der Astronomie. Sie diente zur exakten Bestimmung von Winkeln und zur Darstellung der Bewegung von Himmelskörpern.

da näher als der Wunsch, die Götter und Dämonen gnädig zu stimmen und das persönliche Schicksal vorauszusehen? Die Beobachtung des Himmels zielte darauf ab, aus den Konstellationen der Sterne Regeln und Verhaltensweisen abzuleiten, die drohendes Unheil abwenden und Erfolg und Wohlergehen garantieren sollten. Astronomie war folglich auf das Engste mit Astrologie verwoben: Die Astronomie lieferte die rechnerischen Voraussetzungen, die Astrologie war für die Sinndeutung des Geschehens am Himmel zuständig. Mit Astronomie im heutigen Sinne hatte das oft nur am Rande zu tun. Rückblickend muss man das damalige Himmelsstudium daher als pseudowissenschaftlich bezeichnen.

Neben religiösen Motiven hatten die frühzeitlichen »Himmelswissenschaften« aber auch einen handfesten ökologischen und ökonomischen Aspekt. Denn war die Regelmäßigkeit der Vorgänge am Himmel erst einmal erkannt, so hatte man eine präzise Uhr zur Verfügung, anhand derer sich beispielsweise die Jahreszeiten festlegen ließen. Auch Kalender und Berechnungen zur Länge von Tag und Nacht wurden möglich. Für ein Volk, das, wie die Ägypter, Landwirtschaft betrieb, war der richtige Zeitpunkt für Aussaat und Ernte von großer Bedeutung. Auch die Bestimmung des Zeitpunktes, wann der Nil mit seinen Schlammfluten wieder für neuen, fruchtbaren Boden sorgen würde, gehörte zu den Hauptaufgaben der astronomisch gebildeten Priester. Nicht zuletzt ermöglichte die Kenntnis der Sternpositionen die Orientierung und sichere Navigation von Schiffen oder Karawanen in endlosen Weiten.

Wie schon erwähnt, hat sich das Bild im Lauf der Zeit gewandelt: weg vom Mythos und hin zum Logos. Berühmtes Beispiel antiker Forschung ist die Bestimmung des Erdumfangs durch Eratosthenes um 220 v. Chr. In dem Wissen, dass in Syene an einem bestimmten Tag das Licht der Sonne senkrecht in einen Brunnen fällt, maß er zur gleichen Zeit im rund 800 Kilometer entfernten Alexandria die Länge des Schattens eines in den Sand gesteckten Stabes und konnte so den Umfang der Erde berechnen: 40 000 Kilometer – in guter Übereinstimmung mit dem tatsächlichen Wert. Auch der griechische Astronom Hipparchos, der um 150 v. Chr. auf Rhodos gelebt haben soll, gehörte zu den Ersten, die den Himmel, besser gesagt die Sterne, unter rein wissenschaftlichen Gesichtspunkten betrachteten. Er katalogisierte über 1000 Sterne, indem er ihre genaue Position und Bewegung am Himmel erfasste. Seine mühevolle Arbeit erfuhr übrigens im August 1989 eine späte Würdigung: Die ESA (European Space Agency) startete einen Astrometriesatelliten mit der Aufgabe, die genaue Position von über 100 000 Sternen zu bestimmen. Zu Ehren dieses verdienstvollen Astronomen gab man ihm den Namen Hipparchos. Schließlich muss noch Ptolemäus erwähnt werden, der unter den griechischen

Denkern, die man guten Gewissens als Astronomen bezeichnen darf, einen besonders hohen Rang einnimmt. In seiner Abhandlung »Mathematikes syntaxeos biblia XIII« fasste er um 150 n. Chr. das gesamte astronomische Wissen seiner Zeit zusammen. Damit war ein Standardwerk geschaffen, das rund anderthalb Jahrtausende, bis ins 17. Jahrhundert hinein, als die astronomische Bibel schlechthin galt.

Was die griechischen Denker letztlich so erfolgreich werden ließ, war ein Paradigmenwechsel im Verständnis vom Wesen der Dinge. Man kam zu der Überzeugung, dass sich die Welt alleine durch rationale Argumente, ohne Zuhilfenahme von Göttern und mythischen Gestalten, beschreiben und verstehen lässt. Damit waren die Griechen die Ersten, die Astronomie streng rational und ohne kultischen Hintergrund betrieben. Auch wenn das damalige astronomische Wissen heute größtenteils als überholt und veraltet gilt und uns rückblickend einige Lehrsätze vielleicht sogar etwas naiv anmuten, so kann der Wissensstand der antiken Denker nicht hoch genug bewertet werden. Allein die Tatsache, dass die Ergebnisse ausschließlich durch Beobachtungen mit bloßem Auge gewonnen wurden, macht deutlich, wie begrenzt damals die Möglichkeiten zum Studium des Himmels waren. Solange sich viele unserer so aufgeklärten Zeitgenossen ratlos zeigen, wenn es darum geht, elementare astronomische Gesetzmäßigkeiten wie das Zustandekommen der Jahreszeiten oder der Mondphasen zu erklären, besteht kein Grund zur Überheblichkeit. Außerdem: Es kommt nicht so sehr darauf an, wie viel an Wissen man angehäuft hat, sondern was man damit macht.

Sprechen wir jetzt – endlich – über die Sterne. Mayakalender, vorhergesagte Sonnenfinsternisse und die genaue Bestimmung der Jahreszeiten, das sind zweifellos außergewöhnliche Leistungen der antiken Kulturen. Was aber den nächtlichen Himmel so einzigartig und faszinierend macht, das sind doch die Sterne! Sie wurden vornehmlich als helle, schon immer vorhandene und auf ewig existierende Punkte am Himmel wahrgenommen. Natürlich wurden ihre Positionen, ihr Erscheinen und abermaliges Verschwinden auf und von der Himmelsbühne sorgfältig vermerkt. Hipparchos haben wir schon erwähnt, und auch Ptolemäus, der in seinen Aufzeichnungen einen umfangreichen Katalog von insgesamt 1024 Sternen hinterlassen hat. Doch das Wesen der Sterne, aus was sie bestehen, woraus sie sich zusammensetzen, das war selten Gegenstand von Untersuchungen. Allein von den Griechen weiß man, dass sie sich hinsichtlich des Sternaufbaus Gedanken gemacht haben. Ihre Astronomen waren überzeugt, dass die Sterne ihre Leuchtkraft aus irgendeiner Art von Feuer beziehen. Normales Kohlenfeuer kam nicht in Frage, da es für die großen Entfernungen zu schwach schien. Man glaubte seine Helligkeit lediglich daraus erklären zu können, dass der ganze Stern aus glühendem Gestein bestünde.

... und heute

Die heutige Astronomie hat da ungleich mehr zu bieten. Vor allem auf dem Gebiet der Instrumente sind die Fortschritte gewaltig. Konnte man bis etwa 1600, als die ersten einfachen Linsenfernrohre zum Einsatz kamen, den Himmel nur mit bloßem Auge beobachten, so stehen heute Teleskope zur Verfügung, die Daten praktisch in allen Wellenlängenbereichen des elektromagnetischen Spektrums liefern. Im Bereich des sichtbaren Lichts stehen das VLT (Very Large Telescope) in der Atacamawüste in Chile und die beiden Keck-Teleskope auf Hawaii an vorderster Front der Entwicklung. Das VLT besteht eigentlich aus vier zusammenschaltbaren Einzelteleskopen mit je 8,2 Meter Spiegeldurchmesser (Abb. 2). Die beiden Keck-Spiegel sind mit zehn Metern Durchmesser sogar noch etwas größer. Und natürlich darf man das Hubble-Weltraumteleskop nicht vergessen, das den Astronomen seit Jahren immer neue faszinierende Bilder liefert (Abb. 3).

Noch größer sind die Teleskope für den Radiowellenbereich. Das Arecibo-Teleskop in Puerto Rico, das zweitgrößte Radioteleskop der Welt, hat einen Spiegeldurchmesser von 304,8 Metern. Übertroffen wird es nur noch vom RATAN-Teleskop im Kaukasus mit rund 600 Metern Durchmesser. Da nimmt sich das deutsche Radioteleskop auf dem Effelsberg in der Eifel mit 100 Metern Spiegeldurchmesser fast bescheiden aus. Doch wenn es darum geht, möglichst scharfe Bilder zu erzeugen, sind viele zu einem großen Teleskop zusammenschaltbare Einzelteleskope von Vorteil. Das Very Large Array in New Mexico mit 27 Teleskopen zu je 25 Meter Spiegeldurchmesser ist ein gutes Beispiel.

Für Beobachtungen im Bereich der Infrarot- (IR) beziehungsweise der Röntgenstrahlung muss man die Teleskope im Weltraum stationieren, denn die Erdatmosphäre ist für IR-

Abb. 2: Das Very Large Telescope (VLT) der Europäischen Südsternwarte (ESO) auf dem 2635 Meter hohen Cerro Paranal in der Atacamawüste im Norden Chiles ist eines der größten und leistungsfähigsten Spiegelteleskope der Welt. Die vier gleichartigen Teleskope, jedes mit einem Spiegeldurchmesser von 8,2 Metern, können sowohl einzeln benutzt werden als auch über entsprechende Strahlführungen zu einem einzigen Teleskop zusammengeschaltet werden.

Abb. 3: Im Jahr 1990 wurde das Hubble Space Telescope (HST) in eine erdnahe Umlaufbahn außerhalb der Erdatmosphäre gebracht. Seine volle Leistung erreichte es jedoch erst 1993, nachdem man in einer Reparaturmission die Abbildungsfehler des Hauptspiegels mit einer Korrekturlinse beseitigt hatte. Seitdem liefert das HST immer wieder spektakuläre Bilder aus den Tiefen des Kosmos.

und Röntgenstrahlung nahezu undurchlässig. Am begehrtesten sind gegenwärtig Beobachtungszeiten am Spitzer-Teleskop, einem Infrarotsatelliten, der seit August 2003 hinter der Erde um die Sonne läuft. Für Messungen im Röntgenbereich werden die Satelliten Chandra, XMM-Newton, Integral und Swift genutzt. Röntgenstrahlung entsteht vornehmlich dort, wo entweder extrem hohe Temperaturen herrschen, wie in der unmittelbaren Umgebung Schwarzer Löcher, oder wo ein massereicher Stern explodiert beziehungsweise zwei Neutronensterne zu einem Schwarzen Loch verschmelzen. Nicht zuletzt soll die Beobachtung der Röntgenstrahlenausbrüche bei jungen Sternen helfen, die Prozesse zur Sternentstehung besser zu verstehen.

Und dann gibt es da noch den Computer. Neben den der Beobachtung dienenden Instrumenten hat er sich zu einem der wichtigsten Hilfsmittel der theoretischen Astronomie gemausert. Mit ihm simulieren die Astronomen beispielsweise die Vorgänge bei der Entstehung von Sternen oder die Prozesse im Inneren explodierender Sterne. Dank seiner enormen Rechenkapazität kann man sogar die Kollision zweier Galaxien veranschaulichen oder die Strukturbildung im frühen Universum studieren.

Obwohl man mit modernen Beobachtungsinstrumenten bis fast an die Grenzen des uns zugänglichen Universums schauen kann, war und ist unsere Sonne noch immer das wichtigste Studienobjekt. Ihrer vergleichsweise geringen Entfernung zur Erde ist es zu verdanken, dass wir heute nicht nur über diesen unseren nächsten Stern, sondern über die Sterne insgesamt relativ gut Bescheid wissen. Sterne unterscheiden sich ja nicht nur hinsichtlich ihrer Entfernung zur Erde, das wäre ziemlich einfach. Nein, Sterne zeigen bezüglich ihrer Größe, ihrer Masse, ihrer Leuchtkraft, ihrer Temperatur und ihrer Entwicklungsgeschichte eine immense Variationsbreite. Sterne werden geboren, und sie sterben auch wieder. Es gibt junge und alte Sterne. Es gibt Kannibalen unter den Sternen und solche, die schon tot zu sein scheinen und dann doch noch zu einem neuen Leben mit furiosem Ende erwachen. Es gibt Sterne, die vor Kraft, sprich Leuchtkraft, schier zu platzen scheinen, und andere – und das sind die meisten –, die sich daneben wie klägliche Funzeln ausnehmen. Die Vielfalt ist nahezu unüberschaubar, und immer noch werden neue Sterntypen entdeckt und neue Erkenntnisse gewonnen. Hinsichtlich seiner Artenvielfalt wird der Zoo der Sterne wohl nie vollständig zu erfassen sein.

Damit sind wir bei diesem Buch. Was erwartet uns in den folgenden Kapiteln? Die Anfangszeile des englischen Wiegenlieds »Twinkle twinkle little star, how I wonder what you are« soll als Motto dienen. Frei übersetzt heißt das: »Funkle nur, du kleiner Stern, was du bist, das wüsst' ich gern...« Und genau auf das wollen wir hinaus! Was ist ein Stern, aus was besteht er, was lässt ihn leuchten? Und vor allem: Was sind die Charakteristika der verschiedenen Klassen, in die man die Sterne einteilt? Außerdem interessiert uns, welche Parameter die Sterne so unterschiedlich ausfallen lassen, warum einige so lange und andere so kurz leben. Warum verbergen viele ihren unspektakulären Tod fast schamhaft hinter prächtigen Nebelschleiern, während sich einige wenige in einem letzten grandiosen Feuerwerk selbst vernichten? Fragen über Fragen. Auf viele hat die Astronomie mittlerweile eine Antwort gefunden, aber bei weit mehr steht noch immer Spekulation vor gesichertem Wissen. Gott hat uns die Nüsse geschenkt, aber knacken müssen wir sie leider selbst.

Auf alle Verästelungen zu den Theorien der Sterne werden wir in diesem Buch nicht eingehen. Doch wer sich bis zum letzten Kapitel »durchbeißt«, der hat zumindest einen Überblick gewonnen über das, was heute zum Standardwissen über Sterne gehört. Natürlich kommt immer Neues hinzu, und so ist dieses Buch auch nur eine Momentaufnahme unseres Wissens über die Sterne. Vermutlich wird sich manches in der Zukunft als falsch erweisen. Vermutlich werden wir auch immer wieder auf die Erkenntnis zurückgeworfen, dass wir eigentlich nichts wissen. Auch dem griechischen Philosophen Platon scheint diese menschliche Unzulänglichkeit nicht fremd gewesen zu sein. Vielleicht hat ihn ja das zu dem Ausspruch veranlasst: »Es ist keine Schande, nichts zu wissen, wohl aber, nichts lernen zu wollen.«

Kapitel 2

Alles nur Sterne, oder was?

Nun ist es an der Zeit, sich näher mit den Sternen zu befassen. Dazu zunächst eine Preisfrage: Was glauben Sie, wie viele Sterne es da draußen gibt? Bevor Sie jetzt anfangen zu raten, eines gleich vorweg: Wer behauptet, er wüsste die genaue Zahl, der flunkert gewaltig. Am besten fangen wir ganz klein an: Mit bloßem Auge, bei klarem Himmel und abseits der störenden Lichter der Stadt kann man etwa 4000 bis 6000 Sterne erkennen. Das ist doch schon mal was, oder? Auf einer höheren Betrachtungsebene ändert sich das Bild jedoch drastisch. Unsere Galaxis, die Milchstraße, zu der auch unser Sonnensystem gehört, beherbergt, neben viel Gas und Staub, rund 100 bis 200 Milliarden Sterne (Abb. 4). Diese Zahl ist schon so groß, dass einem die vielen Nullen vor den Augen zu flimmern beginnen. Aber noch sind wir nicht am Ende. Denn in dem uns zugänglichen Universum gibt es wiederum rund 100 Milliarden Galaxien (Abb. 5). Zählen wir alles zusammen, dann sind das insgesamt rund 10^{22} Sterne! Nach neuesten Schätzungen sollen es sogar rund siebenmal so viel sein. Das ist eine 7 mit 22 angehängten Nullen!

Es würde uns nicht wundern, wenn Sie jetzt den Kopf schütteln und erklären, Sie können sich diese Menge beim besten Willen nicht vorstellen. Seien Sie versichert, uns geht es genauso. Vielleicht bekommt man aber eine ungefähre Ahnung von der Größe dieser Zahl, wenn man versucht, sie auszusprechen: 70 000 Milliarden Milliarden. Wenn man sich dann noch vergegenwärtigt, dass eine Milliarde 1000 Millionen sind, dann bekommt man vielleicht doch eine schwache Vorstellung von

Abb. 4: Unsere Galaxis, die Milchstraße, ist eine Spiralgalaxie. Da unsere Sonne rund 250 Millionen Milliarden Kilometer vom Zentrum entfernt am Rande der Galaxienscheibe sitzt, fällt unser Blick parallel zur Scheibenebene auf das kugelförmige Zentrum. Die Spiralarme sind aus diesem Blickwinkel nicht zu erkennen. Die rund 200 Milliarden Sterne verschmelzen in dieser Infrarotaufnahme zu einem breiten Band, das sich beiderseits der zentralen Verdickung erstreckt.

dieser Menge. Versuchen wir unserem Vorstellungsvermögen noch mit einem anderen Beispiel auf die Beine zu helfen: Nehmen wir an, diese ungeheure Menge an Sternen würde gleichmäßig auf die 80 Millionen Bürger unseres Landes aufgeteilt, sodass jeder gleich viele Sterne hätte. Nehmen wir ferner an, alle »Sternbesitzer« würden zum gleichen Zeitpunkt mit dem Zählen ihres »Haufens« beginnen und pro Sekunde genau einen Stern nummerieren. Dann würde es immer noch rund 28 Millionen Jahre dauern, bis alle Sterne abgezählt wären.

Man kann sich natürlich fragen, wie vertrauenerweckend die Zahl 7×10^{22} ist. Es handelt sich ja um eine Abschätzung. Doch unter dem Begriff »Schätzung« darf man sich nicht das vorstellen, was das Wort vorgibt: nämlich eine grobe Daumenpeilung einiger Astronomen, vielleicht so nebenbei, nach einem flüchtigen Blick über den Himmel. Nein, diese Schätzung ist das Ergebnis jahrelanger intensiver Durchmusterungen des gesamten Himmels mit den modernsten und größten Teleskopen, über die die Astronomie gegenwärtig verfügt. Man muss je-

Abb. 5: Das »Hubble Ultra Deep Field« ist das tiefste jemals vom sichtbaren Universum aufgenommene Bild. Es zeigt rund 10 000 Galaxien, die schon kurz nach dem Urknall entstanden. Für diese Aufnahme war das Hubble Space Telescope etwa zwölf Tage lang, während es circa 400-mal die Erde umkreiste, ununterbrochen auf den gleichen Punkt am Himmel ausgerichtet.

doch zugestehen, dass sich die Fachleute bei dieser Zahl auch nicht in die Haare geraten, sollten es ein paar Milliarden mehr oder weniger sein.

Sind wir damit nun am Ende? Haben wir jetzt zumindest eine grobe Vorstellung von der Anzahl der Sterne im Universum? Wir müssen Sie leider enttäuschen und Ihnen sagen: Das war noch nicht alles, da kommt noch gewaltig was hinzu! Die Zahl von 7×10^{22} gibt nämlich nur die Menge der Sterne wieder, die im gesamten uns *zugänglichen* Universum zu finden sind. Aber das uns zugängliche Universum umfasst sehr wahrscheinlich nur einen kleinen Bruchteil des *gesamten* Kosmos. Wie groß das Universum insgesamt, ob es vielleicht sogar unendlich ist und wie viele Sterne da noch versteckt sind, Sterne, die wir gar nicht sehen können, weil sie so weit entfernt sind, dass uns deren Licht noch nicht erreichen konnte, ist gegenwärtig pure Spekulation. Doch mit dem Spekulieren wollen wir jetzt lieber nicht anfangen, sonst wird uns noch gänzlich schwindlig. Stattdessen lieber eine Bemerkung Einsteins, als er noch darüber nachdachte, ob das Universum nicht doch unendlich sein könne. Er soll gesagt haben: »Zwei Dinge sind unendlich: das Universum und die menschliche Dummheit. Beim Universum bin ich mir jedoch noch nicht ganz sicher.«

Alles nur Bilder, oder was?

Von derartigen Zahlenspielen, wie wir sie soeben angestellt haben, waren die Menschen der Antike und des Mittelalters natürlich noch weit entfernt. Für sie zeigte sich der Himmel als ein zwar überschaubarer, aber nichtsdestoweniger verwirrender Flickenteppich unterschiedlichster Sternmuster. Was lag da näher als der Wunsch, in diesem Wirrwarr etwas Ordnung zu schaffen? Die Ersten, die Sterne zu Bildern zusammenfassten, waren vermutlich die Sumerer, die Babylonier und die Griechen um 3000 v. Chr. Auf ihren Karten verbanden sie die Sterne des Nordhimmels mit Linien vornehmlich zu Götter- und Heldengestalten aus ihrer jeweiligen Mythologie oder der Tierwelt. So entstanden beispielsweise die Sternbilder Andromeda, Herkules, Orion, Pegasus, Perseus, Phönix und Zentaur oder die Tierbilder Löwe, Krebs, Widder, Steinbock, Skorpion und andere mehr. Auf den Karten sieht das schön aus. Aber bei einem Blick an den nächtlichen Himmel, wo die Umrisslinien fehlen, braucht man teilweise schon sehr viel Phantasie, um dort Bilder zu erkennen (Abb. 6).

Die Sternbilder des Südhimmels wurden größtenteils erst

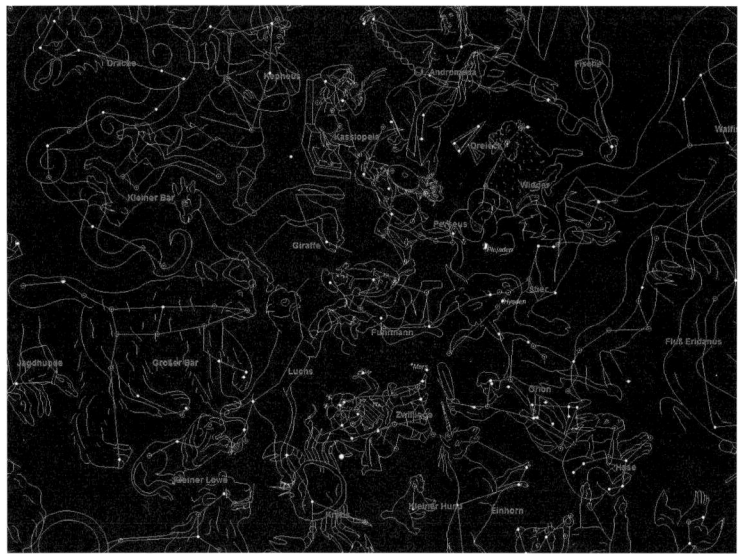

Abb. 6: Sternbilder am Osthimmel Ende Dezember. Die ausgezogenen Linien verbinden die Sterne zu Sternbildern. Die entsprechenden mythologischen Figuren sind darübergelegt.

im 18. Jahrhundert bestimmt, als sich die Gelehrten der Alten Welt aufmachten, den Äquator zu überqueren. Die Astronomen Johann Bayer und Louis de Lacaille machten sich dabei besonders verdient, wobei der Franzose de Lacaille allein 14 neue Sternbilder einführte. An die Stelle der Mythologie traten jetzt die Zeichen der neuen Zeit. Das »Mikroskop«, das »Teleskop«, das »Messkreuz«, die »Uhr«, die »Luftpumpe«, das »Winkelmaß«, der »Kompass« und der »Zirkel« zeigen, wie stolz man damals auf die Errungenschaften der Technik war.

Mit der Zeit nahm jedoch das Erfinden von Sternbildern überhand. Mancher Hofastronom versuchte sich bei seiner Herrschaft beliebt zu machen, indem er die Zeichen ihrer Macht an den Himmel projizierte. Auf diese Weise gelangte beispielsweise das Wappen des Königs von Polen, Jan III. Sobieski (1674), als Scutum Sobiescii in die Sternkarten. Heute kennt man es als das Sternbild Schild. Andere Bilder zeigten das Brandenburgische Zepter oder den königlichen Stier von Poniatowski, der im Jahr 1777 vom Abbé Poczobut zu Ehren des polnischen Königs Stanislaus Poniatowski eingeführt wurde. Und schließlich gab es noch eine Menge anderer Bilder, die sich teilweise sogar überschnitten, es jedoch nie in eine Sternkarte geschafft haben. Zu Beginn des 20. Jahrhunderts hat man diesem Treiben dann endgültig einen Riegel vorgeschoben. 1928 teilte ein internationales Gremium von Astronomen den Himmel in 88 offizielle Sternbilder auf. Seitdem hat sich da nichts mehr getan. Heute dienen die Bilder den Astronomen vornehmlich zur schnellen Orientierung am Himmel.

Auch auf die Gefahr hin, dass das jetzt den Blutdruck einiger Leser in die Höhe treibt, die mit Astrologie nichts am Hut haben, wollen wir kurz auf die wohl jedem bekannten zwölf Bilder des Tierkreises beziehungsweise die astrologischen Stern- oder Tierkreiszeichen zu sprechen kommen. Sie sind alle nach Sternbildern benannt, die auf der Ekliptik liegen, der Projektion der scheinbaren Bahn der Sonne an den Himmel. Man muss jedoch *Tierkreissternbilder* – kurz Sternbilder – und *Tierkreiszeichen* streng auseinanderhalten. Ein Sternbild ist eine zu einem Bild unterschiedlicher Ausdehnung zusammengefasste Gruppe von Sternen, die auf der Ekliptik unterschiedlich große Abschnitte einnehmen. Ein Tierkreiszeichen hingegen umfasst auf der Ekliptik einen Sektor von exakt 30 Grad. Außerdem durchläuft die Sonne auf ihrem Weg längs der Ekliptik neben den zwölf Sternbildern noch ein dreizehntes Bild, den Schlangenträger, während die zwölf Tierkreiszeichen den Ekliptikkreis bereits voll überdecken.

Gewöhnungsbedürftig ist auch die Angabe der jahreszeitlichen Position der Sonne am Himmel. Wenn es beispielsweise heißt: Die Sonne steht *im* Skorpion, so steht sie von der Erde aus gesehen *vor* diesem Sternbild. Am Tageshimmel ist es also nicht zu sehen, weil es von der Sonne überstrahlt wird, und nachts auch nicht, weil das Sternbild dann zusammen mit der Sonne unter dem Horizont liegt.

Aber es gibt noch einen anderen, gravierenden Unterschied zwischen Sternbildern und Tierkreiszeichen. Um das zu erklären, müssen wir ein bisschen ausholen. Wie Sie wissen, ist die Erdachse um etwa 23,5 Grad gegen die Ekliptik geneigt. Das ist übrigens der Grund dafür, dass es zu den vier Jahreszeiten kommt. Nicht neu ist auch, dass sich die Erde in fast 24 Stunden – genau in 23 Stunden, 56 Minuten und 4,1 Sekunden – einmal um ihre Achse dreht. Dabei wirken Zentrifugalkräfte, die am stärksten längs des Äquators an der Erdkruste zerren. Infolgedessen ist die Erde auch kein exakt kugelförmiger Planet, sondern hat einen ausgeprägten Wulst am Äquator. Durch diesen Wulst übt nun der Mond aufgrund seiner Schwerkraft ein Drehmoment auf die Erde aus und versucht so die geneigte Erdachse aufzurichten. Der »Kreisel Erde« re-

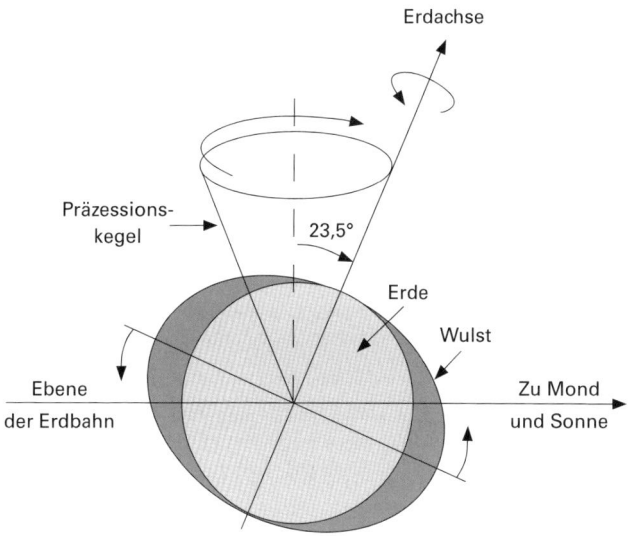

Abb. 7: Die Erdachse ist um 23,5 Grad gegen die Erdbahn um die Sonne geneigt. Da Sonne und Mond aufgrund ihrer Anziehungskraft ein Drehmoment auf die wulstartig verformte Erde ausüben und die Achse aufzurichten versuchen, reagiert die Erde wie ein Kreisel, wobei die Erdachse auf einem Kegelmantel umläuft. Ein solcher Umlauf dauert rund 26 000 Jahre.

agiert auf diese Störung, indem die Erdachse seitlich ausweicht. Würde man die Erdachse, beispielsweise am Nordpol, etwas über die Erdoberfläche hinaus verlängern, so würde die Spitze der Achse dann auf einem Kreis umlaufen. Man bezeichnet das auch als Präzession. Für einen vollen Umlauf benötigt die Erdachse rund 26 000 Jahre. Der Winkel der Erdachse gegen eine Senkrechte zur Ebene der Ekliptik bleibt dabei jedoch immer gleich. Was sich ändert, ist lediglich die Stellung der Erdachse im Raum (Abb. 7).

Stellen Sie sich jetzt vor, wir projizieren den Erdäquator an den Himmel und nennen diese Projektion Himmelsäquator. So wie die Erdachse gegen die Ekliptikebene geneigt ist, ist natürlich auch der Himmelsäquator gegen diese Ebene um 23,5 Grad gekippt. Das hat zur Folge, dass die eine Hälfte des Kreises, der den Himmelsäquator bildet, oberhalb, die andere unterhalb der Ekliptikebene verläuft. Zwangsweise muss dabei der Himmelsäquator die Ekliptikebene an zwei Punkten durchstoßen. Diese beiden Punkte, die auf dem Himmelsäquator einander genau gegenüberstehen, bezeichnet man als den Frühlings- beziehungsweise Herbstpunkt. Läuft die Sonne auf ihrer scheinbaren Bahn um die Erde durch einen dieser Punkte, so sind Tag und Nacht gleich lang. Man bezeichnet diese Punkte daher auch als Äquinoktialpunkte. In der Astrologie fällt das Tierkreiszeichen Widder mit dem Frühlingspunkt zusammen (Abb. 8).

Und jetzt kommt der springende Punkt! Als vor etwas mehr als 2000 Jahren die Sternbilder definiert wurden, deckten sich der Frühlingspunkt und damit das Tierkreiszeichen Widder mit dem Sternbild Widder. Heute ist das anders. Da der Erdäquator logischerweise fest mit der Erde verbunden ist, vollführen er und seine Projektion, der Himmelsäquator, die gleiche Präzessionsbewegung wie die Erdachse beziehungsweise die gesamte Erde. Dabei verschiebt sich natürlich auch der Frühlingspunkt längs der Ekliptik und damit die Tierkreiszeichen gegen die Sternbilder. Pro Jahr beträgt die Verschiebung rund 0,014 Grad. Und da seit der Einführung der Sternbilder mittlerweile mehr als 2000 Jahre vergangen sind, sind heute die

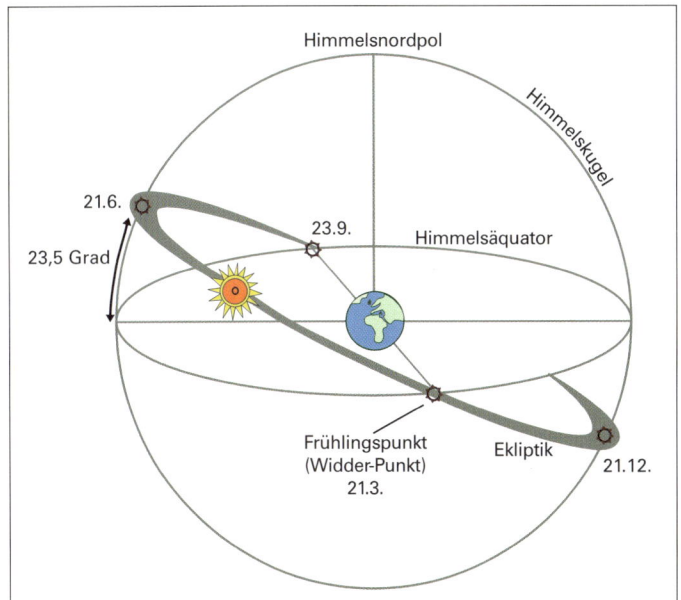

Abb. 8: Die Ekliptik ist die scheinbare Bahn der Sonne um die Erde. Aufgrund der Neigung der Erdachse schneidet die Ekliptik den Himmelsäquator an zwei gegenüberliegenden Punkten, dem Frühlings- und dem Herbstpunkt. Den Frühlingspunkt bezeichnet man auch als den Widder-Punkt.

astrologischen Tierkreiszeichen gegen die astronomischen Sternbilder um rund 30 Grad, das heißt um ein Sternzeichen, verschoben. Wenn also heute in der Astrologie das Tierkreiszeichen Widder herrscht, dann steht die Sonne keineswegs im gleichen Sternbild, sondern im Sternbild Fische (Abb. 9).

Die Astrologie nimmt jedoch von dieser Verschiebung keine Notiz. Unbeirrt schreiben die Astrologen jemandem, der beispielsweise im Zeitraum vom 21. März bis 20. April geboren wurde, nach wie vor die Eigenschaften eines im Sternzeichen Widder zur Welt Gekommenen zu, obwohl die Sonne in diesem Zeitraum im Sternbild Fische steht. Und wenn sich die Astrologen nicht besinnen, wird es in etwa 10 000 Jahren noch viel krasser. Dann werden sie einen im Winter Geborenen so be-

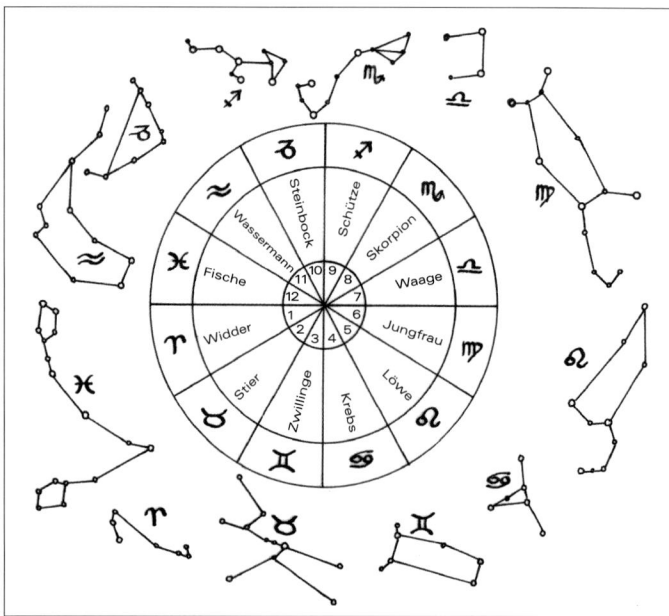

Abb. 9: Im Laufe der Zeit verschieben sich aufgrund der Präzession der Erdachse die astronomischen Sternbilder (außen angeordnet) gegen die zwölf astrologischen Tierkreiszeichen (innerer Kreis). Stand vor rund 2000 Jahren die Sonne im Tierkreiszeichen Widder, so stand sie auch im gleichnamigen Sternbild. Mittlerweile haben sich die Sternbilder um ein Bild gegen die Tierkreiszeichen verschoben. Steht heute die Sonne im Tierkreiszeichen Widder, so befindet sie sich demnach im Sternbild der Fische.

handeln, als hätte er im Sommer das Licht der Welt erblickt. Wer da noch von Astrologie als einer Wissenschaft spricht, der… Aber lassen wir das. Mit Astrologie, haben wir eingangs versprochen, werden wir uns hier nicht beschäftigen.

Alles nur Schein, oder was?

Können Sie sich noch erinnern, als Sie das letzte Mal in einem Fotoalbum geblättert haben? Meist ist es eine Familienfeier, bei der man sich dieser »Pflichtlektüre« nicht entziehen kann. Vielleicht haben Sie dabei auch eine Seite aufgeschlagen, auf der ein Bild eingeklebt war, das die ganze Familie zeigt: Ihre Gattin, Ihren Sohn, Ihre Mutter und Ihre Oma. Sie sind nicht drauf, Sie haben ja geknipst. Und vielleicht haben Sie die Aufnahme auch mit einem gewissen Stolz betrachtet, weil sie so gut gelungen ist. Doch dann haben Sie umgeblättert und sich keine weiteren Gedanken gemacht. Das wollen wir jetzt nachholen.

Was sieht man denn da auf dem Bild? Personen unterschiedlichen Alters, und alle in einer Ebene auf dem Fotopapier, also gleich weit entfernt von Ihren Augen. Vergleichen wir dieses Bild mit einem Sternbild, verhält es sich genauso – und doch entscheidend anders. Die Personen auf Ihrem Foto sind im Sternbild die einzelnen Sterne, die sich zu dem Bild zusammensetzen. Und wie auf dem Foto sind sie in der Regel unterschiedlich alt. Doch während der Altersunterschied der Personen auf Ihrem Bild – wir gehen mal davon aus, dass Ihre Familie über hervorragende Gene verfügt – günstigstenfalls 100 Jahre beträgt, können es in einem Sternbild Millionen, ja sogar Milliarden Jahre sein. Überdies sind die Sterne, anders als die Personen auf Ihrem Bild, in den seltensten Fällen miteinander verwandt. Das heißt, sie haben weder etwas miteinander zu tun, noch sind sie aus dem gleichen »Fleisch und Blut«. Und sie sind schon gar nicht gleich weit von Ihnen entfernt wie die Personen auf dem Fotopapier.

Na ja, werden Sie sagen, wenn es nur um die Entfernung geht, dann setze ich eben meine Oma in 100 Metern Entfernung auf einen Stuhl, und mein Sohn soll sich zwei Meter weg von mir aufstellen. Wenn ich mir dann die beiden anschaue, dann sehe ich auch Personen unterschiedlichen Alters in unterschiedlichen Entfernungen. Da können wir nicht widersprechen – und doch ist es nicht das Gleiche.

Sicher haben Sie schon einmal von der Lichtgeschwindigkeit gehört. Sie ist die größtmögliche Geschwindigkeit, mit der sich Licht und jede Art von Information ausbreiten kann. Im luftleeren Raum beträgt sie, ohne die Stellen hinter dem Komma, genau 299790 Kilometer pro Sekunde. Auch mit einem Porsche Carrera hat man da nicht die geringste Chance. Doch was hat die Lichtgeschwindigkeit mit unseren Bildern zu tun? Nun, Ihre Oma sitzt 100 Meter weit entfernt auf einem Stuhl. Das Licht, das von Ihrer Oma ausgeht, benötigt bis zu Ihnen also 0,1 Kilometer geteilt durch 299790 Kilometer pro Sekunde. Das sind rund 0,0000003 Sekunden oder, anders ausgedrückt, 0,3 Mikrosekunden. Sie sehen also Ihre Oma gar nicht so, wie sie ist, sondern so, wie sie vor 0,3 Mikrosekunden war. Von Ihrem Sohn bis zu Ihnen braucht das Licht nur rund 0,007 Mikrosekunden. Auch ihn sehen Sie daher nicht so, wie er im Augenblick des Betrachtens ist, sondern so, wie er vor 0,007 Mikrosekunden ausgesehen hat. Mit anderen Worten: Sie sehen zwar Ihre Lieben gleichzeitig, aber doch nicht so, wie sie im Moment des Betrachtens sind, sondern wie sie kurz vorher waren. Insgesamt sind das natürlich extrem kurze Zeiten. Für einen Lidschlag benötigt Ihr Auge rund 500 000-mal länger als das Licht von Ihrer Oma zu Ihnen. Wundern Sie sich also nicht, dass Ihnen beim Betrachten des Fotos und beim Betrachten Ihrer Lieben im Freien kein Unterschied auffällt, abgesehen davon, dass Ihre 100 Meter entfernte Oma im Verhältnis zu Ihrem Sohn sehr klein wirkt.

Bei einem Blick in den Himmel ist das jedoch anders. Betrachten wir beispielsweise das Sternbild Cassiopeia. Dieses W-förmige Sternbild setzt sich aus den fünf Sternen Caph, Schedar, Gamma Cassiopeia, Ruchbah und Segin zusammen (Abb. 10). Der uns nächste Stern ist Caph mit einer Entfernung von 54 Lichtjahren. Am weitesten entfernt ist Gamma Cassiopeia mit 615 Lichtjahren. Da ein Lichtjahr die Entfernung ist, die das Licht in einem Jahr zurücklegt, also rund 9,5 Billionen Kilometer, sind das ganz schöne Strecken. Richten wir also unseren Blick auf Caph und Gamma Cassiopeia, dann sehen wir zwar die beiden Sterne, wie bei Ihrer Oma und Ihrem Sohn, zur gleichen Zeit, jedoch in einem Zustand, wie sie vor 54 beziehungsweise 615 Jahren ausgesehen haben. Wir schauen also

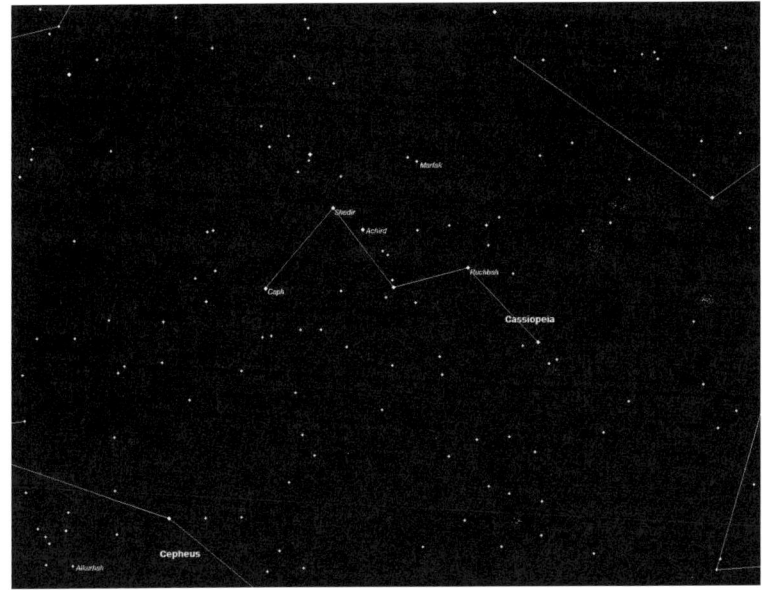

Abb. 10: Das Sternbild Cassiopeia. Je nachdem, wann man zum Himmel aufblickt, gleicht es einem »M« oder einem »W«.

zurück in die Vergangenheit, und zwar in zwei unterschiedliche Epochen: in die eine, die 54 Jahre zurückliegt, und gleichzeitig in eine andere vor 615 Jahren. Sollte auf Gamma Cassiopeia jemand wohnen und uns zuwinken, würden wir das erst 615 Jahre später sehen. Dieser Gedanke ist schon ziemlich aufregend. Aber auch da ist noch eine Steigerung möglich. Stellen Sie sich einen Stern vor, der 100 Millionen Lichtjahre weit entfernt ist. Wir sehen zwar den Stern, aber es könnte durchaus sein, dass er gar nicht mehr existiert! Vielleicht hat er sich schon vor zehn Millionen Jahren in einer Supernovaexplosion vom Himmel verabschiedet. Für uns würde der Stern noch weitere 90 Millionen Jahre unverändert am Himmel stehen. Erst dann würden wir dieses gewaltige Ereignis zu sehen bekommen.

Machen wir uns noch einmal klar, was wir da am nächtlichen Himmel sehen: Myriaden von Sternen, von denen einige erst vor

Kurzem entstanden sind, und andere, die schon Milliarden Jahre auf dem Buckel haben. Einige sind relativ nahe, andere unvorstellbar weit entfernt. Und das Tüpfelchen auf dem i ist der Blick in die Vergangenheit. Es ist, als hätte man den Zauberspiegel einer gigantischen Zeitmaschine vor Augen. Man sieht die Sterne eben nicht in dem Zustand, in dem sie sich momentan befinden, sondern so, wie sie entsprechend ihrer Entfernung waren. Jeder Stern zeigt sich uns aus einer anderen Epoche der Vergangenheit. Und das nicht etwa zu unterschiedlichen Zeiten, sondern alle zugleich in dem Augenblick, in dem wir den Himmel beobachten!

Leider, und das mögen manche bedauern, erlaubt uns der Himmel nur den Blick in die Vergangenheit. Wer etwas über die Zukunft wissen möchte, muss sich an andere Institutionen wenden. Er könnte, wie Goethes Faust, einen Pakt mit dem Teufel schließen oder sich für viele Euros aus einem Horoskop … Aber wir wollen ja nicht über Astrologie sprechen, das hätten wir jetzt beinahe vergessen.

Kapitel 3

Ist das ein Stern?

Man kann sich ja nicht immer sicher sein, dass das, was man sieht, auch das ist, was man zu sehen glaubt. Ist der helle Punkt, den man nachts am Himmel beobachtet, wirklich ein Stern, oder könnte es auch ein anderes Objekt sein, das nur so aussieht, als wäre es ein Stern? Auf den ersten Blick ist das nicht immer eindeutig zu entscheiden. Es gibt ja noch andere Objekte, die am Himmel leuchten oder hell blinken. Die Frage ist also nicht so abwegig, wie sie zunächst erscheinen mag.

Stellen wir uns erst einmal dumm und fragen: Was könnte es denn sein, wenn es kein Stern ist? Ein paar Objekte kann man gleich ausschließen. Flugzeuge zum Beispiel oder Hubschrauber mit blinkenden Positionslampen. Erstens machen diese Maschinen unüberhörbare Geräusche, was man bei einem Stern bisher noch nicht erlebt hat, und zweitens bewegen sich diese Objekte so schnell über den Himmel, wie es kein Stern tut. Sterne scheinen, von der Erde aus betrachtet, am Himmel festgenagelt zu sein – zumindest wenn man sie nicht allzu lange beobachtet. Auf Fotografien des Himmels mit langen Kameraverschlusszeiten hat man jedoch den Eindruck, als würden sich die Sterne auf Kreisbögen bewegen. Doch daran ist nicht eine Wanderung der Sterne schuld, sondern die Bewegung der Kamera, die sich mit der Erdrotation mitdreht.

Was könnte außer Flugzeugen noch in Frage kommen? Vielleicht Sternschnuppen? Oder Kometen? Also, Sternschnuppen sind es bestimmt nicht. Sternschnuppen sind winzige bis kieselgroße gesteins- oder metallartige Partikel, die mit einer Geschwindigkeit von einigen zehn Kilometern pro Sekunde in die

Atmosphäre unserer Erde eindringen und dort durch die Reibung an den Molekülen der Luft verglühen. Sternschnuppen blitzen immer nur für Sekunden auf. Kometen – das könnte schon eher sein. Doch Kometen sind es auch nicht. Diese Körper bestehen fast nur aus Wassereis und Staub. Manche Experten bezeichnen sie deshalb auch als dreckige Schneebälle. Kometen ziehen auf ziemlich elliptischen Bahnen um die Sonne. In Sonnennähe werden sie von der Strahlung des Sterns so stark erwärmt, dass sie anfangen aufzutauen und zu schmelzen. Dabei lösen sich von ihrer Oberfläche Staubpartikel und Gase, die weit in den Raum hinausströmen. Die losgelösten Partikel leuchten dann im Licht der Sonne. Der lange Schweif der Kometen und ihr heller Kopf sind also nichts anderes als von der Sonne beleuchtete Gasfahnen und Staubwolken. Deshalb sieht man Kometen auch nur, wenn sie in der Nähe der Sonne auftauchen. Im Verhältnis zum hell leuchtenden Schweif ist der eigentliche Komet, also der Körper, von dem das Gas und der Staub herrühren, winzig (Abb. 11).

Nachdem wir nun fast alle in Frage kommenden Kandidaten von unserer Liste gestrichen haben, bleibt nur noch eine Art von Objekten übrig, die man mit einem Stern verwechseln könnte, nämlich Planeten. Über die Definition, was ein Planet ist, sind sich die Astronomen immer noch nicht völlig einig. Gegenwärtig hat man darunter einen massereichen, annähernd kugelförmigen Körper zu verstehen, der um einen Stern kreist und der durch seine Schwerkraft andere Kleinkörper aus seiner Bahn und seiner näheren Umgebung verdrängt hat. Unsere Sonne besitzt insgesamt acht Planeten. Von der Erde aus gesehen ziehen sie auf gelegentlich eigenartig verschlungenen Bahnen vor dem Hintergrund der Sterne dahin. In dem aus dem Griechischen stammenden Wort »Planétes« (Πλανητης), was so viel bedeutet wie »der Umherschweifende« beziehungsweise »der Wanderer«, steckt ja schon der Begriff der Bewegung. Beginnend mit dem sonnennächsten und endend mit dem am weitesten außen umlaufenden Planeten heißen die Trabanten unserer Sonne Merkur, Venus, Erde, Mars, Jupiter, Saturn, Uranus und Neptun (Abb. 12).

Abb. 11: Im März 1996 war der Komet Hyakutake eines der hellsten Objekte am Nachthimmel. In rund 16 Millionen Kilometern Abstand zog er an der Erde vorbei. Bis Hyakutake sich wieder der Erde nähert, vergehen mindestens 100 000 Jahre.

Sollten Sie in dieser Reihung den Pluto vermissen, so müssen wir Ihnen sagen, dass Pluto seit geraumer Zeit nicht mehr zu den Planeten zählt. Am 24. August 2006 hat ihn die IAU, die Internationale astronomische Vereinigung, vom Planeten zum Zwergplaneten degradiert. Seitdem hat er nur noch den Status eines Objekts aus dem Kuiper-Gürtel. Wie die Objekte Sedna oder Xena gehört nun auch der Pluto zu der Ansammlung von Asteroiden und Kleinkörpern, die jenseits der Neptunbahn,

Sonne

Merkur
Venus
Erde
Mars

Jupiter

Saturn

Uranus

Neptun

Zwergplanet Pluto

Abb. 12: Die Sonne und ihre Planeten im Größenvergleich. Die Sonne hat einen Durchmesser von rund 1,4 Millionen Kilometern. Circa 99,9 Prozent der Masse des gesamten Sonnensystems fallen allein auf die Sonne.

also weit draußen im Sonnensystem, im sogenannten Kuiper-Gürtel um die Sonne ziehen. Der schöne Merksatz: »Mein Vater erklärt mir jeden Sonntag unsere neun Planeten«, anhand dessen man sich sowohl die Abfolge als auch die Namen der Planeten leicht einprägen konnte, ist damit ebenfalls hinfällig geworden.

Da gerade von den Planeten die Rede ist, können wir uns diese Objekte gleich mal näher ansehen. Aufgrund ihres Aufbaus teilt man die Planeten unserer Sonne in zwei grundsätzlich unterschiedliche Klassen ein: in die terrestrischen Planeten – zu ihnen gehören Merkur, Venus, Erde und Mars – und in die Gasplaneten Jupiter, Saturn, Uranus und Neptun. Die terrestrischen Planeten – sie heißen so, weil sie im Aufbau der Erde ähneln – bestehen im Wesentlichen aus gesteinsartigem Material und Metallen und besitzen eine feste, stabile Oberfläche. Dagegen haben Gasplaneten relativ zu ihrer Masse nur einen kleinen gesteinsartigen Kern, der von einer gewaltigen Gashülle – größtenteils Wasserstoff – umgeben ist. Im Vergleich zu den terrestrischen Planeten sind die Gasplaneten riesig. Jupiter hat beispielsweise 317-mal so viel Masse wie die Erde. Zur Zeit ihrer Entstehung waren die terrestrischen Planeten so heiß, dass ihre Gesteine geschmolzen waren und sie als flüssige, breiige Kugeln um die Sonne kreisten. Alle Elemente waren gleichmäßig in der Planetenkugel verteilt. Im Laufe der Zeit sorgte jedoch die Schwerkraft dafür, dass die schwereren Elemente ins Innere der Planeten absanken und die leichteren Bestandteile an der Oberfläche der Planeten verblieben. Die Planetenkörper haben sich also entmischt und zeigen heute eine geschichtete Struktur. Am Aufbau der Erde ist das gut zu erkennen: In ihrem Zentrum sitzt ein ziemlich großer, schwerer Eisen-Nickel-Kern, wogegen der Erdmantel aus relativ leichten Materialien wie Karbonaten und Silikaten besteht.

Wie sieht nun im Vergleich zu einem Planeten die Sonne beziehungsweise ein Stern aus? Was zunächst auffällt: Die Sonne strahlt unglaublich hell. Das verdankt sie zunächst ihrer enormen Größe. Denn wenn zwei Körper pro Flächeneinheit die gleiche Leuchtkraft haben, dann ist natürlich der mit der größeren Fläche heller als der kleinere. Und die Sonne ist im Vergleich zu den Planeten riesig. Während die Erde einen Durchmesser von etwas mehr als 12 000 Kilometern hat, bringt es die Sonne auf 1,4 Millionen Kilometer. Sie ist also rund 120-mal größer. Vergleicht man die Massen von Sonne und Erde, so wird das noch deutlicher: Die Sonne hat rund 300 000-mal so viel Masse wie die Erde.

Entscheidend ist jedoch der unterschiedliche Aufbau von Sonne und Planeten. Bis auf ganz geringe Mengen an schweren Elementen besteht die Sonne ausschließlich aus gasförmigem Wasserstoff und Helium im Verhältnis 75 zu 25. Und das Gas ist heiß! Sehr heiß sogar: An der Oberfläche dieses Gasballs herrscht eine Temperatur von etwa 5800 Kelvin (273,15 Kelvin entsprechen 0 Grad Celsius und 0 Kelvin dem absoluten Nullpunkt der Temperatur). Zum Zentrum hin wird es immer heißer. Das geht hinauf bis auf etwa 15 Millionen Grad! Aufgrund dieser enormen Temperatur verschmelzen im Inneren der Sonne Wasserstoffkerne zu Helium. Und dabei wird Energie frei. Energie, die die Sonne in Form elektromagnetischer Strahlung, also Licht, abgibt. Der eigentliche Grund, warum die Sonne so hell leuchtet, ist also ein Fusionsreaktor als Energiequelle im Inneren der Sonne. Wie der genau funktioniert, darauf kommen wir später noch ausführlich zu sprechen.

Doch nicht nur die Sonne, auch Planeten leuchten. Denken Sie an die strahlende Venus oder den Mars, der beispielsweise im August 2003 so herrlich hell am Himmel zu sehen war. Da muss schon die Frage erlaubt sein: Erzeugen Planeten ihr Licht auch aus Kernverschmelzungsprozessen? Oder gibt es da einen entscheidenden Unterschied zwischen einem Stern und einem Planeten? Die Antwort ist einfach: Abgesehen davon, dass es zumindest auf den terrestrischen Planeten gar keinen freien Wasserstoff gibt, der zu Helium verbrennen könnte, sind Planeten viel zu kalt. Im Zentrum dieser Körper ist es höchstens ein paar tausend Grad heiß. Da können keine Kernfusionsprozesse in Gang kommen. Planeten leuchten also gar nicht aus eigener Kraft! Was sie zum Leuchten bringt, ist das Licht der Sonne, das von der Oberfläche und der Atmosphäre der Planeten reflektiert wird. Könnte man zwischen der Sonne und einem der Planeten einen Schirm anbringen – der Planet wäre nicht mehr zu sehen, weil er nicht mehr von der Sonne beleuchtet würde. Halten wir also fest: Der große Unterschied zwischen einem Stern und einem Planeten besteht darin, dass der Stern seine Leuchtkraft durch Kernfusion selbst erzeugt, wogegen ein Planet nur das Licht des Sterns, den er umkreist, widerspiegelt.

Beim Blick an den nächtlichen Himmel weiß man natürlich zunächst nicht, ob man da ein Objekt vor sich hat, in dem Energie durch Kernfusion erzeugt wird, oder ob es sich um einen Planeten handelt. Aber es gibt einen eindeutigen Hinweis, der uns hilft, Sterne von Planeten zu unterscheiden: Sterne funkeln; sie scheinen regelrecht zu flackern. Wenn man genau hinsieht, so blinken sie mal rot, dann wieder rein weiß und dann mal eher blau. Bei den Planeten ist das nicht zu beobachten. Sie leuchten ganz ruhig, und ihr Licht ist immer von gleicher Farbe: Bei der Venus ist es beispielsweise ein reines Weiß, beim Mars ein rötliches Leuchten.

Das Flackern der Sterne wird durch die Lufthülle unseres Planeten verursacht. Im Verhältnis zu den relativ nahen Planeten ist die Entfernung auch zu den uns am nächsten stehenden Sternen riesig. Und obwohl die Sterne um ein Vielfaches größer sind als die Planeten, erscheinen sie uns aufgrund dieser enormen Entfernung als punktförmige Lichtquellen. Und jetzt kommt die Lufthülle der Erde ins Spiel. In ihr gibt es immer kleine Turbulenzen, Zonen, in denen die Luftmoleküle wild durcheinanderwirbeln. Dadurch bilden sich fortwährend Bereiche, in denen das Gas der Atmosphäre etwas dichter oder auch mal dünner ist als in benachbarten Bereichen. Das Licht einer punktförmigen Lichtquelle, das ja durch die Atmosphäre zu uns auf der Erde hindurchmuss, spürt sozusagen diese Dichteunterschiede: Es wird gebrochen, das heißt, es wird von seiner ursprünglichen Richtung abgelenkt. Und da weißes Licht aus allen Farben des Spektrums zusammengesetzt ist und unterschiedliche Wellenlängen unterschiedlich stark abgelenkt werden, kommt auf der Netzhaut unserer Augen einmal mehr Licht kürzerer Wellenlänge an, also blaues Licht, dann wieder mehr Licht größerer Wellenlänge, also rotes Licht. Der Stern scheint daher für einen Augenblick rötliches, dann wieder eher blaues Licht abzugeben. Aber nur für einen ganz kurzen Moment. Denn aufgrund der turbulenten Luftbewegungen in der Atmosphäre ändern sich die Dichteverhältnisse längs des Lichtweges vom Stern zu uns ziemlich rasch, sodass der Stern in wechselnden Farben zu flackern scheint. Da dieses Phänomen umso ausgeprägter ist, je länger der Weg des Lichts durch die Lufthülle ist, flackern Sterne, die tief am Horizont stehen, besonders stark. Beim Sirius, dem hellsten Stern an unserem Himmel, ist das sehr gut zu beobachten.

Und warum flackern Planeten nicht oder zumindest kaum merkbar? Im Gegensatz zu einem Stern erscheint uns ein Planet als eine wenn auch sehr kleine, aber immerhin etwas ausgedehnte Scheibe. Das Licht, das von zwei verschiedenen Punkten dieser Scheibe ausgeht, läuft auf unterschiedlichen Wegen zu uns und somit auch durch Bereiche unterschiedlicher Luftbewegung, sprich Dichte. Während auf dem einen Weg Blau besser vorankommt, ist es auf einem benachbarten Weg vielleicht Rot. Da aber das Licht von sehr vielen Punkten der Planetenscheibe herrührt, gelangt es auch auf unterschiedlichen Wegen durch die Atmosphäre zu uns. Alles in allem heben sich daher die einzelnen Lichtablenkungen gegeneinander auf, und das Lichtbündel als Ganzes scheint nichts von den Turbulenzen der Atmosphäre zu bemerken. Die Planeten scheinen daher völlig ruhig und gleichmäßig zu leuchten. Es ist also relativ einfach, Planeten von Sternen zu unterscheiden. Achten Sie mal darauf, wenn Sie wieder einmal den Nachthimmel beobachten.

Kapitel 4

Von Massen, Helligkeiten und anderen Größen

Dass Sterne aus eigener Kraft hell leuchten, wissen wir bereits. Die Kernfusionsprozesse, die im Inneren der Sterne ablaufen, liefern die nötige Energie. Was uns jetzt interessiert: Leuchten auch alle Sterne gleich hell, oder besser: Erscheinen uns alle Sterne gleich hell? Zur Beantwortung der Frage genügt ein kurzer Blick in den nächtlichen Himmel. Da gibt es Sterne, die sind so hell, dass sie uns sofort ins Auge springen und unseren Blick wie magisch anziehen. Dazwischen blinkt eine mehr oder weniger unauffällige Schar deutlich schwächer leuchtender Sterne. Während sich unsere Augen langsam an die Dunkelheit gewöhnen, tauchen immer mehr Lichter aus dem Schwarz des nächtlichen Himmels auf. Einige dieser Sterne sind allerdings so blass, dass sie auch mit gänzlich dunkel adaptierten Augen nur mit Mühe als schwach glimmende Pünktchen zu erkennen sind. Manche sieht man gar nur, wenn man nicht direkt auf sie blickt, sondern etwas an ihnen vorbeischaut. Das liegt daran, dass beim zentralen Sehen das Licht auf die für das Farbensehen zuständigen Zäpfchen in der Sehgrube des Auges fällt, beim peripheren Sehen dagegen auf die um die Sehgrube angeordneten, besonders lichtempfindlichen, für das Hell-Dunkel-Sehen verantwortlichen Stäbchen.

Zwei Ursachen sind dafür verantwortlich, dass uns Sterne verschieden hell erscheinen. Zum einen haben nicht alle Sterne die gleiche Leuchtkraft, und zum anderen machen sich die unterschiedlichen Entfernungen bemerkbar. Leuchtkraft ist gleichbedeutend mit Leistung. Die Leuchtkraft eines Sterns ist seine über alle Wellenlängen des elektromagnetischen Spektrums aufsummierte Strahlungsleistung. Man kann auch sagen, es ist die gesamte pro Zeiteinheit von der Sternoberfläche abgestrahlte Energie. Gemessen wird die Leuchtkraft in Watt. Denken Sie an einen elektrischen Herd. Da hat beispielsweise eine Herdplatte eine Leistung von einem Kilowatt. War die Herdplatte eine Stunde lang angeschaltet, dann ist eine Energie von einer Kilowattstunde verbraucht. Sie wurde vornehmlich in Form von Wärme von der Herdplatte abgestrahlt. Verglichen mit einer Herdplatte hat unsere Sonne eine ungleich höhere Strahlungsleistung: nämlich $3{,}86{\times}10^{23}$ Kilowatt! Diese Leistung gibt die Sonne größtenteils als Strahlung im Bereich des sichtbaren Lichts ab, also im Visuellen, mit dem Maximum im gelben bis grünen Spektralbereich. Bei Sternen, die an ihrer Oberfläche wesentlich heißer oder deutlich kühler sind als unsere Sonne, liegt das Strahlungsmaximum dagegen im ultravioletten beziehungsweise im infraroten Bereich des elektromagnetischen Spektrums (Abb. 13).

Im Folgenden wollen wir uns nur mit der Leuchtkraft »normaler« Sterne beschäftigen. Als »normal« sollen dabei all die Sterne gelten, die sich im Stadium des Wasserstoffbrennens befinden, das heißt, in ihrem Zentrum Wasserstoff zu Helium verschmelzen. Die meisten Sterne im Universum fallen in diese Kategorie, allein 90 Prozent der mit bloßem Auge sichtbaren. Man bezeichnet diese Sterne auch als Hauptreihensterne. Wir kommen darauf noch ausführlich zu sprechen. Für Hauptreihensterne gilt nun: Ihre Leuchtkraft hängt ab von ihrer Masse. Je massereicher der Stern, desto größer seine Leuchtkraft – und zwar dramatisch größer. Sie ist proportional zur Masse des Sterns hoch 3,5. Ein Stern von der doppelten Masse unserer Sonne hat demnach eine rund elfmal so große Leuchtkraft, und ein Stern, der zehnmal mehr Masse besitzt, ist gar über 3000-mal leuchtkräftiger. Astronomen bezeichnen diesen Zusammenhang als Masse-Leuchtkraft-Beziehung. Wem eine Gleichung mehr sagt als Worte, kann den Abschnitt »Formeln und Gleichungen« im Anhang aufschlagen. Dort haben wir die hier behandelten Zusammenhänge in Form von Formeln aufgeschrieben.

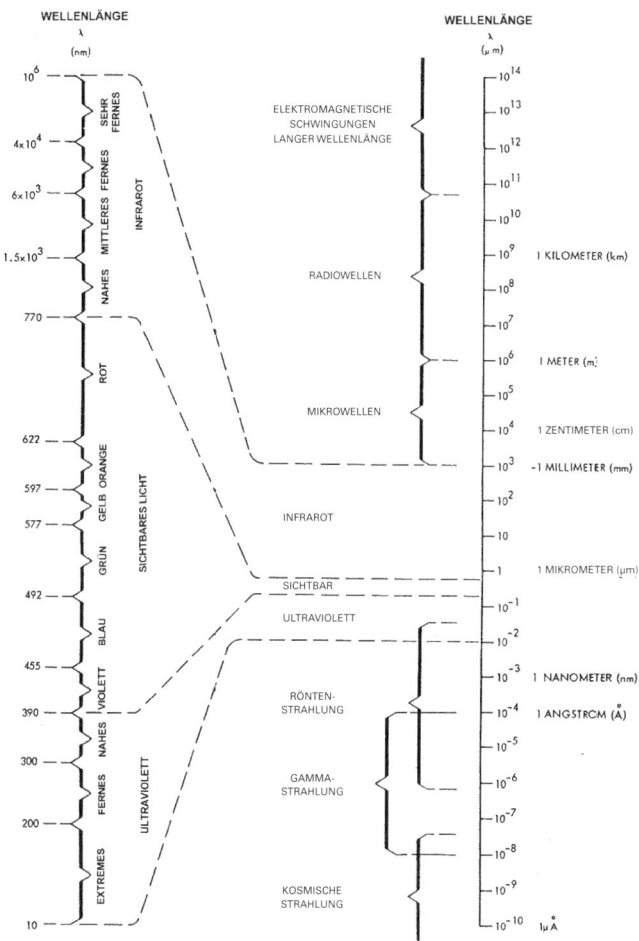

Abb. 13: Das elektromagnetische Spektrum. Zwischen den Wellenlängen der harten Gammastrahlung und den Wellenlängen des Radiobereichs liegen rund 20 Größenordnungen. Der Bereich des sichtbaren Lichts umfasst nur einen schmalen Ausschnitt mit einer Breite von etwa 0,4 Tausendstel Millimetern.

49

Dass die Sternmasse die entscheidende Größe ist, die die Leuchtkraft bestimmt, mag zunächst etwas verwundern. Bei genauerer Betrachtung wird die Sache jedoch verständlich. In einem Stern, der fünfmal so viel Masse besitzt wie die Sonne, ist der Kern des Sterns, in dem die Energie erzeugenden Fusionsprozesse ablaufen, das heißt die Verschmelzung von Wasserstoff zu Helium, rund doppelt so groß wie in der Sonne. Folglich ist auch viel mehr »Brennstoff« vorhanden, aus dem sich durch Kernfusion Energie gewinnen lässt. Die entscheidende Größe ist jedoch die Temperatur, die im Sterninneren herrscht. In der Sonne beträgt die Kerntemperatur etwa 15 Millionen Kelvin. In einem Stern von fünf Sonnenmassen ist es jedoch mit rund 25 Millionen Kelvin deutlich heißer, weil dort das Gas durch die größere Schwerkraft des massereichen Sterns stärker zusammengepresst ist. Je nachdem, auf welchem Weg der Wasserstoff zu Helium verschmilzt – wir kommen darauf noch zu sprechen –, wächst die pro Zeiteinheit freigesetzte Fusionsenergie mit der Zentraltemperatur hoch 5 bis hoch 17! Damit erhöht sich natürlich auch die Leuchtkraft des Sterns entsprechend, denn eine Verdoppelung der Kerntemperatur steigert die sogenannte Energieerzeugungsrate um einen Faktor 30 bis 130 000! Also, die Masse macht es!

Neben der Masse-Leuchtkraft-Beziehung gehorchen Hauptreihensterne auch noch anderen Gesetzmäßigkeiten, die ebenfalls die Sternmasse zum entscheidenden Parameter haben. Wer sich mit Sternen beschäftigt, wird diesen Regeln auf Schritt und Tritt begegnen. Wir wollen sie uns daher kurz ansehen. Da ist zunächst die sogenannte Masse-Radius-Beziehung. Sie verknüpft den Radius des Sterns mit seiner Masse. Sie besagt: Der Radius eines Sterns ist proportional zu seiner Masse hoch 0,6 (siehe Anhang). Eine Verdoppelung der Masse führt zu einem Stern mit einem um 50 Prozent größeren Radius, und eine zehnmal so große Masse zu einem rund vierfach größeren Radius. Dass sich Sterne bei einer Vergrößerung ihrer Masse so stark »aufblähen«, hängt mit ihrem Aufbau zusammen. Beispielsweise sind bei der Sonne rund 90 Prozent der Sternmasse auf den Bereich vom Zentrum bis zum halben Sternradius konzentriert. Das heißt, nach weiter außen nimmt die Sternmasse nur noch wenig zu. Entsprechend hat der Stern, im Gegensatz zu einer homogenen Kugel, nicht überall die gleiche Dichte, sondern wird nach außen – ja, sagen wir es einfach mal so – immer »luftiger« und beansprucht daher mehr Raum. Außerdem sind die weiter außen liegenden Sternschichten nur noch relativ schwach an den Stern gebunden und dehnen sich somit weiter aus.

Eine dritte, nützliche Beziehung, der die Hauptreihensterne folgen, verknüpft die Effektivtemperatur mit der Sternmasse. Sie lautet: Die zur vierten Potenz erhobene Effektivtemperatur ist proportional zur Sternmasse hoch 2,3 (siehe Anhang). Unter dem Begriff »Effektivtemperatur« versteht man, salopp ausgedrückt, die mittlere Temperatur an der Oberfläche eines Sterns oder, etwas genauer: die mittlere Temperatur der Photosphäre, also der äußeren Schicht eines Sterns, von der die Strahlung ausgeht. Für die Spezialisten unter Ihnen: Die Effektivtemperatur ist die Temperatur eines Schwarzen Körpers, der die gleiche Flächenhelligkeit wie der Stern hat. Formt man diese Beziehung durch eine einfache mathematische Operation etwas um und rundet das Ergebnis auf eine ganze Zahl hinter dem Komma, so vereinfacht sich die Beziehung zu: Die Effektivtemperatur eines Hauptreihensterns ist proportional zu seiner Masse hoch 0,6. Damit hat man grob die gleiche Proportionalität wie bei der Masse-Radius-Beziehung.

Und was bedeutet das für die Sterne? Die Effektivtemperatur unserer Sonne beträgt rund 5800 Kelvin oder gerundet 5500 Grad Celsius. Ein Stern, der zehnmal so massereich ist wie die Sonne, hat entsprechend dieser Beziehung eine Effektivtemperatur von rund 23 000 Kelvin! Während unsere Sonne ihr Strahlungsmaximum im sichtbaren Bereich des elektromagnetischen Spektrums hat, im gelb-grünen Bereich, ist dieser massereiche Stern so heiß, dass er die meiste Energie im nahen Ultraviolett abstrahlt. UV-Strahlung ist sehr energiereich und daher schädlich, ja sogar tödlich für lebende Organismen. Sie haben das vielleicht schon mal am eigenen Leib erfahren, wenn Sie sich beim Baden an einem herrlichen Sommertag einen satten Sonnenbrand geholt haben. Gestorben sind Sie daran gottlob nicht. Aber die äußeren Schichten Ihrer Haut hat es unter Umständen arg erwischt. Sie sind abgestorben und in kleinen Fetzen abgefallen. Fazit: Wäre unsere Sonne zehnmal massereicher, könnten wir auf der Erde nicht leben! Vermutlich hätte das Leben zu keiner Zeit eine Chance gehabt, sich dort zu entwickeln. Der Planet wäre tot.

Um eine grobe Vorstellung zu bekommen, wie sich die von einem Stern abgegebene Strahlung in Abhängigkeit von der Effektivtemperatur ändert, werfen wir einen Blick auf Abbildung 14. Die Kurven zeigen die Intensität der sogenannten Schwarzkörperstrahlung, wie sie von Schwarzen Körpern unterschiedlicher Temperatur in Abhängigkeit von der Wellenlänge abgegeben wird. Man sieht nicht nur, dass sich mit steigender Temperatur das Maximum der Kurven zu immer kürzeren Wellenlängen verschiebt, sondern auch, dass die Strahlungsleistung bei allen Wellenlängen stark anwächst. Die eigentümliche Form der Kurven bleibt jedoch immer erhalten. Die Formel, mit der sich die Kurven berechnen lassen, hat der deutsche Physiker Max Planck im Jahr 1900 aufgestellt. Das war damals eine grandiose Leistung und nur möglich, weil Max Planck erkannt hatte, dass Licht, neben seinem Charakter als elektromagnetische Welle, aus Teilchen besteht, die je nach Wellenlänge des Lichts unterschiedliche Energie besitzen. Physiker bezeichnen diese Teilchen als Lichtquanten oder populärer als Photonen. Sterne strahlen jedoch nur sehr eingeschränkt wie ein Schwarzer Körper. Bei der Behandlung der Sternspektren werden wir darauf noch genauer eingehen.

Eine letzte, wichtige Gleichung sollten wir uns noch merken. Sie gilt für alle Sterne, nicht nur für die auf der Hauptreihe. Diese Gleichung verknüpft drei wichtige Sternparameter miteinander, nämlich die Leuchtkraft eines Sterns, seinen Radius und seine Effektivtemperatur. In Worten ausgedrückt besagt sie, dass die Leuchtkraft eines Sterns proportional ist zum

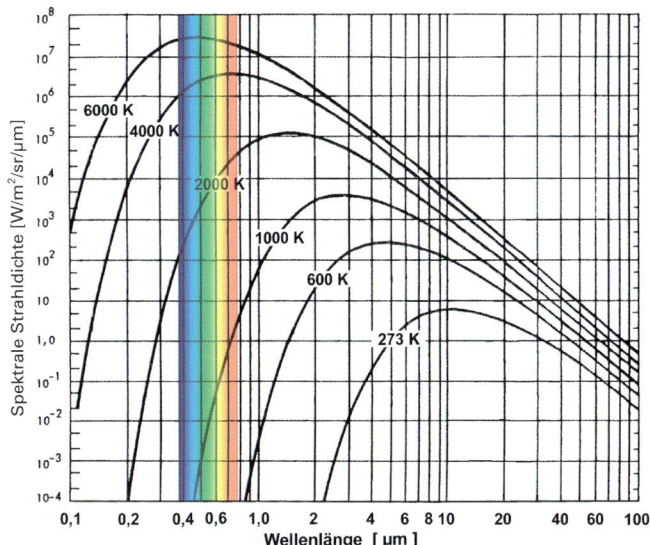

Abb. 14: Strahlung eines Schwarzen Körpers in Abhängigkeit von seiner Temperatur. Mit wachsender Temperatur verschiebt sich das Strahlungsmaximum zu immer kürzeren Wellenlängen. Bei einer Temperatur von rund 6000 Kelvin liegt das Strahlungsmaximum im sichtbaren Bereich des elektromagnetischen Spektrums.

Sternradius im Quadrat und zur Effektivtemperatur hoch 4 (siehe Anhang). Kennt man zwei dieser Größen, so kann man die dritte berechnen. Wir werden von dieser Gleichung im Fortgang des Buches noch einige Male Gebrauch machen. Denn mit ihrer Hilfe lässt sich gut zeigen, warum und wie sich ein Stern verändert, wenn sich die Parameterwerte in dieser Gleichung verschieben.

»Magnitudines«

So – jetzt sind wir aber etwas vom geraden Weg abgekommen. Mit der Frage, was man unter der Leuchtkraft eines Sterns versteht, haben wir begonnen, und bei einigen Gleichungen sind wir gelandet. Aber das ist halt mal so. Einfache Fragen ziehen meist einen Rattenschwanz komplizierter Antworten hinter sich her. Jedenfalls wissen wir jetzt mit dem Begriff »Leuchtkraft« etwas anzufangen. Doch jetzt wollen wir sie auch messen. Theoretisch muss man dazu »nur« die auf der Erde pro Quadratmeter ankommende Strahlungsleistung bestimmen und mit der Fläche einer Kugel multiplizieren, die einen Radius gleich der Entfernung Erde – Stern hat. Doch das ist nicht so einfach. Es gelingt nur mit sehr lichtempfindlichen Detektoren und unter der Voraussetzung, dass die Entfernung zum Stern bekannt ist. Und das ist selten genug der Fall. Außerdem muss man die Absorption des Sternenlichts durch die Erdatmosphäre und eventuell auch durch interstellare Wolken und Gas, das sich zwischen dem Stern und der Erde befindet, berücksichtigen. Meist genügt es jedoch, anstelle der Leuchtkraft über alle Wellenlängen nur die Leuchtkraft in ausgesuchten spektralen Bändern, das heißt in einem klar definierten Spektralbereich, zu messen. Eingebürgert hat sich da das Johnson'sche UBV-System. Dabei bestimmt man die Strahlungsleistung in einem Bereich um eine zentrale Wellenlänge Lambda (λ). Die Buchstaben U, B und V stehen für Ultraviolett, Blau und Visuell, und die entsprechenden zentralen Wellenlängen haben die Werte $\lambda = 365$, 440 und 548 Nanometer (1 Nanometer entspricht einem Millionstel Millimeter). In der Praxis schiebt man einfach optische Filter, die nur Licht im entsprechenden Wellenlängenbereich durchlassen, vor die lichtempfindlichen Detektoren.

So weit, so schön. Aber jetzt wird es doch ein wenig kompliziert. Die Astronomen geben nämlich die Strahlungsleistung eines Sterns nicht in Watt an. Das wäre etwas unpraktisch, weil man dann immer mit diesen vielen Nullen hantieren müsste. Vielmehr hat man ein System ersonnen, das die Sterne, je nachdem, wie hell sie uns erscheinen, in Größenklassen einteilt und diese Helligkeit nach Magnituden staffelt. Eigentlich ist dieses System schon ziemlich alt. Der griechische Astronom Hipparchos, der 190 bis 120 v. Chr. lebte, hat es eingeführt. Er teilte die Sterne nach ihrer Helligkeit in sechs Größenklassen beziehungsweise Magnituden ein, wobei die Sterne der ersten Größenklasse zu den hellsten gehören und die Sterne der sechsten Größenklasse gerade noch mit dem bloßen Auge zu erkennen sein sollten. Im Prinzip hat sich daran bis heute nichts geändert. Mittlerweile hat man jedoch erkannt, dass das menschliche Gehirn Helligkeitseindrücke logarithmisch verarbeitet. Zur Veranschaulichung stellen wir uns vier Lichtquellen vor. Die erste sei die schwächste, die vierte die hellste. Damit die zweite Lichtquelle uns doppelt so hell erscheint wie die erste, muss deren Leuchtkraft um einen gewissen Faktor größer sein. Nennen wir diesen Faktor einfach mal a. Damit die dritte Lichtquelle uns dreimal so hell erscheint wie die erste, muss deren Leuchtkraft auch wieder um den Faktor a größer sein als die der zweiten Lichtquelle. Und – Sie haben es schon erraten – damit die vierte Quelle viermal so hell erscheint wie die erste, muss auch sie wieder um den Faktor a leuchtkräftiger sein als die dritte Quelle. Fassen wir das zusammen, so können wir sagen: Eine Lichtquelle erscheint uns doppelt, dreimal oder viermal so hell wie eine andere, wenn sich ihre Leuchtkräfte um den Faktor a, um a mal a, das ist gleich a zum Quadrat, beziehungsweise um a mal a mal a, das ist gleich a zur dritten Potenz, unterscheiden.

Aufgrund dieser Erkenntnis ist es auch in der modernen Astronomie zweckmäßig, die Sterne entsprechend ihrer Helligkeit nach Größenklassen beziehungsweise Magnituden zu ordnen. Die Gleichung, welche die Magnituden zweier Sterne mit ihren Strahlungsströmen verknüpft, hat man noch mit einem Faktor versehen, der sicherstellt, dass die Magnitudenskala auch gut mit der vom Astronomen Hipparchos etablierten, auf Beobachtungen mit bloßem Auge beruhenden Helligkeitsskala übereinstimmt (siehe Anhang). Entsprechend dieser Gleichung unterscheiden sich nun zwei Sterne, deren Strahlungsflüsse im Verhältnis 1 zu 2,5 stehen, um eine Magnitude, und ein Stern, der eine 100-mal stärkere Leuchtkraft besitzt als ein anderer Stern, hat eine um fünf Magnituden größere Helligkeit. Doch

Vorsicht: Die Magnitudenbeziehung enthält einen kleinen Stolperstein in Form eines Minuszeichens. Das hat zur Folge, dass Sterne umso heller sind, je kleiner ihre Magnitude ist. Ein Stern der Magnitude 1,5 ist also um eine Magnitude *heller* als ein Stern mit 2,5 Magnituden, und um 0,5 Magnituden *schwächer* als ein Stern von einer Magnitude. Das muss man sich gut merken, will man die Sterne anhand ihrer Magnituden vergleichen, sonst führt das zu erheblicher Verwirrung.

Um nun jedem Stern eine Helligkeit oder Magnitude »m« zuordnen zu können, braucht man zur Helligkeitsbestimmung noch einen Nullpunkt. Mehr oder minder willkürlich hat man damals dem Stern Wega im Sternbild Leier die Magnitude m = 0 zugeordnet. Im Nachhinein hat sich gezeigt, dass die Wahl gar nicht so schlecht war. Denn mit der Wega als Nullpunkt passt das neue System gut mit der von Hipparchos definierten Helligkeitsskala zusammen. Schlaumeier werden nun sofort einwenden, dass der Stern Wega doch gar nicht der hellste Stern am Himmel ist. Ein Stern heller als die Wega müsste dann ja eine negative Magnitude, also eine von minus m besitzen. Gut aufgepasst, kann man da nur sagen! Genau das ist auch der Fall! Sie erinnern sich: Hellere Sterne, haben wir gesagt, besitzen eine kleinere Magnitude als weniger helle. Und Werte kleiner als null haben ein negatives Vorzeichen. Minus eins ist kleiner als null, und null ist kleiner als plus eins. Ist gar nicht so schwer. Lassen Sie sich also nicht verwirren.

Wahr oder nur scheinbar wahr?

Kommen wir nochmals auf die ersten Sätze dieses Kapitels zurück. Da war die Rede von zwei Ursachen, die für die unterschiedlichen Helligkeiten der Sterne verantwortlich sind: zum einen die unterschiedliche Leuchtkraft und zum anderen die unterschiedliche Entfernung. Mit der Leuchtkraft beziehungsweise der Helligkeit eines Sterns sind wir so weit klar. Wenden wir uns also der Entfernung zu. Dass wir zwei Sterne gleicher

Leuchtkraft in gleicher Entfernung auch als gleich hell empfinden, dürfte wohl jedem einleuchten. Ist der eine Stern weiter von uns entfernt als der andere, so muss man auch nicht lange nachdenken, um zu dem Schluss zu kommen, dass der weiter entfernte uns blasser vorkommt. Denn der auf eine Fläche bestimmter Größe auftreffende Strahlungsstrom nimmt ja mit dem Quadrat der Entfernung ab (Abb. 15). Aber was ist, wenn zwei Sterne nicht nur unterschiedlich weit weg, sondern auch noch von unterschiedlicher Leuchtkraft sind? Das kann zu der paradoxen Situation führen, dass uns der eine Stern, der weiter entfernt ist als der andere, blasser erscheint, obwohl er in Wirklichkeit leuchtkräftiger ist. Was wir mit unseren Instrumenten messen, ist also nicht die wahre oder, wie die Astronomen sagen, die absolute Helligkeit eines Sterns, sondern es ist nur seine scheinbare Helligkeit. Man bezeichnet sie deshalb auch mit einem kleinen »m«. Und je nachdem, welchen Filter man vor den Detektor gesetzt hat, hängt man an das m noch einen entsprechenden Buchstaben unten dran. Hat man also durch einen V-Filter die Intensität des Sterns im sichtbaren, das heißt im visuellen Bereich des elektromagnetischen Spektrums gemessen, so bezeichnet man seine scheinbare Helligkeit mit m_v.

Will man Sterne hinsichtlich ihrer Leuchtkraft miteinander

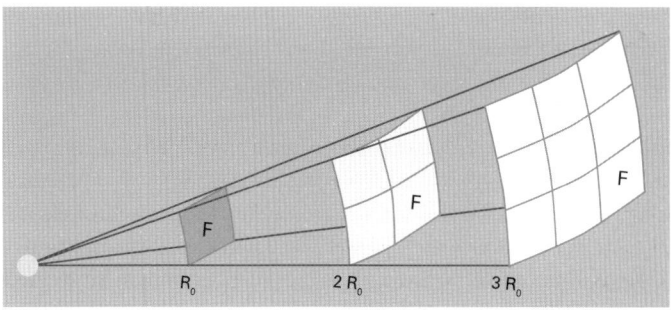

Abb. 15: Die von einer Lichtquelle ausgehende Strahlung nimmt mit dem Quadrat der Entfernung ab. Auf die Fläche F im Abstand $3\,R_0$ von der Quelle trifft nur noch ein Neuntel der Strahlung, die auf die gleiche Fläche im Abstand R_0 trifft.

vergleichen, so nützt – siehe oben – die Kenntnis der scheinbaren Helligkeiten jedoch wenig. Was man braucht, sind die Helligkeiten, die man erhalten würde, wenn die Sterne gleiche Entfernungen zum Beobachter hätten. Doch derartige Messungen wird man mit Sicherheit niemals ausführen können. Bisher ist es jedenfalls noch niemandem gelungen, einen Stern in eine andere Position zu verschieben. Wie kommt man also zu diesen Daten? Hier hilft uns die Mathematik weiter. Man kann nämlich die scheinbare Helligkeit, die man ja über den Strahlungsstrom gut messen kann, mit einer einfachen Gleichung in die Helligkeit umrechnen, die ein Stern in einer bestimmten Entfernung hätte (siehe Anhang). Doch welche Entfernung soll man wählen? Nun, die Astronomen haben sich auf eine Entfernung von zehn Parsec geeinigt. Die Helligkeit eines Sterns, der zehn Parsec entfernt ist, bezeichnet man als seine absolute Helligkeit. Im Unterschied zur scheinbaren Sternhelligkeit m wird die absolute Sternhelligkeit mit einem großen »M« benannt. Am spektralen Bereich ändert die Umrechnung natürlich nichts. Aus der scheinbaren Helligkeit m_v wird die absolute Helligkeit M_v.

Dass sich scheinbare Helligkeit m und absolute Helligkeit M drastisch unterscheiden können, sieht man besonders gut an unserer Sonne. Dieser Stern ist uns ja mit einer Entfernung von 149,5978 Millionen Kilometern besonders nahe und daher entsprechend hell. Folglich wird auch seine scheinbare Helligkeit entsprechend groß sein. Und in der Tat beträgt sie im Visuellen minus 26,7 Magnituden! Sie erinnern sich noch: Je kleiner der Magnitudenwert, desto heller ist der Stern. Könnte man die Sonne aber auf eine Entfernung von zehn Parsec hinausschieben, so würden wir sie nur noch als ganz schwach glimmendes Pünktchen wahrnehmen. Entsprechend klein ist demnach auch ihre absolute Helligkeit im Visuellen, nämlich plus 4,87 Magnituden. Andere Sterne haben viel größere absolute Helligkeiten. Beispielsweise der Stern Beteigeuze im Sternbild Orion. Seine absolute Helligkeit M_v beträgt minus 5,17. Damit hat er im sichtbaren Bereich die Leuchtkraft von rund 10 000 Sonnen.

Das ist so hell, dass dieser Stern, obwohl er 430 Lichtjahre (LJ) von uns entfernt ist, immer noch eine scheinbare Helligkeit m_v von stolzen plus 0,43 Magnituden besitzt. Am Nachthimmel erscheint er uns daher fast so hell wie der Stern Wega, der nur 25 Lichtjahre entfernt ist.

Der Maßstab ist das Maß

Bei der Beschäftigung mit den scheinbaren und absoluten Helligkeiten der Sterne haben wir wie selbstverständlich von Entfernungen wie Parsec und Lichtjahren gesprochen. Doch was man darunter versteht, wurde noch nicht gesagt. Das müssen wir jetzt nachholen. Machen wir also einen kurzen Ausflug zu den astronomischen Entfernungsmaßstäben. Im Prinzip machen es die Astronomen auch nicht anders als wir, wenn es darum geht, beispielsweise die Länge einer Wand unseres Wohnzimmers anzugeben. Keiner sagt: Die Wand ist 550 Zentimeter lang. Stattdessen lautet die Angabe: fünfeinhalb Meter. Man benutzt also eine größere Einheit, hier das Meter, um sich unnötig große Zahlen zu ersparen. Genauso machen es die Astronomen. Nur sind ihre Einheiten natürlich von einer anderen Dimension. Da gibt es zunächst die Astronomische Einheit, abgekürzt: AE. Einer Astronomischen Einheit entspricht die Entfernung Erde – Sonne. Das sind 149,5978 Millionen Kilometer. Man benutzt diese Einheit nur für – in astronomischen Maßstäben – relativ kleine Entfernungen. Beispielsweise ist der Planet Jupiter rund 5 AE von der Sonne entfernt. Oder man sagt: zwei Sterne umkreisen sich in einem Abstand von nur 300 AE.

Bei den enormen Ausdehnungen des Universums kommt man mit diesem Maßstab jedoch nicht sehr weit. Für große Entfernungen bräuchte man auch wieder sehr große Zahlen. Abhilfe schafft da der nächstgrößere Maßstab, das Lichtjahr. Wie der Name schon andeutet, ist das die Entfernung, die das Licht in einem Jahr zurücklegt. Sie wissen ja: Licht breitet sich mit der maximal möglichen Geschwindigkeit aus. Im Vakuum sind das 299792 Kilometer pro Sekunde. Demnach entspricht ein Lichtjahr der Entfernung von 299792 mal 3600 mal 24 mal 365 Kilometern, was ausmultipliziert $9{,}45 \times 10^{12}$ Kilometer ergibt.

Das ist schon ganz ordentlich. Aber den Astronomen war das noch nicht genug. Sie haben noch das Parsec eingeführt, kurz »pc« geschrieben. Was ist das nun wieder? Dazu müssen wir auf die Bahn der Erde um die Sonne schauen. Sie ist fast ein Kreis und hat natürlich einen Radius von einer AE. Aber das hatten wir ja schon. Nein, ein Parsec ist die Entfernung, aus der man den Erdbahnradius unter einem Winkel von einer Bogensekunde sieht. Versuchen wir, das zu erklären. Stellen Sie sich ein Auto von fünf Metern Länge vor. Wenn Sie sich 20 Meter von diesem Auto entfernen, so beträgt der Winkel zwischen den beiden Geraden vom vorderen und hinteren Ende des Autos zu Ihrem Auge rund 14 Bogengrad. Je weiter Sie weggehen, umso kleiner wird der Winkel. Nach Bogengrad kommen die Bogenminuten und dann die Bogensekunden. Dabei unterteilt sich ein Bogengrad in 60 Bogenminuten und eine Bogenmi-

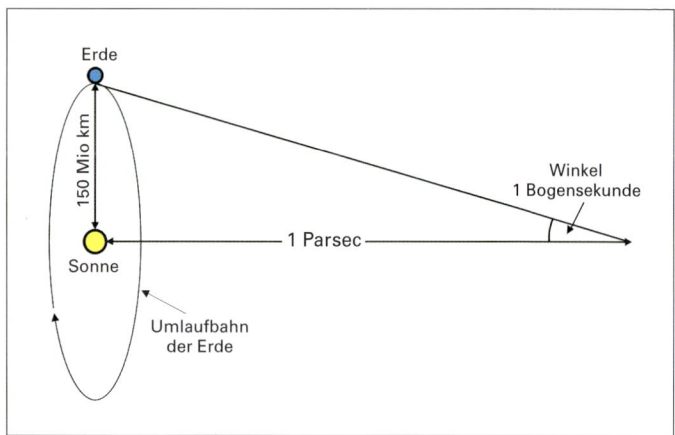

Abb. 16: Definition Parsec. Aus einer Entfernung von einem Parsec betrachtet, erscheint der Radius der Erdumlaufbahn unter einem Winkel von einer Bogensekunde. Ein Parsec entspricht 3,26 Lichtjahren.

nute wiederum in 60 Bogensekunden. Man muss also ordentlich weit weggehen, um das Auto unter dem Winkel von einer Bogensekunde zu sehen: rund 1000 Kilometer. Um den Radius der Erdbahn unter diesem kleinen Winkel zu sehen, muss man aus einer Entfernung von rund 3,26 Lichtjahren auf die Erde schauen (Abb. 16). Also entspricht 1 pc 3,26 Lichtjahren, und die 10 pc, die man bei der Bestimmung der absoluten Helligkeit einsetzt, entsprechen dann eben einer Entfernung von 32,6 Lichtjahren. Um das Universum in seiner ganzen Dimension ausloten zu können, multipliziert man die Einheit Parsec noch mit 1000 oder gar mit einer Million und spricht dann von Kilo-Parsec (kpc) oder Mega-Parsec (Mpc). Damit verständlich wird, warum man in der Astronomie so riesige Maßstäbe benötigt, sei hier noch der Radius des uns zugänglichen Universums angegeben: Er beträgt rund 4000 Mpc!

Kapitel 5

Von Spektren und verschiedenen Klassen

Was wir bisher über die Sterne erfahren haben, lässt den Verdacht aufkommen, dass diese Objekte in vielerlei Spielarten und Modifikationen vorkommen können. Und so ist es ja auch. Man findet unter den Sternen Zwerge und Riesen, Schwer- und Leichtgewichte, heiße und kühle Sterne, große kalte und kleine heiße Sterne, solche, bei denen die Materie sehr dicht gepackt ist, aber auch solche, die eine Dichte geringer als Wasser haben. Einige besitzen einen hohen Anteil an schweren Elementen, bei anderen wiederum findet sich davon nur relativ wenig. Wer kennt sich da noch aus? Wie hält man die einzelnen Typen auseinander? Anhand welcher Merkmale kann man sie identifizieren?

Eines der wichtigsten Kriterien zur Klassifizierung eines Sterns, wenn nicht sogar das wichtigste, ist sein Spektrum. Das Spektrum eines Sterns kann man mit dem Fingerabdruck eines Menschen vergleichen. Nein, eigentlich ist ein Sternspektrum mehr als ein Fingerabdruck. Auch wenn man einen Fingerabdruck noch so eingehend studiert, man kann doch nicht auf den Menschen schließen, zu dem er gehört. Anders bei einem Stern. Sein Spektrum gibt ziemlich genau Auskunft beispielsweise über seine Effektivtemperatur, seine Schwerebeschleunigung oder seine chemische Zusammensetzung. Ein Sternspektrum ist wie ein Buch, in dem die Daten des Sterns aufgelistet sind. Aber man muss es lesen können – und das ist nicht ganz einfach.

Damit wir nicht den Überblick verlieren, sollten wir uns erst einmal klar darüber werden, was man unter einem Sternspektrum zu verstehen hat. Im Prinzip ist es nichts anderes als eine Kurve in einem Koordinatengitter, wobei auf der horizontalen Achse die Wellenlänge aufgetragen ist und auf der vertikalen Achse der Strahlungsstrom beziehungsweise die Intensität der vom Stern empfangenen Strahlung. Gemessen werden Sternspektren mit sogenannten Spektrographen. Das sind Apparate, die das von einem Stern kommende Licht in seine einzelnen Wellenlängen zerlegen und zu jeder Wellenlänge die entsprechende Intensität der Strahlung bestimmen. Zu jeder Wellenlänge gehört also eine gewisse Intensität. Die graphische Darstellung der Intensität in Abhängigkeit von der Wellenlänge ergibt dann das Spektrum des Sterns. Wie das aussieht, zeigt Abbildung 17. Es ist das typische Spektrum eines sonnenähnlichen Sterns.

Vielleicht haben Sie jetzt erwartet, dass das eine relativ glatte Kurve ist, ohne Höhen und Tiefen und ohne auffällige Zacken. Aber wie Sie sehen, ist dem nicht so. Das Spektrum eines Sterns ist nämlich das Resultat einer Überlagerung dreier Komponenten: des Kontinuums, das die grobe Form des Sternspektrums festlegt, und der Absorptions- und Emissionslinien.

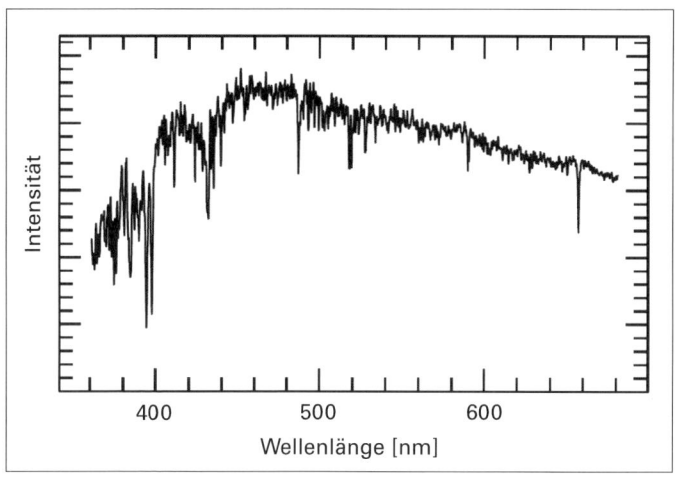

Abb. 17: Typisches Spektrum eines sonnenähnlichen Sterns

Hätte die Schicht des Sterns, von der die Strahlung ausgeht, eine einheitliche Temperatur, beispielsweise die schon bekannte Effektivtemperatur (T_{eff}), so ließe sich das Kontinuum durch eine Planck'sche Kurve der Temperatur T_{eff} darstellen. Diese Kurven kennen wir bereits von Abbildung 14. Aber, wie schon erwähnt, Sterne strahlen nicht wie Schwarze Körper. Das liegt daran – auch wenn man den Einfluss der Absorptions- und Emissionslinien auf das Spektrum vernachlässigt –, dass die Strahlung eben nicht von einem Körper einheitlicher Temperatur herrührt. Der »Körper«, um den es sich hier handelt, ist die schon erwähnte Photosphäre. Dies ist die tiefste Schicht eines Sterns, aus der wir noch direkt Strahlung empfangen können. Obwohl diese Schicht nur wenige 100 Kilometer dick ist, nimmt dort die Temperatur einerseits stark mit der Tiefe zu, andererseits können auch relativ nahe beieinanderliegende Bereiche Temperaturunterschiede aufweisen. Aufgrund dessen überlagert sich die Strahlung unterschiedlich heißer Zonen. Hinzu kommt noch, dass die Strahlung aus unterschiedlich tiefen Schichten stammt, je nachdem, ob sie vom Rand oder von der Mitte der Sternscheibe zu uns gelangt. Das alles führt letztendlich in einzelnen Wellenlängenbereichen zu deutlichen Abweichungen von der Planckkurve.

So weit zum Kontinuum. Aber was das Spektrum eines Sterns so aussagekräftig und unverwechselbar macht, das sind die dem Kontinuum überlagerten Absorptions- und Emissionslinien. Um zu verstehen, was es damit auf sich hat, müssen wir schon wieder einen kurzen Ausflug machen, diesmal in die Atomphysik. Zugegeben, um Spektren miteinander vergleichen zu können, genügt es, allein zu wissen, wie sie aussehen. Warum sie so und nicht anders aussehen, ist dabei zunächst nicht so wichtig. Das »Warum« wird jedoch interessant, wenn man nach den den Stern charakterisierenden Parametern fragt. Dann kommt man um eine detaillierte Analyse der Feinheiten des Spektrums nicht herum. Das ist wie beim Vergleich eines Ferrari mit einer 2CV-Ente. Dass der Ferrari spritziger ist als der 2CV, signalisiert bereits seine äußere Form. Doch will man wissen, warum das so ist, muss man schon mal die Haube öffnen und sich den Motor näher ansehen.

Mit was beschäftigen sich eigentlich Wissenschaftler, die Atomphysik betreiben? Dumme Frage! Natürlich mit den Atomen, aus denen sich unsere Materie zusammensetzt. Es geht um den Aufbau der Atome, um den Zusammenhalt der Bausteine des Atoms und vor allem um die Wechselwirkung der Atome mit anderen Teilchen oder mit Licht. Insbesondere der letzte Aspekt wird uns jetzt beschäftigen: die Wechselwirkung eines Atoms mit Licht, mit einer elektromagnetischen Welle beziehungsweise mit den Photonen als Träger der Lichtenergie. Das lässt sich bestens am leichtesten Atom des periodischen Systems der Elemente, dem Wasserstoffatom, studieren. Das Wasserstoffatom ist sehr einfach aufgebaut. Als Kern hat es nur ein einziges Proton, um das wiederum nur ein Elektron kreist. Aus Gründen der Einfachheit benutzen wir das von dem Physiker Niels Bohr 1923 entwickelte Atommodell, nach dem die Elektronen auf diskreten Kreisbahnen um den Atomkern ziehen. Arnold Sommerfeld hat später dieses Modell erweitert und durch eines ersetzt, in dem auch elliptische Elektronenbahnen erlaubt sind. Heute arbeitet man mit einem Atommodell, das auf den Gesetzen der Quantenmechanik beruht, dem sogenannten Orbitalmodell. In diesem Modell bewegen sich die Elektronen nicht mehr auf festgesetzten Bahnen. Vielmehr kommt jedem Ort in Kernnähe nur eine gewisse Aufenthaltswahrscheinlichkeit für das Elektron zu. Man spricht auch von Elektronenwolken, über die die Elektronen »verschmiert« sind. Aber wie gesagt, für unsere Zwecke ist das einfachste, das Bohr'sche Modell, gut genug (Abb. 18).

Also noch einmal von vorne: In einem Atom ziehen die Elektronen auf diskreten Bahnen um den Atomkern. Im Wasserstoffatom gibt es eine Menge derartiger Bahnen. Besetzt mit dem einen Elektron ist jedoch nur die innerste, dem Kern nächste Bahn. Man bezeichnet diesen Zustand auch als den Grundzustand des Wasserstoffatoms. Alle anderen weiter außen liegenden oder, wie man auch sagt, höheren Bahnen sind leer. Aber

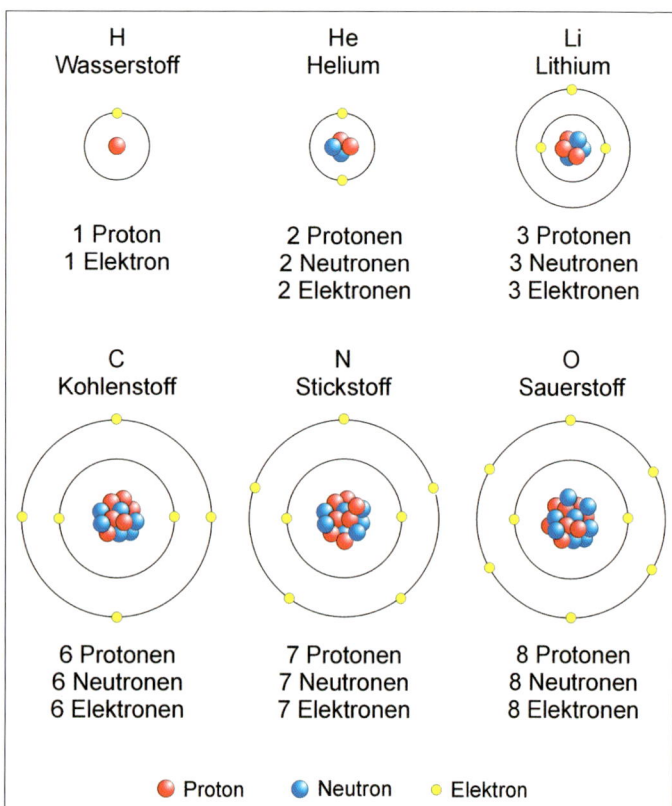

Abb. 18: Die Abbildung veranschaulicht den Aufbau der Kerne einiger Elemente zusammen mit ihren Elektronen und Elektronenbahnen.

das kann sich ändern. Atome können in einen sogenannten angeregten Zustand übergehen. Dazu muss das Elektron vom Grundzustand auf eine höhere, weiter außen liegende Bahn gehoben werden. Dieser Prozess verlangt ein gewisses Maß an Energie, auch Anregungsenergie genannt. Doch wie groß ist dieses »Maß«, wie groß ist die aufzuwendende Energie? Klar, sie ist exakt gleich der Energiedifferenz zwischen der Ausgangsbahn und der neuen Bahn, oder anders ausgedrückt: gleich der

Energiedifferenz der zwei beim Elektronenübergang beteiligten Elektronenniveaus. Exakt heißt hier wirklich genau und nicht etwas mehr oder etwas weniger. Die Elektronenbahnen unterliegen ja der Quantenmechanik und sind daher diskrete, energetisch scharfe Energieniveaus. Die Energie von Bahn zu Bahn wächst also in Sprüngen oder, wie die Atomphysiker sagen, sie ist gequantelt. Das Elektron kann daher nur exakt auf ein anderes Niveau gehoben werden, aber niemals irgendwohin dazwischen.

Kommen wir jetzt zum Licht. Sie wissen: Licht ist eine elektromagnetische Welle. Man kann es aber auch als einen Strom von Lichtquanten, Photonen genannt, auffassen. Photonen besitzen eine durch die jeweilige Wellenlänge des Lichts genau festgelegte Energie. Ist das Licht monochromatisch, also von *einer* Farbe, dann haben alle Lichtquanten die gleiche Energie. Bei weißem Licht, das sich aus allen Wellenlängen des sichtbaren Spektrums zusammensetzt, haben die Photonen, je nach Wellenlänge, unterschiedliche Energie. Licht ist demnach der ideale Energielieferant zur Anregung von Atomen. Bestrahlt man die Atome mit monochromatischem Licht, dann erfolgt eine Anregung nur, wenn die Wellenlänge genau stimmt, das heißt, wenn die Photonen genau die Energie haben, die der Differenz zwischen den beiden betrachteten elektronischen Niveaus entspricht. Beleuchtet man die Atome mit weißem Licht, also mit Licht, das alle Wellenlängen enthält, so sucht sich das Atom speziell die Photonen heraus, die für eine Anregung die passende Energie mitbringen. Alle anderen treten mit dem Atom nicht in Wechselwirkung. Physiker bezeichnen diesen Anregungsprozess eines Atoms durch Licht als Absorption. Absorption deshalb, weil das Photon seine gesamte Energie an das Atom abgibt. Es wird, bildlich gesprochen, »verschluckt«. Nichts bleibt von dem Photon übrig. Seine Energie steckt jetzt in dem auf einem höheren Energieniveau umlaufenden Elektron (Abb. 19).

Der Mechanismus der Absorption von Licht ist also das, was den Absorptionslinien zugrunde liegt. Sie erinnern sich noch an

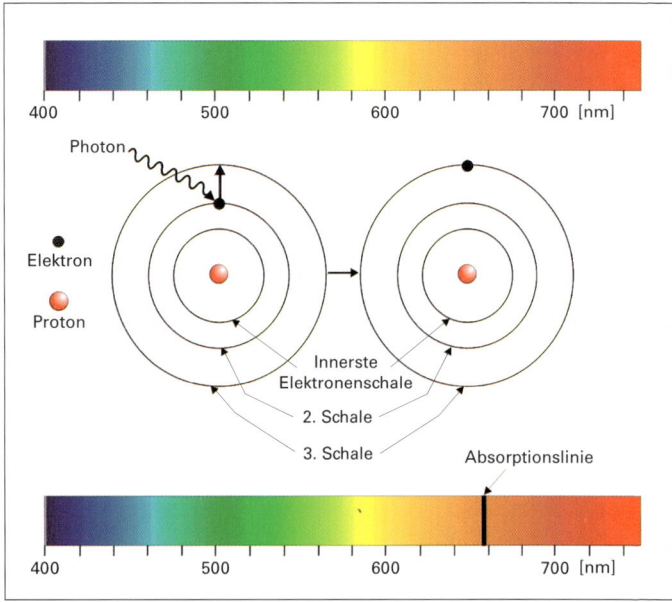

Abb. 19: Absorption: Trifft sichtbares Licht aller Wellenlängen (oben) auf ein Wasserstoffatom, so kann ein Elektron auf die nächsthöhere Schale gehoben werden. Das für den Absorptionsprozess »verbrauchte« Licht einer gewissen Wellenlänge fehlt dann im Spektrum (unten), sodass dort eine Absorptionslinie entsteht.

die ersten Sätze des Kapitels: Die Absorptionslinien sind eine von drei Komponenten, die die Spektren der Sterne so unverwechselbar machen. Sternspektren sind demnach dadurch geprägt, dass bei unseren Detektoren bei bestimmten Wellenlängen gar kein oder nur sehr wenig Licht ankommt, weil die entsprechenden Photonen bereits zur Anregung von Atomen oder Molekülen »verbraucht« wurden. Im Sternspektrum macht sich das als eine kleine Lücke im Kontinuum, als eine sogenannte Absorptionslinie, bemerkbar. Die Linie liegt dabei exakt bei der Wellenlänge, die zur Anregung der Atome geführt hat.

Bisher haben wir nur von einer bestimmten Absorptionslinie gesprochen, der Linie, die beim Übergang vom Grundzustand auf die nächsthöhere Bahn entsteht. Aber Sternspektren zeigen eine Vielzahl derartiger Linien, und jede liegt bei einer anderen Wellenlänge. Das kommt daher, dass in einem Atom die Elektronen nicht nur vom Grundzustand auf die nächste Bahn gehoben werden können, sondern auch auf andere, höhere Bahnen. Außerdem muss die Anregung nicht immer vom Grundzustand aus erfolgen. Beispielsweise kann sich das Wasserstoffatom schon in angeregtem Zustand befinden, sein Elektron sitzt also schon auf einer höheren Schale. Dann sind auch Übergänge von dort auf noch höhere Schalen möglich. Und jeder Übergang erfordert ein Photon einer gewissen Energie, entsprechend einer gewissen Wellenlänge des Lichts. Die Atomphysiker sprechen hier von Serien, je nachdem, ob die Übergänge vom Grundzustand oder von der ersten, der zweiten usw. Schale aus in höhere Schalen erfolgen. Beim Wasserstoffatom kennt man fünf derartige, nach den Namen ihrer Entdecker benannte Serien: die Lyman-, die Balmer-, Paschen-, Brackett- und die Pfund-Serie. Bei der Lyman-Serie starten die Übergänge aus dem Grundzustand. Die Balmer-Serie enthält die Übergänge von der zweiten Schale in höhere Bahnen, und die Paschen-Serie beginnt bei der dritten Schale. Brackett- und Pfund-Serie starten entsprechend bei der vierten und fünften Schale. Aus dem Termschema eines Elements kann man die einzelnen Serien zusammen mit den zugehörigen Anregungsenergien entnehmen. Sie sehen, da kommt ganz schön was zusammen an möglichen Absorptionslinien (Abb. 20).

Aber das ist noch nicht alles. Wo sitzen denn die Atome und Moleküle, die durch das Licht angeregt werden? Es sind die Komponenten der Photosphäre und der darüber liegenden Sternschichten. Und das sind nicht nur Wasserstoffatome! Helium kommt beispielsweise relativ häufig vor. In deutlich geringerer Konzentration findet man dort auch andere Elemente wie Kohlenstoff, Silizium, Eisen oder Kalzium. Aber auch einfache Moleküle, chemische Verbindungen mehrerer Atome unterschiedlicher Elemente, tauchen dort auf. So zum Beispiel Verbindungen des Wasserstoffs mit Kohlenstoff, Eisen oder Kal-

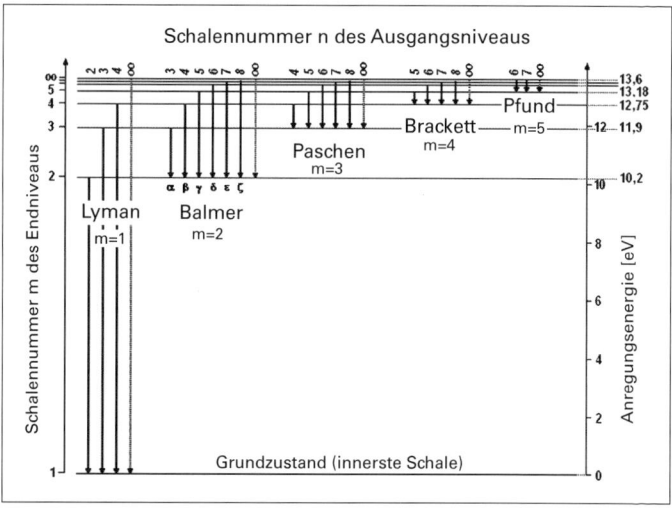

Abb. 20: Termschema des Wasserstoffatoms

zium, sogenannte Hydride (CH, FeH, CaH), Nitride (CN) und Oxide wie Titanoxid (TiO) und Wasser (H_2O). Alle diese Atome haben ihre speziellen elektronischen Übergänge, die sich als Absorptionslinien bemerkbar machen. Bei den Molekülen sind es dagegen die Schwingungs- und Rotationsübergänge, die vornehmlich im infraroten Bereich des elektromagnetischen Spektrums eine Vielzahl an Absorptionslinien hervorrufen.

So viel zu den Absorptionslinien. Nehmen wir uns jetzt die Emissionslinien vor, die dritte Komponente der Sternspektren. Mit unserem »Vorwissen« ist es nicht mehr schwierig, sie zu verstehen. Wir müssen dazu nur den bei der Absorption ablaufenden Prozess umkehren. Das Elektron, das bei der Absorption eines Photons auf einer höheren Bahn gelandet ist, kann auch wieder zurückfallen. Entweder auf seine ursprüngliche Bahn oder auf ein anderes, tiefer liegendes Niveau. Und so, wie bei der Absorption Energie aufgewendet werden muss, wird bei der Emission die Differenzenergie zwischen den beiden beteiligten Elektronenbahnen in Form eines Photons vom Atom abgestrahlt. Es wird also nicht, wie bei der Absorption, Licht »verschluckt«, sondern im Gegenteil, es wird Licht »emittiert«. Und dieses Licht wird, je nach seiner Wellenlänge, an der entsprechenden Stelle dem Kontinuum überlagert, wo es sich als sogenannte Emissionslinie bemerkbar macht (Abb. 21).

Absorption und Emission kann man demnach als zwei spiegelbildliche Prozesse auffassen. Der eine ist die Umkehrung des anderen und vice versa. Der Prozessweg wird einfach in der entgegengesetzten Richtung durchlaufen. Die beteiligten Niveaus müssen dabei nicht die gleichen sein. Das hat Parallelen zu einem Blick in den Spiegel: auch dort wird vorne und hinten vertauscht.

Schauen wir uns noch kurz die Energien beziehungsweise die Wellenlängen an, mit denen man es bei den Absorptionslinien zu tun hat. Am interessantesten sind da die Linien des Wasser-

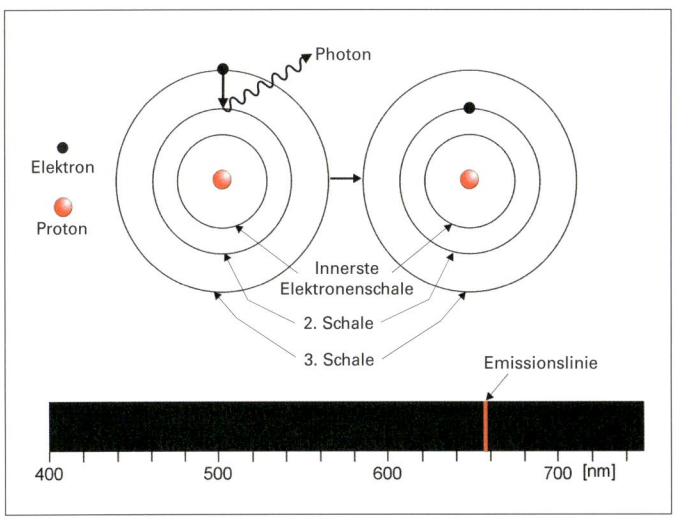

Abb. 21: Emission: Fällt im Wasserstoffatom ein Elektron aus einer höheren Schale zurück auf die nächstniedrigere Bahn, so wird ein Photon frei, dessen Energie gleich der Energiedifferenz zwischen den beteiligten Bahnen ist. Im Spektrum entsteht eine Emissionslinie bei der Wellenlänge des Photons.

stoffs. Das Termschema dieses Elements (siehe Abb. 20) zeigt uns, dass eine Energie von 10,2 Elektronenvolt, kurz 10,2 eV, erforderlich ist, um das Elektron vom Grundzustand auf die nächsthöhere Bahn zu heben. 10,2 eV entsprechen gerade der Energie, die ein Elektron gewinnt, wenn es im elektrischen Feld zweier einander gegenüberstehender Metallplatten beschleunigt wird, zwischen denen eine Spannungsdifferenz von 10,2 Volt besteht. Das Photon einer Lichtquelle, das im Wasserstoffatom einen Übergang vom Grund- in den ersten angeregten Zustand bewirkt, muss Licht genau dieser Energie mitbringen.

Um zu veranschaulichen, wie verschwindend gering diese Energiemenge ist, haben wir einmal ausgerechnet, wie viele 10,2 eV-Photonen man bräuchte, um die Energiemenge zusammenzubekommen, mit der man ein Gramm Wasser um ein Grad Celsius erwärmen kann: Es sind rund 2,5 Milliarden Milliarden! Rechnet man die 10,2 eV um in eine Wellenlänge, so erhält man als Ergebnis, dass das zur Anregung geeignete Licht eine Wellenlänge (λ) von 0,0001216 Millimetern oder 121,6 Nanometern, kurz 121,6 nm, haben muss. Übergänge in höhere Schalen erfordern energiereicheres Licht, das heißt Licht kürzerer Wellenlängen. Unsere Augen sind nur im Wellenlängenbereich von circa 400 bis 700 nm empfindlich. Licht kürzerer Wellenlängen, beispielsweise ultraviolettes Licht, und solches größerer Wellenlängen, wie infrarotes Licht, können wir daher nicht sehen. Mit anderen Worten: Der Übergang vom Grundzustand in höhere Niveaus, also die gesamte Lyman-Serie, ist in einem Spektrum, das nur den Teil des sichtbaren Lichts umfasst, nicht zu beobachten. Auch die Übergänge der Paschen-, Brackett- und Pfund-Serie sind nicht zu sehen, da deren Wellenlängen im infraroten Bereich des elektromagnetischen Spektrums liegen. Nur bei der Balmer-Serie kann man Linien beobachten. Doch auch da liegen nur vier Linien im sichtbaren Bereich, nämlich die von der zweiten in die dritte, vierte, fünfte und sechste Bahn, die man auch als die Hα-, Hβ-, Hγ- und Hδ-Linie bezeichnet. Alle anderen möglichen Linien liegen bereits im ultravioletten Bereich. Bei der Klassifizierung der Sterne werden uns insbesondere die Linien der Balmer-Serie, kurz die Balmer-Linien, noch beschäftigen.

Kommen wir nun zur Klassifizierung der Sterne. Wie eingangs schon erwähnt, ist hier das Spektrum eines Sterns das entscheidende Kriterium, um Sterne sinnvoll ordnen zu können. Schon früh hat man erkannt, dass sich die Stärke der Linien in den Sternspektren in charakteristischer Weise ändert. Auf dieser Grundlage haben in den Jahren um 1880 Edward C. Pickering und Annie Cannon an der Harvard-Sternwarte die sogenannte Harvard-Sequenz entwickelt. Ihr zufolge sind die Sterne je nach ihrer Farbe, ihrer Effektivtemperatur und der Stärke der Absorptionslinien einer bestimmten Spektralklasse zugeteilt. Dabei unterscheidet man zwischen sieben Spektralklassen, die man der Reihe nach mit den Buchstaben O – B – A – F – G – K – M bezeichnet. Um sich diese Sequenz einzuprägen, haben sich Studenten der Universität Princeton den Merkspruch »Oh, be a fine girl, kiss me« ausgedacht. Einem der Autoren dieses Buchs, einem gebürtigen Bayern, gefällt jedoch der deftige Satz »Ohne Bier aus'm Fass gibt's koa Mass« besser. Mit Hilfe welcher Eselsbrücke Sie sich die Sequenz merken wollen, bleibt natürlich Ihnen überlassen. Übrigens, die Wahl der Buchstaben ist rein historisch begründet. Ebenso historisch ist, dass man die Klassen O, B und A als frühe Sterne bezeichnet, F und G als mittlere und K und M als späte Sterne. Im Lauf der Zeit hat sich jedoch gezeigt, dass diese Einteilung zu grob ist. Man unterteilt daher jede Spektralklasse nochmals in zehn Untergruppen, indem man an den Spektralklassebuchstaben die Ziffern 0 bis 9 anhängt. Ein Stern der Klasse F5 liegt demnach auf der Mitte zwischen einem reinen F-Stern und einem G-Stern.

Die Buchstaben O bis M repräsentieren also ganz bestimmte Sterne. Doch welche? Fangen wir mit der Farbe an. O-, B- und A-Sterne leuchten bläulich, F-Sterne sind rein weiß, die G-Sterne haben einen gelben Farbton, und die K-Sterne sind orangerot. Bei den tiefroten M-Sternen überwiegen bereits die infraroten Wellenlängen. Die Zuordnung ist jedoch nicht so streng wie beschrieben, vielmehr gehen die Farben von einer zur nächsten

Spektralklasse fließend ineinander über. Farben sind Ausdruck der Temperatur der Sterne. So wie weiß glühendes Eisen heißer als rot glühendes ist, so sind auch die blauen Sterne heißer als die roten. Die bläulich leuchtenden O-Sterne haben Oberflächentemperaturen von mindestens 25 000 bis hinauf zu etwa 70 000 Kelvin! Bei B-Sternen misst man noch Temperaturen im Bereich von 11 000 bis 25 000 Kelvin, und auch die A-Sterne sind immerhin noch 7500 bis 11 000 Kelvin heiß. Bei den F- und G-Sternen kommt man allmählich in den Bereich gemäßigter Temperaturen von 5000 bis 7500 Kelvin. Beispielsweise hat unsere Sonne, ein G2-Stern, eine Oberflächentemperatur von rund 5800 Kelvin. Die K-Sterne sind für stellare Verhältnisse bereits ziemlich kühl. Temperaturen von 3500 bis 5000 Kelvin sind typisch. Und die roten M-Sterne, am Ende der Skala, rangieren bei Temperaturen unter 3500 Kelvin.

Etwas komplexer ist das Bild, das die entsprechenden Spektren zeigen (Abb. 22). Was besonders auffällt: Von den heißen zu den kühlen Sternen verschiebt sich das spektrale Maximum zu immer längeren Wellenlängen. Außerdem nimmt die Anzahl der Linien im Spektrum stark zu. Während O-Sterne relativ wenige Linien zeigen, ist die Liniendichte bei den K-Sternen so groß, dass die Linien schon ineinander überzugehen scheinen. Und nicht zuletzt ändert sich von Spektralklasse zu Spektralklasse auch die Stärke und das Vorhandensein bestimmter Linien. In der Tabelle I, die wir dem Buch »Physik der Sterne und der Sonne« von H. Scheffler und H. Elsässer entnommen haben, sind die wesentlichen bei den einzelnen Spektraltypen auftretenden Absorptionslinien aufgelistet. Auf all diese Linien können wir natürlich nicht eingehen. Es reicht, wenn wir die Veränderungen der Linienstärken stellvertretend am Beispiel der Balmer-Linien besprechen. Da wir dabei auf den Begriff der Ionisation stoßen werden, müssen wir vorab aber noch erklären, was man darunter zu verstehen hat.

Von Ionisation spricht man, wenn einem Atom ein oder auch mehrere Elektronen abhanden kommen. Die Elektronen werden dabei nicht bloß auf eine höhere Bahn gehoben, son-

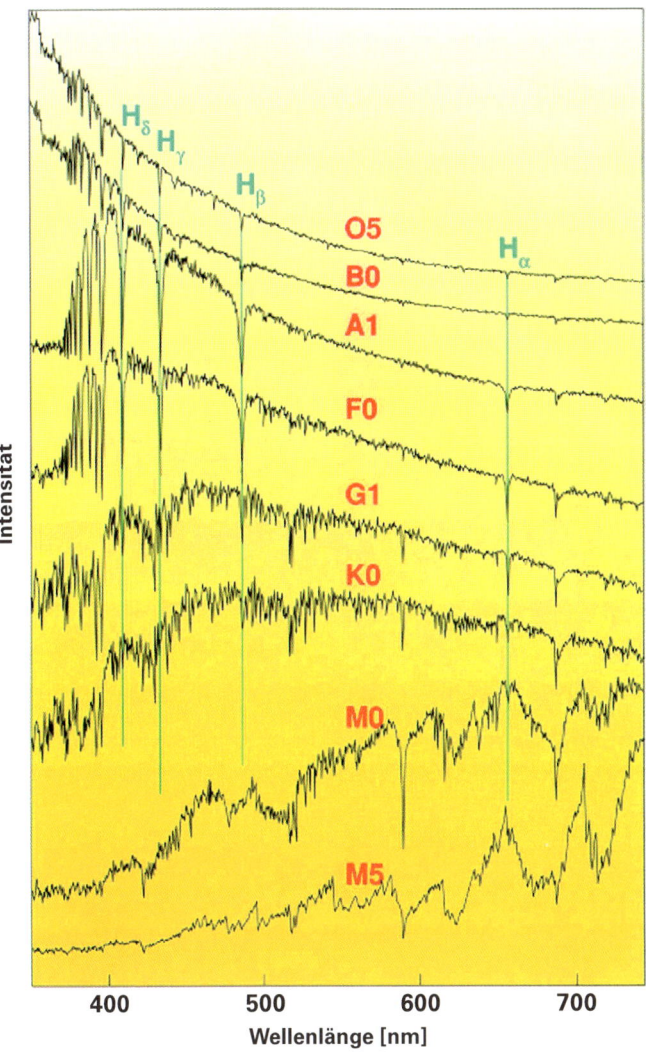

Abb. 22: Typische Spektren von Sternen unterschiedlicher Spektralklassen.

Spektraltyp	Standard-Stern	Charakterisierung
O5	ζ Pup	He-II-Linien vorherrschend; daneben Linien mehrfach ionisierter Atome, z.B. C III, N III, Si LV.
B0	τ Sco	He-I-Linien stärker als He-II-Linien; H (Balmer-Serie) in mäßiger Stärke.
A0	α Lyr (Wega)	Balmer-Serie dominiert; K-Linie von Ca II schwach.
F0	γ Vir	Balmer-Serie stark; Ca II mäßig stark; Linien neutraler Metalle mäßig stark.
G0	α Aur (Capella)	Ca II (H, K) stark; Ca I (g = λ4227) gleich stark wie Hδ; Linien neutraler Metalle stark; Balmer-Serie mäßig stark. Dem Sonnenspektrum ähnlich.
K0	α Boo (Arktur)	Ca II (H, K) im Maximum; Ca I (g = λ4227) stark; neutrale Metalle noch stärker.
M0	β And	Bandenspektrum des Ti O vorherrschend; Ca-I-Linie g sehr stark.

Tabelle I: Die wesentlichen Absorptionslinien in den Spektren der Sterne der Spektralklasse O bis M.

dern völlig vom Atom abgelöst. Die für die Ionisation nötige Energie stammt meist aus der Bewegungsenergie der Atome. In einem heißen Gas stoßen die Atome gelegentlich so heftig zusammen, dass ein oder auch beide Stoßpartner ein oder mehrere Elektronen verlieren. Ähnliches soll ja auch im normalen Leben vorkommen. Denken Sie an zwei unachtsame Passanten, die an einer Hausecke heftig zusammenrumpeln. Da kann schon mal der Hut davonfliegen.

Doch Spaß beiseite. Je heißer das Gas, umso häufiger sind die Ionisationsprozesse. Wird beispielsweise dem Wasserstoff sein einziges Elektron entrissen, so sagt man, der Wasserstoff ist vollständig ionisiert. Anders beim Helium. Helium hat zwei Elektronen im Grundzustand. Geht eines davon verloren, so spricht man von einer einfachen Ionisation, und erst wenn beide sich vom Heliumkern verabschiedet haben, ist auch das Helium vollständig ionisiert. Atome mit drei Elektronen können demnach einfach, zweifach und schließlich vollständig ionisiert sein. Als Faustformel kann man sich merken: Je heißer das Gas, umso höhere Ionisationsgrade kommen vor. Oder umgekehrt: Stößt man in einem Gas auf mehrfach ionisierte Atome, so weiß man, dass die Temperatur ziemlich hoch sein muss. Da man im Labor für praktisch alle Atome die Energieschwelle bestimmt hat, bei der das erste, zweite, dritte usw. Elektron verloren geht, kann man auch genau sagen, wie heiß das Gas sein muss, damit die entsprechenden ionisierten Atome vorkommen können.

Die Kennzeichnung ionisierter Atome ist leider nicht einheitlich. Einige Autoren schreiben für das neutrale Atom nur das Elementsymbol an und die Ionisationsstufe, also ob das Atom einfach, zweifach usw. ionisiert ist, mit einem oder zwei usw. angehängten hochgestellten Pluszeichen. Andere markieren die neutralen Atome mit einem einfachen Strich hinter dem Elementsymbol und den Grad der Ionisation mit weiteren Strichen. Entsprechend dieser Nomenklatur bedeutet die Angabe He II, dass es sich dabei um einfach ionisiertes Helium handelt. In den Bildern und Tabellen werden Sie auf beide Bezeichnungsarten stoßen.

Jetzt sollten Sie sich Abbildung 23 ansehen. Sie zeigt, wie sich die Linienstärke einzelner Elemente in Abhängigkeit von der Spektralklasse ändert. Wir konzentrieren uns nur auf die H-Linie, die stellvertretend für die Balmer-Linien des Elements Wasserstoff steht. Man sieht, bei den O-Sternen ist die Linienstärke

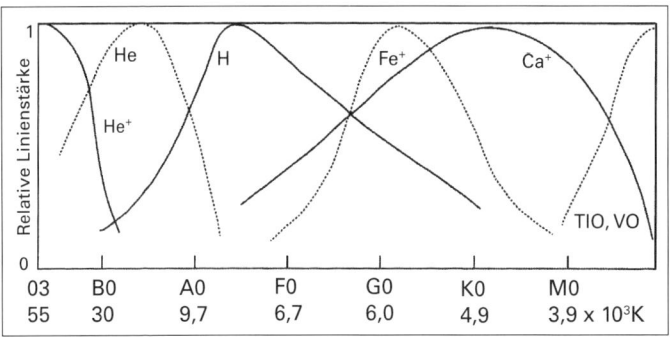

Abb. 23: Linienstärke verschiedener Absorptionslinien in den Spektren von Sternen unterschiedlicher Spektralklassen. Die Zahlen unterhalb der Spektralklassenbezeichnungen O bis M stehen für die entsprechenden Oberflächentemperaturen der Sterne.

sehr gering. Von dort steigt sie dann zu den B- und A-Sternen stark an und erreicht etwa bei den Sternen der Klasse A5 ein Maximum. (Sie erinnern sich? A5 liegt etwa in der Mitte zwischen den Typen A0 und F0.) Von da fällt die Stärke der Balmer-Linien zu den K-Sternen hin kontinuierlich ab, um bei den M-Sternen praktisch wieder auf den Wert null abzusinken.

Wie ist dieses Verhalten zu erklären? Jetzt kommt die besprochene Ionisation ins Spiel. Die O-Sterne sind so heiß, dass dort nahezu alle Wasserstoffatome vollständig ionisiert sind. Die Atome verfügen also über gar kein Elektron, das auf eine höhere Bahn gehoben werden kann. Und wo keine Elektronen sind, da kann auch keine Absorption von Licht mit den entsprechenden Absorptionslinien stattfinden. Von den B- zu den A-Sternen nimmt die Temperatur der Sterne aber so weit ab, dass sich immer weniger Wasserstoffatome im Zustand der vollständigen Ionisation befinden. Dafür wächst die Anzahl der angeregten Atome, das heißt die Menge der Atome, bei denen das Elektron die erste Schale über dem Grundzustand besetzt. Bei den A5-Sternen sind das fast alle Wasserstoffatome. Die Situation ist also besonders günstig für Elektronenübergänge von der zweiten Schale auf höhere Bahnen, das heißt für die Anregung der Balmer-Serie. Entsprechend ist auch die Stärke der Wasserstofflinien bei den A-Sternen am größten.

Von den F- zu den M-Sternen geht es wieder bergab mit der Linienstärke. Sie können sich schon denken, warum. Einfach, weil die niedrigeren Temperaturen bei den G-, K- und M-Sternen nicht mehr ausreichen, entsprechend viele Wasserstoffatome anzuregen, sodass immer mehr und schließlich fast alle Atome nur noch im Grundzustand vorkommen. Von da lassen sich aber keine Balmer-Linien anregen. In Frage kämen nur Anregungen vom Grundzustand in höhere Niveaus. Aber dazu sind die Sterntemperaturen nicht ausreichend hoch. Allein um das Elektron vom Grundzustand auf die nächsthöhere Schale zu heben, wäre eine Temperatur von rund 100 000 Kelvin erforderlich. In Abbildung 24 sind die Sternspektren der Spektralklassen O bis M mit ihren Absorptionslinien übereinander

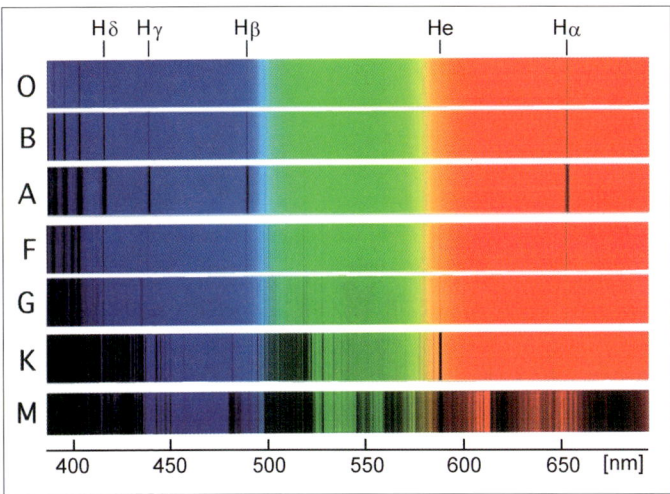

Abb. 24: Lage und Stärke der Balmer-Linien in den Absorptionsspektren von Sternen unterschiedlicher Spektralklasse.

angeordnet, sodass Lage und Stärke der Balmer-Linien gut miteinander zu vergleichen sind.

Das wichtigste Diagramm der Astronomie

Im Jahr 1913 hatte der amerikanische Astronom Henry Norris Russell die Idee, die Sterne in einem Diagramm zu ordnen. Als Ordnungsprinzip diente ihm die absolute Helligkeit der Sterne, die er in Abhängigkeit vom Spektraltyp beziehungsweise der Oberflächentemperatur der Sterne graphisch darstellte. Da der dänische Astronom Ejnar Hertzsprung schon 1905 entdeckt hatte, dass es unter Sternen gleicher Temperatur Riesen- und Zwergsterne gibt, heißt dieses Diagramm heute Hertzsprung-Russell-Diagramm. Es ist eines der wichtigsten Diagramme der Astronomie (Abb. 25). Das Band, das sich von links oben nach rechts unten quer über das Diagramm zieht, bildet die sogenannte Hauptreihe. Neunzig Prozent aller Sterne sind dort

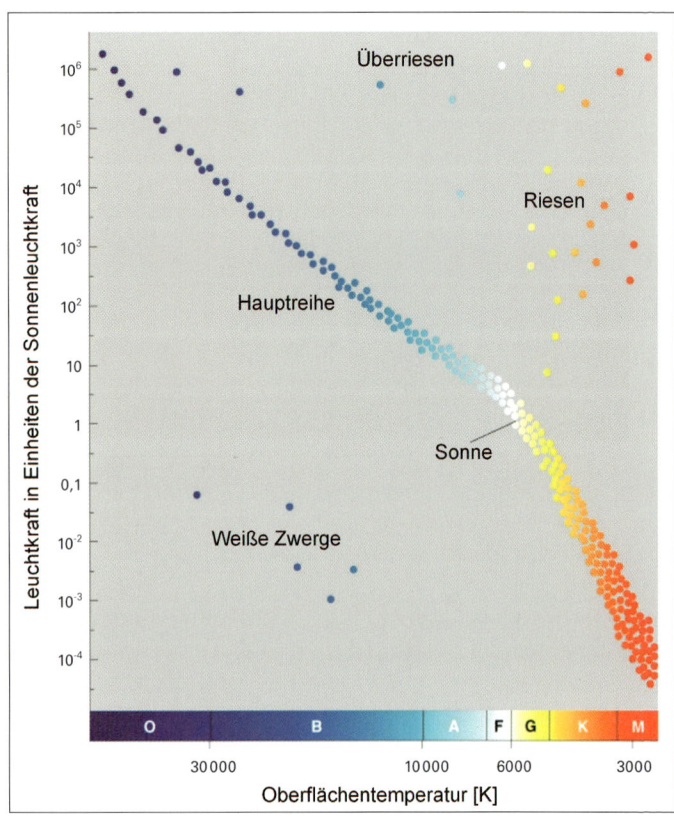

Abb. 25: Das Hertzsprung-Russell-Diagramm ist das wichtigste Diagramm in der Astronomie. Zentrale Linie ist die sogenannte Hauptreihe, die sich von links oben nach rechts unten quer über das Diagramm hinzieht. Sterne auf der Hauptreihe beziehen ihre Leuchtkraft aus der Fusion von Wasserstoff zu Helium.

zu finden. Sterne, die zu diesem Band gehören, gewinnen ihre Energie aus der Verschmelzung von Wasserstoff zu Helium. Astronomen bezeichnen diesen Prozess auch als Wasserstoffbrennen. Wir werden später noch ausführlich darauf zurückkommen. Rechts über der Hauptreihe erkennt man die Gruppe der Riesen, die den sogenannten Riesenast bevölkern, und ganz oben, quer über das ganze Diagramm, das Gebiet der Überriesen.

Bei diesem Diagramm fällt auf, dass viele Sterne, insbesondere die Überriesen, nahezu die gleiche Leuchtkraft aufweisen, obwohl sie ganz unterschiedlichen Spektraltypen angehören, also sehr unterschiedliche Oberflächentemperaturen aufweisen. Wie aber kann es sein, dass ein kühler Stern genauso hell ist wie einer, der deutlich heißer ist? Des Rätsels Lösung ist in der Größe der Sterne zu suchen. In Kapitel 4 haben wir den Zusammenhang zwischen Leuchtkraft, Radius und Temperatur eines Sterns schon mal behandelt. Zur Erinnerung: Die Leuchtkraft eines Sterns ist proportional zum Sternradius im Quadrat und zur Effektivtemperatur hoch 4. Damit sich also an der Leuchtkraft nichts ändert, muss der Radius des Sterns größer werden, wenn seine Oberflächentemperatur sinkt. Der Stern Beteigeuze, am rechten Rand des Überriesenastes, ist dafür ein gutes Beispiel. Bei der Diskussion der absoluten Helligkeiten im vierten Kapitel sind wir diesem Stern bereits begegnet. Minus 5,17 M_v beträgt seine absolute Helligkeit, obwohl er nur rund 3600 Kelvin heiß ist. (Dabei sei nochmals daran erinnert: Je kleiner der Magnitudenwert, desto heller ist der Stern.) Und in der Tat: Beteigeuze ist rund 600-mal größer als unsere Sonne! Könnte man diesen Riesen an den Platz der Sonne stellen, so würde er weit über die Marsbahn hinausreichen.

Ähnlich verhält es sich mit den Sternen in der linken unteren Ecke des Diagramms, den sogenannten Weißen Zwergen. Obwohl sie relativ heiß sind, ist ihre Leuchtkraft gering. Entsprechend dem Zusammenhang zwischen Leuchtkraft, Radius und Temperatur kann das nur heißen, dass diese Sterne sehr klein sind. Ihren Namen, Weiße Zwerge, haben sie demnach zu Recht.

Summa summarum lehrt uns das Hertzsprung-Russell-Diagramm, dass es nicht damit getan ist, nur den Spektraltyp anzugeben, wenn es darum geht, Sterne eindeutig zu klassifizieren. Ein Stern des Typs K könnte ja sowohl sehr leuchtkräftig und riesengroß als auch relativ klein und leuchtschwach sein. Abhilfe schafft hier das von Morgan und Keenan vorgeschlagene MK-System. In diesem System treten neben die Spektralklassen noch sechs mit den römischen Zahlen I bis VI bezeichnete sogenannte Leuchtkraftklassen. Diese Zahlen werden einfach an die jeweilige Spektralklasse angehängt. Zur Leuchtkraftklasse I, die man noch in die Klassen Ia, Iab und Ib unterteilt, gehören die Überriesen, zu II die Hellen Riesen, zu III die Riesen und zu IV die Unterriesen. Die Sterne auf der Hauptreihe, die Zwerge, gehören zur Leuchtkraftklasse V. Die Leuchtkraftklasse VI schließlich umfasst die Unterzwerge, wobei die Weißen Zwerge noch einer eigenen Spektral- und Leuchtkraftklasse angehören (Abb. 26). Man darf sich jedoch durch den Begriff »Zwerg« nicht täuschen lassen. Obwohl alle auf der Hauptreihe sitzenden Sterne so heißen, sind die Unterschiede innerhalb dieser Spezies gewaltig. Ein Stern am linken oberen Rand der Hauptreihe ist um ein Vielfaches massereicher und größer als einer am rechten unteren Rand des Bandes. Der Begriff »Zwerg« dient da mehr der Orientierung, auf welcher Linie der Stern im Hertzsprung-Russell-Diagramm zu finden ist.

Wenden wir noch kurz die neue MK-Klassifizierung auf einige Sterne an. Der Stern Wega, der in den Katalogen der Astronomen als Stern der Klasse A0V geführt wird, ist demnach ein Stern auf der Hauptreihe, ein Zwerg, mit einer Effektivtemperatur von rund 9500 Kelvin und einer absoluten Helligkeit von 0,58 M_v. Unsere Sonne ist ein G2V-Stern, der Überriese Beteigeuze hat die Bezeichnung M2Iab, und der hellste Stern an unserem Nachthimmel, der Sirius, entpuppt sich als ein A2V-Stern.

Wenn Sie sich Abbildung 26 genau angesehen haben, dann ist Ihnen vielleicht aufgefallen, dass auf der horizontalen Achse des Diagramms nicht die Spektraltypen beziehungsweise die entsprechenden Effektivtemperaturen aufgetragen sind, sondern Zahlen in Einheiten von B–V. Der Grund ist rein praktischer Natur. Die Effektivtemperatur eines Sterns lässt sich nämlich nur mit einer relativ großen Fehlerquote bestimmen. Dementsprechend ungenau ist die Einordnung des Sterns in

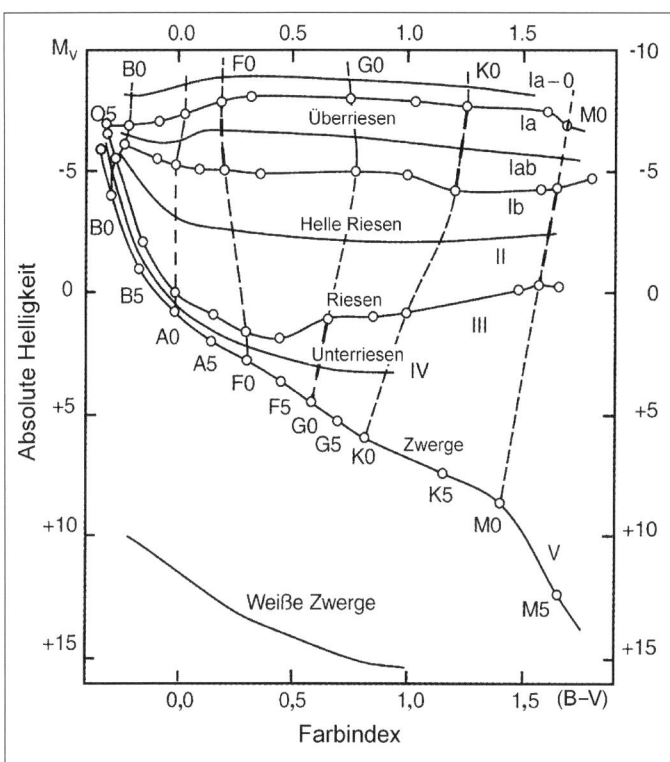

Abb. 26: Im MK-Diagramm sind die Sterne der verschiedenen Spektralklassen noch unterschiedlichen Leuchtkraftklassen I bis V zugeordnet. So gehören beispielsweise die Überriesen zur Leuchtkraftklasse I, die Zwerge zur Leuchtkraftklasse V.

das Hertzsprung-Russell-Diagramm. Was man jedoch sehr genau messen kann, ist die scheinbare Helligkeit des Sterns im blauen und im visuellen Bereich des elektromagnetischen Spektrums, die man mit der schon erwähnten Gleichung in die absoluten Helligkeiten M_b und M_v umrechnen kann. Es ist daher viel genauer, den Stern nicht entsprechend seines Spektraltyps beziehungsweise seiner Effektivtemperatur, sondern anhand der Differenz zwischen seinen absoluten Helligkeiten M_b und M_v

einzuordnen. Diese Differenz bezeichnet man als Farbindex B-V. Ergibt B-V eine positive Zahl, so handelt es sich um einen relativ kühlen Stern. Heiße Sterne haben negative B-V-Werte. Hertzsprung-Russell-Diagramme, bei denen die Leuchtkraft der Sterne, ausgedrückt in Magnituden, gegen den Farbindex B-V aufgetragen ist, bezeichnet man auch als Farben-Helligkeits-Diagramme.

In Abbildung 27 ist alles über das Hertzsprung-Russell-Diagramm Gesagte nochmals zusammengefasst. Besonders schön ist daran, dass die Positionen vieler bereits erwähnter Sterne eingetragen sind. So kann man beispielsweise die Spektral- und Leuchtkraftklasse sowie die absolute Helligkeit von Antares, dem hellsten Stern im Sternbild Skorpion, direkt ablesen. Dass die Beschriftung in englischer Sprache ist, sollte nicht weiter stören. Die Sternnamen sind ja bis auf geringe sprachliche Unterschiede gleich.

Lassen Sie uns jetzt kurz zurückblicken. Was wir in den Kapiteln 2 bis 5 besprochen haben, gehört mehr oder weniger zur »Minimalausrüstung«, wenn man sich über Sterne unterhalten will. Wir werden immer wieder darauf zu sprechen kommen. Wenn Sie mehr in die Tiefe gehen wollen: In der Fachliteratur gibt es genügend Bücher, die sich mit den Sternen beschäftigen. Im Literaturverzeichnis haben wir einige davon aufgeführt. Aber Achtung! Ohne eine gewisse Vertrautheit mit der Mathematik ist man da gelegentlich überfordert. Was Sie sich auf diesem Gebiet zutrauen, wissen Sie selbst. Komplett auf Kriegsfuß mit der Mathematik sollte man jedenfalls nicht stehen.

Wir aber wenden uns jetzt intensiver den Sternen als solchen zu. In den folgenden Kapiteln wollen wir untersuchen, wie sie entstehen, wie sie sich entwickeln und, ja, die Natur ist da gnadenlos, auf welche Weise sie ihr Leben aushauchen. Dabei werden wir auf manche Merkwürdigkeit stoßen. Einige lassen sich leicht erklären, andere geben noch immer Rätsel auf. Am besten, Sie lassen sich überraschen!

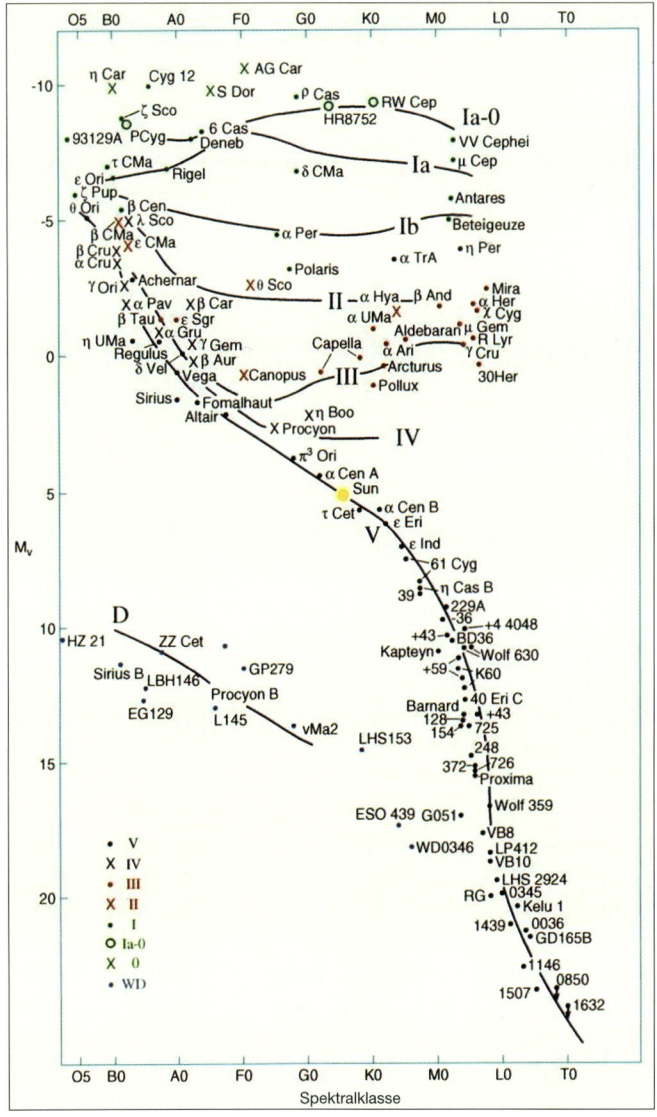

Abb. 27: Hertzsprung-Russell-Diagramm mit den Positionen einiger bekannter Sterne.

Kapitel 6

Die Geburt der Sterne

Alles hat seinen Anfang. Selbst das Universum, die Gesamtheit all dessen, was ist, war nicht schon immer. Entsprechend den Erkenntnissen der modernen Kosmologie ist es vor rund 13,7 Milliarden Jahren mit dem sogenannten Urknall praktisch aus dem Nichts hervorgegangen. Damals entstanden Raum und Zeit, das Universum begann sich auszudehnen und wurde dabei immer kälter.

Erwarten Sie jetzt bitte nicht, dass wir die Entwicklung des Universums in allen seinen Facetten ausbreiten. Dazu ist hier nicht der Platz. Sie wissen schon: Entsprechende Bücher gibt es jede Menge. Auch wir haben eines beigesteuert. In »Kosmologie für helle Köpfe« beschäftigen wir uns insbesondere mit der mysteriösen Dunklen Materie und Energie, die gegenwärtig den Astro- und Elementarteilchenphysikern viel Kopfzerbrechen bereiten. Wir kürzen daher die Sache ab und steigen gleich da ein, wo es für uns interessant wird: rund 100 bis 200 Millionen Jahre nach dem Urknall. Zu dieser Zeit hatte sich das Universum erst auf etwa drei bis fünf Prozent seiner heutigen Größe ausgedehnt, und die Temperatur lag bei rund 80 bis 50 Kelvin.

Etwa 100 bis 200 Millionen Jahre nach dem Urknall endet das sogenannte Dunkle Zeitalter. Bis dahin: kein einziger Stern im weiten Universum. Erst jetzt betreten die ersten die Bühne. Diese Sterne, die man auch als Population-III-Sterne bezeichnet, waren deutlich anders als die Sterne, die heute noch geboren werden. Es waren Riesen – nein, es waren Giganten! Sterne mit einer Masse von mehreren 100 Sonnen waren die Regel. Aufgrund dessen war ihnen nur ein verhältnismäßig kurzes Leben gegönnt. Wenige Millionen Jahre nach ihrer Entstehung haben sie sich mit einer titanischen Explosion, einer Supernova, schon wieder verabschiedet. Obwohl man mit einem Blick durch ein Fernrohr zugleich auch einen Blick in die Vergangenheit tut, ist es bis heute nicht gelungen, auch nicht mit den besten Teleskopen, eine Spur dieser frühen Sterne zu finden. Was von ihnen übrig blieb, ist aufgegangen im sogenannten interstellaren Medium, den ausgedehnten Gas- und Staubwolken, welche den Raum zwischen den Sternen einer Galaxie füllen. Aus dem Materialvorrat dieser Wolken, Wasserstoff und Helium, haben sich die Sterne einst bedient, um zu wachsen. Und in diese Wolken haben sie alles wieder hineingespuckt, was sich in ihren Hüllen an Reaktionsprodukten im Lauf ihres Daseins angesammelt hat. Das interstellare Medium ist dadurch reicher geworden, vielfältiger in seiner atomaren und molekularen Zusammensetzung. Es hat sich verändert. Damit sind auch die Sterne, die heute ihr Material aus den interstellaren Wolken beziehen, anders als die ersten Sterne. Praktisch nicht verändert haben sich dagegen die Prozesse, die bei der Entstehung neuer Sterne ablaufen. Damit wollen wir uns jetzt beschäftigen.

Die Entstehungsgeschichte eines Sterns im Telegrammstil wiedergegeben, würde etwa so lauten: Eine Gas- und Staubwolke verdichtet sich unter ihrer eigenen Schwerkraft, bis es in ihrem Inneren so heiß wird, dass thermonukleare Fusionsprozesse zünden. Fertig ist der Stern. Auf einer Party kann man diesen Satz mal so fallen lassen, aber in einem Buch über Sterne ist das doch etwas dünn. Besser, wir verfolgen den Werdegang Schritt für Schritt und präzisieren, was da abläuft.

Von Wolken und dem Medium zwischen den Sternen

Am Anfang aller Sterne stehen tatsächlich Gaswolken oder, allgemeiner gesagt, das interstellare Medium. Wie der Name schon andeutet, handelt es sich dabei im Wesentlichen um ein Gas, das den Raum zwischen den Sternen einnimmt. Der Ort größter Dichte ist die Milchstraßenebene mit ihren hellen Spiralarmen. Rund die Hälfte dieses Gases ist in einzelnen, voneinander separierten Wolken konzentriert. Beobachtungen mit hochauflösenden Instrumenten haben ein breites Wolkenspektrum erkennen lassen. Am oberen Ende der Größenskala rangieren gigantische Wolkenkomplexe mit einer Ausdehnung von bis zu 100 Lichtjahren und einer Million Sonnenmassen. Am unteren Ende finden sich ausgesprochen kompakte Wolkenkerne, die nur etwa ein Lichtjahr groß sind und 1 bis maximal 100 Sonnenmassen auf die Waage bringen. Generell sind die Riesenwolken deutlich »luftiger« als die kleinen. Etwa 100 bis 1000 Atome pro Kubikzentimeter findet man in den Riesen, wogegen sich in den kleinen Wolken bis zu einer Million Atome in einem Kubikzentimeter ballen. Obwohl in den Wolken rund die Hälfte des interstellaren Gases konzentriert ist, beanspruchen sie aufgrund ihrer relativ hohen Dichte nur etwa ein bis zwei Prozent des interstellaren Volumens. In unserer Milchstraße kann man solche Wolken beispielsweise im 7000 Lichtjahre entfernten Adler-Nebel oder im mit 1500 Lichtjahren viel näheren Orion-Nebel beobachten (Abb. 28 und 29).

Die andere Hälfte der interstellaren Materie verteilt sich ziemlich gleichmäßig auf den Raum zwischen den Wolken. Dort ist das Gas außerordentlich dünn. Die mittlere Dichte beträgt nur etwa 3×10^{-24} Gramm pro Kubikzentimeter, oder anders ausgedrückt: In einem Kubikzentimeter trifft man nur auf ein paar bis maximal 100 Atome. Vergleicht man das mit unserer Atmosphäre auf Meeresniveau, so beträgt der Dichteunterschied rund 20 Zehnerpotenzen! Der größte Teil des Gases ist mit einer Temperatur um die 100 Kelvin nicht besonders warm. Zumeist besteht es aus neutralen Atomen. Es findet sich aber auch heißes und sogar sehr heißes Gas. Das Wörtchen »heiß« steht hier für Temperaturen um 10 000 Kelvin, von »sehr heiß« spricht man erst ab einer Million Kelvin und mehr. Bei diesen Temperaturen haben die Atome ihre Elektronen längst verloren, das Gas ist vollständig ionisiert. Fragt sich:

Abb. 28: Fehlfarbenbild des 7000 Lichtjahre entfernten Adler-Nebels M16 im Sternbild Schlange. Man blickt wie durch ein Fenster ins Innere einer gigantischen Blase aus Staub und Gas, wo ein offener Haufen neuer Sterne entsteht. Winde von jungen Sternen blasen das Gas in ihrer Umgebung weg und schaffen so die skurril geformten Gassäulen im Zentrum.

Wie kommen diese hohen Temperaturen zustande? Mittlerweile weiß man, dass für die mittleren Temperaturen die Strahlung benachbarter Sterne verantwortlich ist. Hauptsächlich frühe Sterne, also solche des Spektraltyps O, B und A, heizen das Gas mit ihrer intensiven UV-Strahlung auf. Für die Temperaturen um eine Million Kelvin muss jedoch mehr Power in das Gas hineingepumpt werden. Das passende Kraftwerk ist beispielsweise eine Supernovaexplosion. Auch der hochenergetische Teilchenwind, der von im Entstehen begriffenen Sternen abströmt und auf das Gas trifft, kann die Temperatur in die Höhe treiben. Bei einer Supernova sind es insbesondere die von der Explosion ausgehenden Schockwellen, die in das Gas rammen, es verdichten und so für die hohen Temperaturen sorgen.

Über die chemische Zusammensetzung des interstellaren Mediums haben wir noch gar nichts gesagt. Also: Ausgedrückt in

Abb. 29: Der 1500 Lichtjahre entfernte Orion-Nebel, aufgenommen vom Hubble Space Telescope. Der Orion-Nebel ist ein Bilderbuch der Sternentstehung. Im Zentrum erkennt man die vier leuchtkräftigsten Sterne des Nebels. Aufgrund ihrer Anordnung bezeichnet man sie auch als Trapezsterne. Die von den Sternen emittierte UV-Strahlung sowie Sternwinde haben das benachbarte Gas beiseitegedrückt und so eine regelrechte Höhle im Nebel geschaffen.

Einheiten der Masse, ist es eine Komposition aus 70,4 Prozent Wasserstoff, 28,1 Prozent Helium und 1,5 Prozent schwerer Elemente wie Kohlenstoff, Stickstoff, Sauerstoff, Silizium und Eisen. Letztere, also alles, was schwerer ist als Helium, bezeichnen die Astronomen auch pauschal als »Metalle«. Die Hauptbestandteile, Wasserstoff und Helium, stammen übrigens aus der Frühzeit des Universums. Der Wasserstoff, in Form von Protonen, entstand bereits etwa eine Millionstelsekunde nach dem Urknall. Zu dieser Zeit war die Temperatur im Universum bereits so weit gefallen, dass die Quarks, die der Urknall hervorgebracht hatte, nicht mehr alleine bestehen konnten und sich zu Hadronen vereinigten, den heutigen Protonen und Neutronen. Das Helium ist etwas jünger. Erst rund zwei Minuten nach dem Urknall entstand es bei der sogenannten Primordialen Nukleosynthese aus der Vereinigung von Protonen und Neutronen. Der Stoff, aus dem die Sterne hervorgehen, ist also uralt.

Betrachten wir den für uns interessanten Teil des interstellaren Mediums, die Wolken, noch etwas genauer. Sie sind ja die Brutstätten der Sternentstehung. Generell ist dort das Gas sehr kalt. Temperaturen deutlich unter 100 Kelvin sind die Regel. Und der Wasserstoff ist dort auch nicht in atomarer, sondern vornehmlich in molekularer Form anzutreffen. Zudem sind die Wolken mit einer Vielzahl anderer chemischer Verbindungen gepfeffert. Dazu gehören relativ einfache Moleküle wie Kohlenmonoxid (CO), Wasser (H_2O) oder auch Zyanide (HCN). Aber auch überraschend viele relativ komplexe organische Verbindungen wie Formaldehyd (H-CHO) oder Äthylalkohol (CH_3-CH_2-OH) hat man gefunden. Welche Rolle diese Moleküle bei der Sternentstehung spielen, wird sich noch zeigen. Und nicht zu vergessen: Etwa ein Prozent der Wolkenmasse ist Staub, sind winzige Graphit- und Silikatpartikel. Aufgrund dessen sind die Wolken teilweise so dicht, dass sie das ultraviolette und sichtbare Licht dahinter liegender Sterne völlig abblocken (Abb. 30). Derartige Wolken bezeichnet man auch als Dunkelwolken. Nur infrarotes Licht kann sie durchdringen. Zumindest in diesem Wellenlängenbereich geben die Wolken den Blick auf dahinter befindliche Objekte frei. Doch nicht überall sind die Wolken so kompakt. Teilweise sind sie recht diffus und lassen das Licht, bis auf die Wellenlängen der Absorptionslinien, fast ungehindert passieren. Wo der Staub herrührt, hat man mittlerweile herausgefunden. Als Lieferanten kommen insbesondere kühle, rote Riesensterne in Frage. Wir werden noch ausführlich über sie sprechen. In der Atmosphäre dieser Sterne begünstigen

Abb. 30: Barnard 68, 410 Lichtjahr entfernt, ist eine der uns nächsten Dunkelwolken, eine sogenannte Bok Globule. Die Wolke hat etwa doppelt so viel Masse wie die Sonne und ist so dicht, dass sie das sichtbare Licht der dahinter liegenden Sterne völlig abblockt (linke Seite). Auf Aufnahmen im infraroten Licht, das die Wolke nahezu ungefiltert durchdringen kann, sind hinter der Wolke rund 3700 Sterne zu erkennen (rechte Seite).

Temperatur und Dichte Reaktionen, die schließlich dazu führen, dass aus der Gasphase feste Körner im Größenbereich von rund 50 bis 350 Millionstel Millimeter ausfrieren. Der Wind, der von diesen Sternen wegbläst, verfrachtet sie ins interstellare Medium.

Gas und Staub sind aber nur zwei der Komponenten des interstellaren Mediums. Die endgültige Würze erhält diese Suppe erst durch die Anwesenheit magnetischer Felder und kosmischer Strahlung. Mit nur wenigen Millionstel Gauß sind die interstellaren Magnetfelder allerdings recht schwach. Zum Vergleich: Das Magnetfeld der Erde hat am Äquator eine Stärke von 0,3 Gauß, und das der Sonne reicht von einem Gauß auf der ruhigen Oberfläche bis zu rund 1000 Gauß in den Sonnenflecken. Die Dichte des interstellaren Mediums hat dabei nahezu keinen Einfluss auf die Magnetfeldstärke. Vom Dichtebereich mit 1 bis etwa 100 Teilchen pro Kubikzentimeter und Feldstärken von einigen Millionstel Gauß steigt die Feldstärke lediglich auf einige zehn Millionstel Gauß in den Bereichen mit Teilchendichten von 100 bis 1000 pro Kubikzentimeter. Trotzdem ist der

Einfluss der Magnetfelder auf die Sternentstehung keineswegs zu vernachlässigen. Doch davon später.

Was die kosmische Strahlung als Bestandteil des interstellaren Mediums betrifft, so besteht sie im Wesentlichen aus Protonen. Hinzu kommen etwa zehn Prozent Heliumkerne, ein Prozent Kerne schwererer Elemente und zwei Prozent Elektronen. Gelegentlich zischen auch ein paar Positronen und Antiprotonen durch den Raum. Alle diese Teilchen bewegen sich mit nahezu Lichtgeschwindigkeit, ihre kinetische Energie ist also sehr hoch. Mit der interstellaren Materie wechselwirkt die kosmische Strahlung auf mannigfaltige Weise. Beispielsweise kann ein Atom bei einer direkten Kollision ionisiert werden. Andere Prozesse führen zu einer Aufheizung des interstellaren Gases oder zu hochenergetischer Röntgenstrahlung. Letztlich verlieren die Teilchen der kosmischen Strahlung jedoch ihre gesamte Energie bei sukzessiven Kollisionen mit den Gaspartikeln der interstellaren Materie, oder sie schaffen es, entlang der Magnetfelder die Galaxie in den intergalaktischen Raum zu verlassen.

Kühlung tut not

Eingangs des Kapitels haben wir einen Partygast schon mal erzählen lassen: Ein Stern entsteht, indem eine Gas- und Staubwolke unter ihrer eigenen Schwerkraft kollabiert, bis schließlich im Zentrum thermonukleare Fusionsprozesse anlaufen. Wir widersprechen nicht! Aber Sie wissen schon, so einfach geht das leider nicht mit dem Kollabieren. Damit sich eine Wolke zusammenzieht, bedarf es einer treibenden Kraft. Das ist natürlich die Schwerkraft, die Gravitation. Nach der muss man nicht suchen. Sie wirkt überall, wo Materie vorhanden ist, und zwar immer und über beliebige Entfernungen. Ist die Materie nicht absolut gleichmäßig im Raum verteilt, wird die Schwerkraft an den Punkten immer mehr Materie zusammenziehen, wo diese relativ zu ihrer Umgebung ursprünglich schon dichter war. Das

Gravitationsgesetz, nach dem dieser Prozess abläuft, ist fundamental für die gesamte Astronomie: Die anziehende Kraft zwischen zwei Körpern ist proportional zum Produkt ihrer Massen und nimmt mit dem Quadrat der Entfernung zwischen den beiden Objekten ab. Als Proportionalitätskonstante fungiert hier die sogenannte Gravitationskonstante G (Gleichung siehe Anhang). Da praktisch keine Wolke absolut homogen ist, sollte es mit dem Wolkenkollaps eigentlich keine Probleme geben.

Aber wie das so ist im Leben: Wenn einer was bewegen will, findet sich bestimmt ein anderer, der etwas dagegenhat. So ist es auch bei der Kontraktion der interstellaren Wolken. Nur, hier sind es gleich drei Opponenten, die gegen die Gravitation antreten: der innere thermische Druck, der Drehimpuls der Wolke und der magnetische Druck. Der thermische Druck hängt ab von der Temperatur des Wolkengases. Vielleicht entsinnen Sie sich noch an Ihre Schulzeit, als der Physiklehrer das ideale Gasgesetz erklärt hat (Gleichung siehe Anhang). Im Prinzip besagt dieses Gesetz: Bei konstantem Gasvolumen steigt der Druck im Gas proportional mit der Temperatur. Das gilt auch für eine interstellare Gaswolke. Je höher die Gastemperatur, umso größer ist der innere, nach außen gerichtete Druck, der sich der Gravitation entgegenstemmt. Damit dennoch die Gravitation die Oberhand gewinnt, muss die Wolke ziemlich groß und dicht sein, das heißt, sie muss viel Masse, verteilt auf ein relativ kleines Volumen, besitzen. Entsprechend dem Gravitationsgesetz ist dann die Gravitationskraft auf die Bestandteile der Wolke groß, eventuell größer als der thermische Druck. Der englische Physiker und Mathematiker Sir James Hopwood Jeans hat diesen Zusammenhang näher untersucht. Er hat berechnet, welche Masse eine Wolke mindestens haben muss, damit sie bei gegebener Temperatur und Wolkendichte kollabieren kann. Diese sogenannte Jeans-Masse markiert eine charakteristische Grenzmasse, oberhalb derer die Wolke gravitativ instabil wird. Vereinfacht besagt seine Gleichung, dass die Jeans-Masse mit der Wolkentemperatur hoch 3/2 wächst und mit der Quadratwurzel aus der Gasdichte abnimmt (Gleichung siehe Anhang). Je höher also die Temperatur und je geringer die Dichte der Wolke, umso größer wird die Jeans-Masse. Setzt man die für eine Wolke typischen Werte für Temperatur und Dichte in die Gleichung ein, so zeigt sich, dass eine 50 Kelvin warme Wolke mit einer Dichte von 10^{-23} Gramm pro Kubikzentimeter eine Masse von mindestens 1000 bis 10 000 Sonnen haben muss, um kollabieren zu können.

Auf den Punkt gebracht sagt uns das Jeans-Kriterium also: Relativ massearme und dazu noch heiße Wolken haben keine Chance, sich zu Sternen zusammenzuziehen. Um sich aus dieser Falle zu befreien, bedarf es eines Mechanismus, der die Wolkentemperatur absenkt. Was bietet sich da an? Bei hohen Temperaturen sorgen vornehmlich Synchrotronstrahlung und der inverse Compton-Effekt für Kühlung. Damit Synchrotronstrahlung entstehen kann, müssen Magnetfelder vorhanden sein, die die Wolken durchziehen. Bewegen sich sodann Elektronen nicht genau parallel zu den Kraftlinien der Magnetfelder, so werden sie auf spiralförmige Bahnen um die Feldlinien gezwungen, das heißt, sie werden beschleunigt. Nach den Gesetzen der Elektrodynamik strahlen beschleunigte Ladungen Energie in Form von Photonen ab. Beim inversen Compton-Effekt sind keine Magnetfelder im Spiel. Dieser Effekt ist das Ergebnis einer Begegnung zwischen einem schnellen Elektron und einem Photon. Dabei überträgt das Elektron einen Teil seiner kinetischen Energie auf das Photon, sodass sich dessen Energie erhöht. Da zu Beginn der Kontraktion die Materie der Gaswolke noch nicht besonders dicht ist, können sowohl die Synchrotronphotonen als auch die inversen Compton-Effekt-Photonen die Wolke relativ ungehindert verlassen. Auf diese Weise wird der Wolke Energie entzogen, was zur Folge hat, dass die Wolkentemperatur sinkt.

Bei gemäßigten Wolkentemperaturen dominieren sogenannte Stoß- und Rekombinationsprozesse den Kühlvorgang. Da sich die Atome eines heißen Gases ziemlich schnell bewegen, ist genügend kinetische Energie vorhanden, um bei einem Zusammenprall zweier Atome eines oder auch beide in einen elektronisch angeregten Zustand zu versetzen. Salopp gesagt heißt das, dass ein Hüllelektron des Atoms auf Kosten der Bewegungsenergie der Reaktionspartner auf eine höhere Schale gehoben wird. Geht das Atom darauf wieder in den Grundzustand über – das Elektron fällt zurück auf eine niedrigere Bahn –, so wird ein Photon entsprechender Energie frei, das die Wolke verlassen kann. Bei den Rekombinationsprozessen sind die beiden Reaktionspartner ein ionisiertes Atom, also ein Ion, und ein freies Elektron. Kommen sich beide nahe, so fängt sich das Ion das Elektron, und beide rekombinieren zu einem neutralen Atom. Auch dabei wird ein Photon frei, das die Wolke verlässt. Beide Male wird also der Wolke Energie entzogen, mit dem bekannten Effekt der Temperaturerniedrigung. Wolken, in denen der Wasserstoff in atomarer Form vorliegt, können durch diese Prozesse auf Temperaturen von einigen 100 Kelvin abkühlen. So nebenbei führt die Kühlung einer Wolke auch zu einer Erhöhung der Wolkendichte. Weil sich dabei die Teilchen näher kommen und häufiger miteinander kollidieren, profitieren davon insbesondere die Stoßprozesse. Deren Wahrscheinlichkeit wächst, was gleichbedeutend ist mit einer Beschleunigung des Kühlvorgangs.

Für einen Wolkenkollaps sind einige 100 Kelvin aber immer noch eine zu hohe Hürde. Ideal sind Temperaturen um die zehn bis maximal 20 Kelvin. Kann das die Wolke schaffen? Bei Temperaturen unter einigen 100 Kelvin funktionieren die bisher erwähnten Prozesse nicht mehr, weil die thermische Energie in der Wolke bereits zu gering ist, um die Atome in der Wolke elektronisch anzuregen. Mit den genannten Verfahren geht es also nicht weiter. Doch glücklicherweise gibt es etwa 130 Molekülarten, die man in den Wolken gefunden hat. Zwar ist für eine elektronische Anregung der Moleküle die in den einige 100 Kelvin heißen Wolken gespeicherte Energie ebenfalls zu niedrig, aber Moleküle lassen sich auch anders anregen: beispielsweise zu Schwingungen. Dabei vibriert das Molekül, indem Bindungen zwischen einzelnen Atomgruppen des Moleküls periodisch gedehnt werden und wieder zusammenschnurren. Auch die Anregung von Rotationszuständen durch Stöße ist möglich. Wie bei der elektronischen Anregung kann auch die Schwingungs- und Rotationsenergie der Moleküle nur in diskreten Schritten wachsen oder abnehmen. Beide Anregungsarten sind jedoch nur effektiv, wenn in den Molekülen die elektrischen Ladungen unsymmetrisch verteilt sind. Da die Anregung von Schwingungs- beziehungsweise Rotationszuständen viel weniger Energie erfordert als die elektronische Anregung, wird auch nur ein Photon vergleichsweise geringer Energie emittiert, wenn sich die Moleküle wieder »beruhigen«. Es entsteht also vornehmlich Licht mit Wellenlängen im infraroten oder im Radiobereich des elektromagnetischen Spektrums, das die Wolke verlassen kann. Auf diese Weise wird der Wolke so lange weiter Energie entzogen, bis ab rund zehn Kelvin auch die Anregung von Schwingungs- und Rotationszuständen zum Erliegen kommt. Damit also Wolken kollabieren können, ist neben dem atomaren Gas letztlich auch eine gewisse Menge an Molekülen unverzichtbar.

Moleküle, insbesondere die mehr oder weniger komplexen, sind jedoch ein verletzliches Gut. Die harte ultraviolette Strahlung naher heißer Sterne ist energiereich genug, um sie zu zerstören. Davon betroffen sind insbesondere die Außenbereiche der Wolken, wo die UV-Strahlung ungehindert Zugang hat. Im Inneren der relativ dichten Dunkelwolken sind die Moleküle jedoch gut geschützt. Der hohe Staubanteil dieser Wolken blockt das UV-Licht größtenteils ab. Außerdem ist Staub ein idealer Architekt. An den zerklüfteten Oberflächen der Staubpartikel lagern sich die verschiedensten Atome an und verbinden sich dort zu komplexen Molekülen. Der Staub wirkt dabei wie ein Katalysator, der eine chemische Reaktion erleichtert, selbst daran aber nicht teilnimmt. Haben sich die Moleküle gebildet, so dampfen sie von den Staubteilchen ab und diffundieren in das Wolkengas. Es sind also nicht nur die Moleküle, die einer Wolke zum Kollabieren verhelfen. Auch eine gewisse Menge an Staub ist für die Bildung neuer Sterne unverzichtbar. Auf der Erde ist Staub ein unausrottbares Übel, in den interstellaren Wolken wird er zum Segen.

Kennen Sie das von dem österreichischen Komponisten und Kabarettisten Hermann Leopoldi nach einem Text von Peter Herz vertonte Schunkellied vom Ringelspiel? Wir erlauben uns, ein paar Zeilen daraus zu zitieren. Also: »Schön ist so ein Ringelspiel! Des is' a Hetz und kost' net viel. Damit auch der kleine Mann sich eine Freude leisten kann. Immer wieder fährt ma weg und draht si doch am selben Fleck …« und so weiter. Wir sind ganz sicher, dass auch Sie schon einmal auf so einem Ringelspiel beziehungsweise Karussell gesessen sind. Vermutlich mussten Sie sich dabei festhalten, weil Ihr Körper während der Fahrt von der Karussellmitte nach außen wegrutschen wollte. Die Kraft, die Sie verspürten, war umso größer, je schneller sich das Karussell gedreht hat und je weiter Sie von der Drehachse weg saßen. Physikalisch gesprochen hat Ihnen die sogenannte Zentrifugalkraft zu schaffen gemacht, die bei allen Drehbewegungen als Scheinkraft auftritt.

Dazu ein bisschen Physik: Jemand, der einer Billardkugel mit dem Queue einen Stoß versetzt, überträgt auf die Kugel einen Impuls, worauf sie geradlinig über den Tisch rollt. Der Impuls errechnet sich aus der Masse der Kugel, multipliziert mit ihrer Geschwindigkeit. Befestigt man dagegen die Kugel an einem dünnen Faden und lässt sie, wie ein Hammerwerfer sein Sportgerät, rotieren, so besitzt sie einen Impuls, den man jetzt als Drehimpuls, genauer als Bahndrehimpuls, bezeichnet. Sein Wert ist das Produkt aus den drei Größen Kugelmasse, Länge des Fadens und Bahngeschwindigkeit der Kugel. Oft ist es jedoch günstiger, bei einer Drehbewegung die Drehgeschwindigkeit nicht in Umdrehungen pro Minute, sondern die zeitliche Änderung des Drehwinkels anzugeben, die man auch als Winkelgeschwindigkeit bezeichnet. Mit dieser Größe errechnet sich der Drehimpuls zu Kugelmasse mal Winkelgeschwindigkeit mal Fadenlänge im Quadrat (Gleichung siehe Anhang). Zugegeben, das war jetzt ein wenig kompliziert, aber Sie müssen sich das auch nicht merken. Merken sollten Sie sich jedoch, dass in einem abgeschlossenen System der Drehimpuls eine Erhaltungsgröße ist. Das heißt, der Drehimpuls eines Körpers kann ohne Einwirkung einer äußeren Kraft nicht verschwinden. Man sieht das gut bei einem Eiskunstläufer, der eine Pirouette mit weit ausgebreiteten Armen dreht. Legt er die Arme an den Körper an, wird die Drehbewegung schlagartig schneller. Was ist passiert? Nun, durch das Anlegen der Arme hat der Eisläufer, bildlich gesprochen, die Fadenlänge seiner Arme verkürzt. Damit sich aber, wie es die Physik verlangt, am Drehimpuls nichts ändert, muss zugleich die Winkelgeschwindigkeit entsprechend größer werden, damit das Produkt Winkelgeschwindigkeit mal dem Quadrat der Fadenlänge unverändert bleibt.

Zurück zur Zentrifugalkraft. Wir haben es schon erwähnt: Zentrifugalkräfte treten als Folge von Drehbewegungen auf. Sie sind radial von der Drehachse weggerichtet und umso größer, je schneller die Drehbewegung und je weiter man vom Drehpunkt entfernt ist. Mathematisch heißt das: Die Zentrifugalkraft, die auf einen Körper wirkt, ist gleich seiner Masse, multipliziert mit seinem Abstand vom Drehzentrum und dem Quadrat seiner Winkelgeschwindigkeit (Gleichung siehe Anhang). Auf dem Münchner Oktoberfest kann man das wunderbar studieren. Dort gastiert alljährlich ein Schausteller mit dem »Teufelsrad«. Im Prinzip ist das eine flache, drehbare Scheibe mit einem Durchmesser von etwa drei bis vier Metern (Abb. 31). Zu Beginn der Vorstellung sucht der Schausteller ein paar Mutige, die sich auf das Rad setzen, und fordert sie auf, sich dort so lange wie möglich zu halten. Dann legt er einen Schalter um, und die Scheibe beginnt sich zunächst langsam und dann immer schneller zu drehen. Zuerst erwischt es die, die am weitesten außen auf dem Rad sitzen. Die Zentrifugalkraft lässt sie einfach von der Scheibe rutschen. Mit wachsender Drehgeschwindigkeit gleiten auch die ab, die weiter innen sitzen, und zum Schluss sitzt nur noch der drauf, der mit seinem Schwerpunkt genau in der Mitte über der Drehachse der Scheibe hockt. Er erfährt keine Zentrifugalkraft, weil sein Abstand zum Drehpunkt praktisch gleich null ist. Dem Schausteller

Abb. 31: Das bei den Besuchern des Münchner Oktoberfests beliebte »Teufelsrad«.

passt das natürlich nicht ins Konzept. Mit einem großen, unter der Budendecke pendelnden Stoffsack schubst er ziemlich unfair den tapferen Reiter aus dem Scheibenzentrum und somit von der Scheibe.

Warum wir das alles erzählen? Auch die interstellaren Wolken besitzen einen Drehimpuls. Sie drehen sich um eine Achse. Infolgedessen wirken auch auf die Bestandteile der Wolke nach außen gerichtete Zentrifugalkräfte und verhindern, dass die Wolke problemlos kollabiert. Doch wer oder was verursacht, dass sich die Wolken drehen? Allein die Tatsache, dass interstellare Wolken das Milchstraßenzentrum umrunden, führt bereits zu einer Eigenrotation. Die ausgedehnten Wolken umlaufen das Zentrum nämlich »keplersch«. Das heißt, sie gehorchen dem dritten von dem Astronomen Johannes Kepler entdeckten Gesetz, nach dem sich die Quadrate der Umlaufzeiten zweier Planeten verhalten wie die Kuben ihrer großen Bahnhalbachsen. Stark vereinfacht heißt das: Die äußeren Planeten unseres Sonnensystems bewegen sich langsamer auf ihrer Bahn um die Sonne als die inneren. Entsprechend haben die Wolkenbereiche näher am Zentrum eine größere Umlaufgeschwindigkeit als vom Zentrum weiter entfernte Wolkenbereiche. Aufgrund dessen entstehen Scherkräfte in der Wolke, die sie in Rotation versetzen. Zum anderen fällt Materie, die die Masse der Wolke vergrößert, selten völlig radial in Richtung Wolkenzentrum. Sie trifft zumeist etwas seitlich auf. Der Impuls, der dabei auf die äußere Wolkenmaterie übertragen wird, führt ebenfalls zu Scherkräften beziehungsweise bewirkt ein Drehmoment, das die Wolke rotieren lässt.

Der Drehimpuls der Wolken beziehungsweise die daraus resultierenden Zentrifugalkräfte stemmen sich also der Gravitationskraft entgegen. Damit die Wolke dennoch kollabieren kann, muss sie den Drehimpuls größtenteils loswerden. Das klingt jetzt so, als könnte die Wolke dahingehend aktiv werden. Kann sie natürlich nicht. Wolken sind keine handelnden oder gar intelligenten Wesen. Was geschieht, ereignet sich ausschließlich, weil die Umstände dergestalt sind, dass die Naturgesetze die entsprechenden Prozesse verlangen. Was aber sind das für Umstände und Prozesse, die den Wolkendrehimpuls beeinflussen? Eine interstellare Gaswolke ist hinsichtlich Temperatur und Dichte mit Sicherheit kein homogenes Gebilde. Es gibt immer lokal dichtere und/oder kältere Bereiche in der Wolkenmaterie. Und da kommt die schon bekannte Jeans-Masse ins Spiel. Wo die Temperatur niedrig und die Materiedichte groß ist, ist die Jeans-Masse klein. Das bedeutet: In der Wolke werden einzelne Bereiche instabil und beginnen unabhängig voneinander zu kollabieren. Das hat zur Folge, dass die Wolke in mehrere kleine Teilwolken auseinanderbricht (Abb. 32). Die Astronomen sprechen von Fragmentierung. Dabei wird der ursprüngliche Drehimpuls der Wolke in Form von Eigen- und Bahndrehimpuls auf die einzelnen Fragmente aufgeteilt. Der Drehimpuls eines jeden Fragments ist demnach deutlich kleiner als der ursprüngliche. Dieses Spiel kann sich in den so entstandenen Bruchstücken wiederholen. Neue, noch kleinere Fragmente mit noch geringerem Drehimpuls entstehen. Obwohl sich dabei der Gesamtdrehimpuls hinsichtlich seiner Größe nicht verändert hat, ist er in den einzelnen Fragmenten auf einen für den weiteren Kollaps zu vernachlässigenden Wert reduziert.

Wie es zu den Dichteunterschieden in den Wolken kommt,

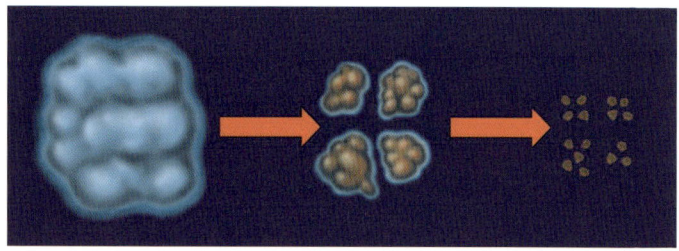

Abb. 32: Massereiche Wolken zerbrechen unter bestimmten Umständen zu immer kleineren Teilwolken. Man bezeichnet diesen Prozess als Fragmentierung.

ist noch nicht völlig geklärt. Man vermutet, dass sie durch äußere Einwirkungen verursacht werden. In Frage kommen da beispielsweise die Stoßwellen naher Supernovaexplosionen, die das Gas lokal verdichten, oder auch durch die Wolke hindurchziehende Sterne und deren Teilchenwinde, die das Wolkengas zusammenschieben.

Theoretisch könnte die Fragmentation beliebig weit fortschreiten. Die Physik setzt dem jedoch eine natürliche Grenze. Die bereits besprochenen Prozesse zur Kühlung der Wolken sind bei spätestens zehn Kelvin am Ende ihres Leistungsvermögens. Kleine Massen können demnach nicht für einen Kollaps ausreichend dicht werden. Außerdem verhindern zu dichte Wolken, dass die bei den Kühlvorgängen entstehenden Photonen die Wolke verlassen. Sie werden wieder absorbiert, heizen dadurch die Wolke auf, und der thermische Druck steigt an. In der Fachliteratur wird die Masse der theoretisch erreichbaren kleinsten Fragmente mit circa 0,01 Sonnenmassen angegeben, was ungefähr der zehnfachen Masse des Planeten Jupiter entspricht.

Auch eine in der Wolke stattfindende Gezeitenwechselwirkung, oder auch Gezeitenreibung, kann Drehimpuls abbauen. Genau besehen verliert die Wolke dabei jedoch keinen Drehimpuls. Vielmehr wird er von den zentralen Bereichen der Wolke nach außen in die Randbereiche verschoben. Zentrale Wolkenareale können dadurch leichter zusammenfallen. Bevor wir zeigen, wie das funktioniert, schauen wir uns ein System an, das exemplarisch ist für Gezeitenreibung. Die Stichworte »Ebbe« und »Flut« lassen uns sofort an das System Erde – Mond denken. Dass der Mond aufgrund seiner Anziehungskraft auf der Erde Gezeiten hervorruft, ist bekannt. Die beiden Flutberge auf den gegenüberliegenden Seiten der Erde sind immer auf den Mond ausgerichtet, sodass sich die Erde bei ihrer täglichen Rotation unter ihnen durchdreht. Dabei entsteht Reibung, und diese Reibung zu überwinden kostet Energie. Es braucht nicht viel Phantasie, um zu erraten, dass diese Energie von der Rotationsenergie der Erde abgezwackt wird. Mit anderen Worten: Aufgrund der Gezeiten dreht sich die Erde immer langsamer, der Tag wird länger – die Erde verliert Drehimpuls. Glauben Sie jetzt nicht, dass wir Sie auf den Arm nehmen wollen. Es stimmt schon. Die Veränderungen sind jedoch so gering, dass Sie davon nichts mitbekommen. In 100 Jahren wird der Tag nämlich nur um rund zwei Tausendstel Sekunden länger.

Erinnern Sie sich jetzt bitte an die Aussage: »In einem abgeschlossenen System ist der Drehimpuls eine Erhaltungsgröße.« Was den Drehimpuls betrifft, so bilden Erde und Mond ein abgeschlossenes System. Wenn demnach der Satz stimmt, wohin geht dann der Drehimpuls, den die Erde verliert? – Bingo! Er geht über auf den Mond. Der Mond bekommt ihn als Bahndrehimpuls draufgepackt. Eine Erhöhung des Bahndrehimpulses heißt nicht, dass sich der Mond schneller um seine eigene Achse dreht. Nein, es bedeutet, dass der Mond auf einen höheren Orbit gehoben wird, dass er die Erde in einer größeren Entfernung umkreist. Im Gegensatz zur Veränderung der Tageslänge ist die Entfernungsänderung gar nicht mal so klein. Rund vier Zentimeter pro Jahr kommen da zusammen. Mit Hilfe der von den Apollo-Astronauten auf dem Mond zurückgelassenen Spiegel und einem kurzen Lichtimpuls, von der Erde auf die Spiegel geschickt, kann man das prima messen.

In den interstellaren Wolken läuft der Prozess ähnlich ab. Dass die Wolken rotieren, haben wir schon erwähnt. Und weil es sich bei ihnen nicht um starre Gebilde handelt, rotieren sie auch keplersch, also in Zentrumsnähe schneller als am Rand. Zentrumsnahe Bereiche überholen auf ihren Bahnen fortwährend das Gas in den äußeren Bezirken – und dabei entsteht Reibung. Die inneren Bereiche werden abgebremst und die äußeren beschleunigt. Und wie bei Erde und Mond verlieren die inneren Bereiche Drehimpuls, den weiter außen liegende Gasmassen übernehmen. Insgesamt verliert die Wolke dabei keinen Drehimpuls, er wird lediglich, wie schon besprochen, in die Außenbereiche der Wolken abtransportiert.

Schließlich nimmt der Drehimpuls auch auf die Form der Wolken Einfluss. Beginnt die Wolke zu kollabieren, wird sie sich schneller parallel zur Richtung der Rotationsachse zusammenziehen als in einer Richtung senkrecht dazu. Denn parallel zur Rotationsachse steht der nach innen gerichteten Gravitation vornehmlich nur der nach außen gerichtete Gasdruck entgegen. Senkrecht zur Drehachse kommt dem Gasdruck noch die ebenfalls nach außen gerichtete Zentrifugalkraft zu Hilfe, die den Kollaps zusätzlich bremst. Als Resultat dieser Kräfteverteilung wird die Wolke parallel zur Drehachse immer mehr zu einer Scheibe mit einem relativ kompakten Zentralbereich abgeplattet (Abb. 33).

Fragen wir noch nach der Rolle der Magnetfelder. In Wolken mit ausschließlich neutralen Gasatomen richten sie praktisch nichts aus. Fast immer ist jedoch ein mehr oder weniger großer Teil des Wolkengases ionisiert, das heißt elektrisch geladen. Man spricht dann von einem Plasma. In einem Plasma können sich Materie und Magnetfelder aber nicht mehr unabhängig voneinander bewegen. Die Magnetfelder scheinen in das Plasma »eingefroren« zu sein. Zieht sich die Wolke zusammen, so betrifft das auch die Magnetfelder, das heißt, sie werden komprimiert, die Feldliniendichte wächst, und es entsteht ein sogenannter »magnetischer Druck«, der den Kollaps zu verhindern sucht (Abb. 34). Kann sich die Wolke von den Magnetfeldern befreien? Folgendes Szenario ist vorstellbar: Mit fortschreitender Kontraktion der Wolke erhöht sich die

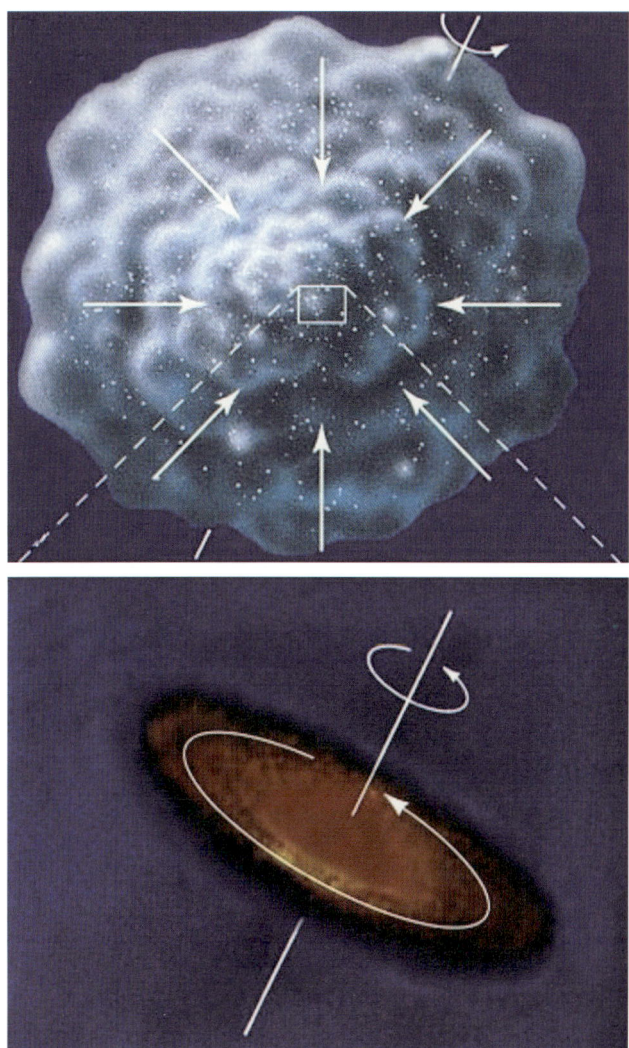

Abb. 33: Wolken, die um eine ausgezeichnete Achse rotieren, besitzen einen Drehimpuls. Kollabiert die Wolke, so behindern die Zentrifugalkräfte ein Einströmen von Gas senkrecht zur Rotationsachse. Es bildet sich eine sogenannte protostellare Scheibe.

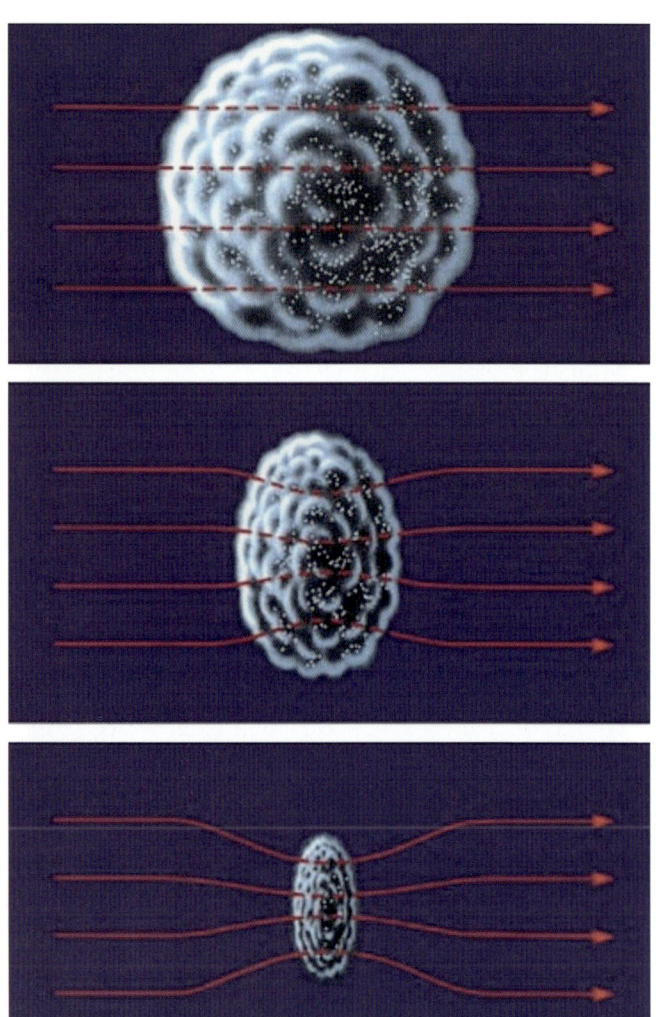

Abb. 34: Magnetfelder sind ein wesentlicher Bestandteil interstellarer Gaswolken. Elektrisch geladene Teilchen und Magnetfeld sind aneinander gekoppelt. Kollabiert die Wolke, so werden auch die Magnetfelder komprimiert. Mit steigender Magnetfelddichte entsteht ein nach außen gerichteter magnetischer Druck, der sich gegen den Wolkenkollaps stemmt.

Dichte im Zentrum und damit auch die Wahrscheinlichkeit, dass geladene Teilchen sich Elektronen einfangen und zu neutralen Atomen rekombinieren. Da außerdem elektromagnetische Strahlung von außen, die die Atome erneut ionisieren könnte, mit wachsender Dichte zunehmend abgeblockt wird, entstehen im Zentrum der Wolke auch immer weniger neue, an das Magnetfeld gebundene Ionen. Summa summarum entkoppelt sich also zum Zentrum der Wolke hin die Materie mehr und mehr vom Magnetfeld und kann so relativ ungehindert am weiteren Kollaps teilnehmen. Die verbleibenden geladenen Teilchen mitsamt dem eingefrorenen Magnetfeld bleiben dabei in den Außenbereichen der Wolke zurück. Zusammengefasst heißt das: Magnetfelder können einen Wolkenkollaps zwar behindern, aber sie können ihn nicht verhindern.

Neben der negativen, den Kollaps bremsenden Wirkung können Magnetfelder aber auch positive Effekte bei der Reduzierung des Wolkendrehimpulses entfalten. In einer rotierenden Wolke bewegt sich ein Teil der Ladungsträger immer mehr oder weniger senkrecht zu den Kraftlinien der Magnetfelder. Und da, wie schon erwähnt, Ladungsträger und Magnetfeld eng aneinandergekoppelt sind, werden bei dieser drehenden Bewegung die Magnetfelder regelrecht wie auf einer Spule aufgewickelt. Das wiederum führt zu einer Dehnung der Magnetfelder und somit zu einer Kraft, die der Rotation entgegenwirkt. Man hat ausgerechnet, dass durch diesen Effekt die Winkelgeschwindigkeit der Wolke, die sich – siehe Eiskunstläufer – bei einer Kontraktion eigentlich stark erhöhen müsste, praktisch unverändert bleibt.

Obwohl diese Prozesse relativ gut verstanden sind, bleiben in Modellrechnungen, welche die verschiedenen Phasen des Wolkenkollapses zu beschreiben versuchen, Magnetfelder fast immer unberücksichtigt. Die Modelle würden zu komplex und mathematisch kaum noch beherrschbar.

Damit eine interstellare Gaswolke kollabiert, muss die Gravitationskraft die nach außen gerichteten Kräfte thermischer Druck, Zentrifugalkraft und magnetischer Druck an Stärke übertreffen. Die Mechanismen, welche die dem Kollaps hinderlichen Kräfte in Schach halten, haben wir besprochen. Gehen wir nun im Folgenden davon aus, dass die Gravitation die Oberhand gewonnen hat, und fragen: Wie geht es weiter auf dem Weg zu einem Stern? Starten wir mit einem typischen interstellaren Molekülwolkenfragment – Temperatur 10 K, eine Sonnenmasse, Dichte 10^{-16} Kilogramm pro Kubikmeter, Radius circa 10 000 AE – und verfolgen, wie die Entwicklung hin zu einem Stern auf der Hauptreihe verläuft. Bei Wolken größerer oder kleinerer Masse sind die einzelnen Prozessschritte im Prinzip gleich, lediglich ihre Dauer variiert.

Bevor wir loslegen, müssen wir jedoch einige Begriffe klären, die uns noch begegnen werden. Da ist zunächst das hydrostatische Gleichgewicht. Befindet sich eine Materiekonzentration – ein Stern oder eine Gaswolke – im hydrostatischen Gleichgewicht, so sind die nach innen gerichteten Kräfte in ihrer Wirkung gleich den nach außen gerichteten Kräften, das heißt, sie heben sich gegenseitig auf. Ist dieser Fall gegeben, herrscht also Kräftegleichgewicht – so tut sich nichts (Abb. 35). Eine Wolke im hydrostatischen Gleichgewicht wird weder kollabieren noch sich ausdehnen. Für unser Molekülwolkenfragment trifft das nicht zu. Seine Masse entspricht in etwa der Jeans-Masse, sodass die Wolke gravitativ instabil ist und zu kollabieren beginnt.

Nehmen wir jetzt an, auf unsere Wolke wirke nur die Gravitation, und die nach außen gerichteten Kräfte, beispielsweise Gas- oder Strahlungsdruck, sind vernachlässigbar klein. Unsere Wolke würde im freien Fall zusammenbrechen. Man bezeichnet das auch als dynamischen Kollaps. Die Zeit, innerhalb der sich der dynamische Kollaps vollzieht, nennt man Freifallzeit. Sie ist gleich der Zeit, die ein Teilchen im freien Fall vom Rande des Objekts bis ins Zentrum benötigt. Mathematisch gespro-

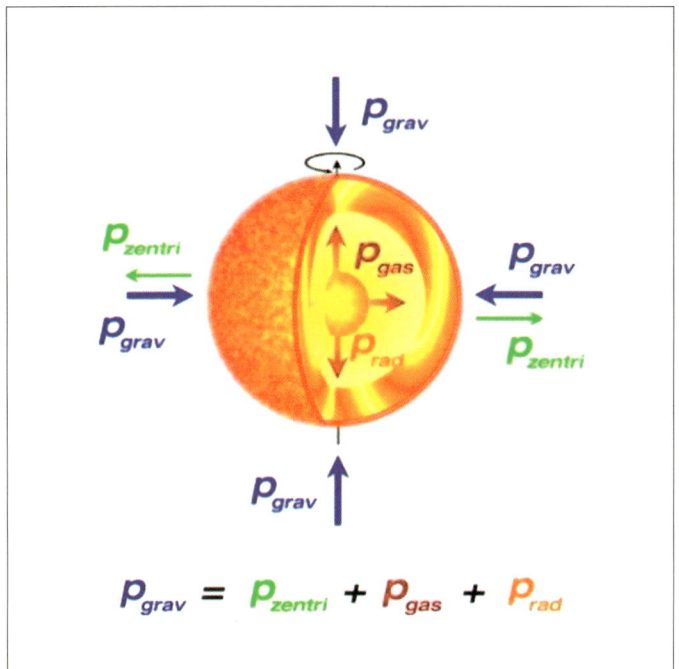

Abb. 35: Ein Stern befindet sich im hydrostatischen Gleichgewicht, wenn die Summe der nach außen wirkenden Kräfte Gasdruck, Strahlungsdruck und Zentrifugalkraft gleich der nach innen wirkenden Gravitationskräfte ist.

chen ist die Freifallzeit umgekehrt proportional zur Quadratwurzel aus dem Produkt Gravitationskonstante G mal mittlere Dichte ρ des Objekts (Gleichung siehe Anhang). Bei dichten Objekten kann die Freifallzeit sehr kurz sein. Würde beispielsweise unsere Sonne in Freifallzeit zusammenstürzen, so vergingen nur circa 3000 Sekunden. Für unsere Wolke, mit ihrer geringen Dichte, errechnet sich dagegen eine Freifallzeit von rund 400 000 Jahren.

Schließlich wird noch von der Kelvin-Helmholtz-Kontraktion die Rede sein. Betrachten wir dazu einen Stern im hydrostatischen Gleichgewicht, der Energie in Form von Strahlung, also Licht, verliert. Verfügt der Stern über keine inneren Energiequellen, wie sie beispielsweise Kernfusionsreaktionen darstellen, so muss der Stern den Energieverlust aus seiner potentiellen Energie decken. Die gesamte potenzielle Energie eines Sterns E_{pot} – man sagt auch Gravitationsenergie dazu – ist gleich seiner Masse im Quadrat, multipliziert mit der Gravitationskonstanten G und geteilt durch den Radius des Sterns (Gleichung siehe Anhang). Nun hat in einem System, in dem nur Zentralkräfte wirken, also Kräfte, die auf ein Zentrum hin zielen, wie etwa die Gravitationskraft, die potenzielle Energie ein negatives Vorzeichen. Folglich muss der Radius des Sterns kleiner werden, wenn der Stern gezwungen ist, potenzielle Energie in Leuchtkraft umzuwandeln (siehe auch Anhang). Der Stern schrumpft also. Nach dem sogenannten Virialsatz – auf den wir hier nicht näher eingehen wollen – verwendet der Stern die Hälfte der beim Schrumpfen frei gewordenen potenziellen Energie zur Deckung seiner Strahlungsverluste, die andere Hälfte wird in thermische Energie zur Erhöhung von Druck und Temperatur des Sterns umgewandelt. Paradoxerweise wird der Stern demnach immer heißer, je mehr potenzielle Energie er bei seiner Kontraktion verliert, je mehr er schrumpft. Auf diese Weise justiert der Stern auf Kosten seiner potenziellen Energie sein hydrostatisches Gleichgewicht fortwährend neu. Die Zeit, die ein Stern allein von seiner potenziellen Energie zehren kann, bezeichnet man als Kelvin-Helmholtz-Zeit. Mathematisch ist sie gleich der halben potenziellen Energie des Sterns geteilt durch seine Leuchtkraft (siehe Anhang). Für unsere Sonne beträgt die Kelvin-Helmholtz-Zeit rund 15 Millionen Jahre. Sie ist also um viele Größenordnungen länger als die Freifallzeit.

Phasen einer Geburt

Ausgerüstet mit diesen Begriffen, können wir uns nun dem Schicksal unserer interstellaren Molekülwolke zuwenden. Zunächst kollabiert die Wolke dynamisch. Die dabei frei werdende Gravitationsenergie wird in thermische Energie umgewandelt. Da das Wolkengas jedoch noch sehr dünn ist, kann die gewonnene Energie nahezu ungehindert die Wolke verlassen, sodass es zu keiner nennenswerten Erhöhung der Wolkentemperatur kommt. Aber die Dichte der Wolke wächst kontinuierlich an. Nach etwa 400 000 Jahren hat sich im Zentrum der Wolke ein erster, optisch dicker Kern ausgebildet. »Optisch dick« heißt, dass die Materie im Kern eine so hohe Dichte erreicht hat, dass die beim Kollaps frei gewordene Energie nicht mehr ungehindert entweichen kann, sondern größtenteils von der Wolkenmaterie absorbiert wird. Folglich steigen Temperatur und Druck im Kern an, der Kollaps wird nahezu gestoppt, und der Kern tritt in eine quasi hydrostatische Phase ein. In diesem Stadium sind im Kern erst etwa 0,5 Prozent der Wolkenmasse, die ja ursprünglich eine Sonnenmasse betrug, konzentriert. Der Rest steckt noch in der ausgedehnten dünnen Gashülle, die den Kern umgibt. Hatte die Wolke anfänglich eine Ausdehnung von rund zehn Millionen Sonnenradien, so beträgt der Kernradius jetzt circa 1000 Sonnenradien, und die im Kern herrschende Temperatur liegt bei etwa 500 K.

In der jetzt folgenden Kelvin-Helmholtz-Kontraktionsphase schrumpft der Kern sehr viel langsamer. Während der Einfall von Materie aus der umgebenden Hülle in das Wolkenzentrum anhält, steigen Temperatur und Druck im Kern deutlich an. Ist schließlich eine Temperatur von circa 1800 K erreicht, dissoziiert der Wasserstoff. Dabei werden die Wasserstoffmoleküle der Wolke in je zwei ungebundene Wasserstoffatome gespalten. Bei einer Temperatur von 10 000 K werden die Wasserstoffatome sogar ionisiert, und bei etwa 100 000 K verliert auch das Helium seine Elektronen. Da diese Prozesse viel Energie verbrauchen, steigen in dieser Phase Druck und Temperatur nicht an, sodass der Kern nochmals dynamisch kollabieren kann. Erst wenn alle Atome vollständig ionisiert sind, kommt der rasche Kollaps mit der Bildung eines »zweiten«, quasi hydrostatischen Kerns fast wieder zum Stillstand. Der Kern hat jetzt nahezu seine Endmasse erreicht und ist nur noch einige Sonnenradien groß. Energie gewinnt er fortan hauptsächlich aus einer langsamen, quasi statischen Kelvin-Helmholtz-Kontraktion.

Seit die Wolke gravitativ instabil wurde und anfing zu kollabieren, sind nur einige 100 000 Jahre vergangen. In astronomischen Zeitmaßstäben ist das eine sehr kurze Zeit. Von nun an spricht man auch nicht mehr von einem Kern, sondern man bezeichnet das Gebilde als protostellares Objekt oder auch

Abb. 36: Der 2450 Lichtjahre entfernte Elefantenrüssel-Nebel im Sternbild Kepheus. Sternenlicht im sichtbaren Bereich des elektromagnetischen Spektrums wird von dem dichten Gas der lang gestreckten Dunkelwolke vollständig absorbiert. Das für Infrarotlicht empfindliche Spitzer-Weltraumteleskop kann jedoch in die Wolke hineinsehen. Die Aufnahme zeigt etwa ein halbes Dutzend in die Wolke eingebettete, rot leuchtende Protosterne, die ansonsten nicht zu sehen sind.

als Protostern, den Vorläufer eines Sterns. Obwohl der Protostern schon sehr heiß ist, ist er noch nicht zu sehen. Die von ihm ausgehende Strahlung wird nämlich von der noch immer ziemlich dichten Gashülle absorbiert. Die hat sich mittlerweile durch die Strahlung des Kerns und durch frei werdende Gravitationsenergie auf gut 1000 K aufgeheizt und leuchtet jetzt hell im infraroten Bereich des elektromagnetischen Spektrums. Protosterne verraten sich also nur durch das intensive Infrarotlicht ihrer Gashüllen. Erst nach rund einer Million Jahren, wenn fast das ganze Hüllengas auf den Protostern abgeregnet ist, ist die Hülle so weit ausgedünnt, dass der Protostern selbst sichtbar wird (Abb. 36).

Was wir noch nachtragen müssen: Trotz mehrfacher Fragmentation hatte die Wolke ihren ursprünglichen Drehimpuls nicht ganz verloren. Die resultierenden Zentrifugalkräfte haben also die ganze Zeit Einfluss auf das Wolkengas genommen. Da die Zentrifugalkraft vornehmlich senkrecht zur Rotationsachse der Wolke wirkt, konnte das Hüllengas nur parallel zur Rotationsachse ungehindert auf den Kern sinken. Senkrecht dazu hat die Zentrifugalkraft versucht, das einfallende Gas vom Kern wegzutreiben. Sie erinnern sich noch an das Teufelsrad? Folglich hat sich das Gas nicht kugelförmig, sondern in einer ausgedehnten Scheibe um den Kern angesammelt (Abb. 37 und 38). Bleibt später, nach der vollständigen Entwicklung des Sterns, noch etwas von der Gasscheibe übrig, so ist das das Rohmaterial für eventuelle Planeten des Sterns. Im Orion-Nebel, einer dichten Gaswolke im Sternbild Orion, hat man eine Menge junger Sterne mit solchen protoplanetaren Scheiben gefunden (Abb. 39).

Im Hertzsprung-Russell-Diagramm lässt sich der Weg eines Protosterns gut verfolgen. Da diese Objekte zunächst eine sehr niedrige Oberflächentemperatur aufweisen, sind sie im Diagramm anfänglich sehr weit rechts angesiedelt. Mit steigender Oberflächentemperatur wandert das Objekt relativ steil in den Bereich immer höherer Leuchtkräfte. Protosterne von einer Sonnenmasse bringen es in dieser Phase auf das etwa Zehn-

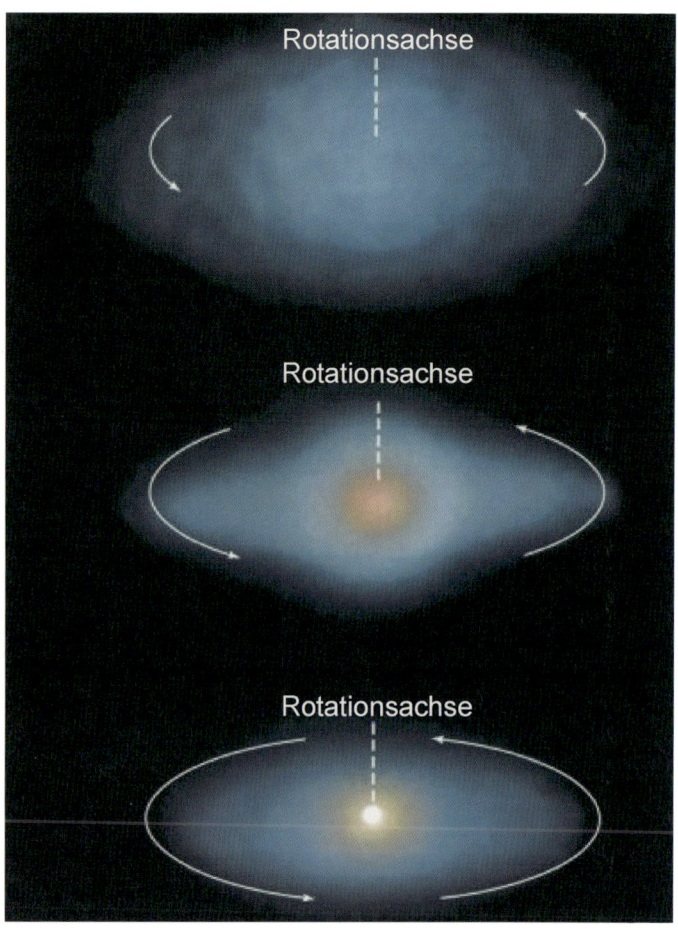

Abb. 37: Eine um eine ausgezeichnete Achse rotierende Wolke verformt sich beim Kollaps zu einer ausgedehnten Scheibe um den im Zentrum entstehenden Protostern.

fache der Leuchtkraft der Sonne. Mit steigender Kerntemperatur wandert der Protostern dann nahezu horizontal nach links. Mit dem Erreichen des zweiten quasi hydrostatischen Gleichgewichts ist der Sternvorläufer schließlich an einer imaginären

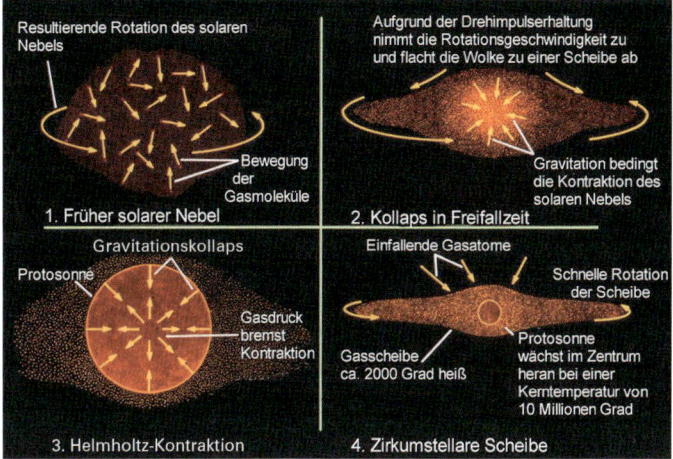

Abb. 38: Stationen der Sternenstehung aus einer Gas- und Molekülwolke.

Linie angelangt, die fast senkrecht von oben nach unten das Diagramm durchschneidet. Diese Linie, die sogenannte Hayashi-Linie, trennt das Diagramm in zwei Hälften. Ihr Entdecker, Chushiro Hayashi, hat herausgefunden, dass rechts dieser Linie keine Objekte vorkommen können, die sich im stabilen hydrostatischen Gleichgewicht befinden. Damit wird auch klar, warum wir bisher immer nur von einem »quasi« hydrostatischen Gleichgewicht gesprochen haben (Abb. 40).

Betrachten wir unseren Protostern noch etwas genauer. Sterne auf der Hayashi-Linie sind vollkonvektiv. In ihrem Inneren wird die Energie wie in einem Topf voll Wasser transportiert, der auf einer heißen Herdplatte steht. Am Boden des Topfes bilden sich warme Wasserblasen, die aufgrund ihrer relativ zur Umgebung geringeren Dichte nach oben steigen. Dort geben sie ihre Wärme ab an die kalte Luft, kühlen herunter und sinken wieder auf den Topfboden zurück. Der Ausdruck »vollkonvektiv« besagt, dass der Energietransport über das gesamte Sternvolumen durch Konvektion erfolgt. Das gilt jedoch nicht allgemein. Fast immer existiert in einem Stern neben

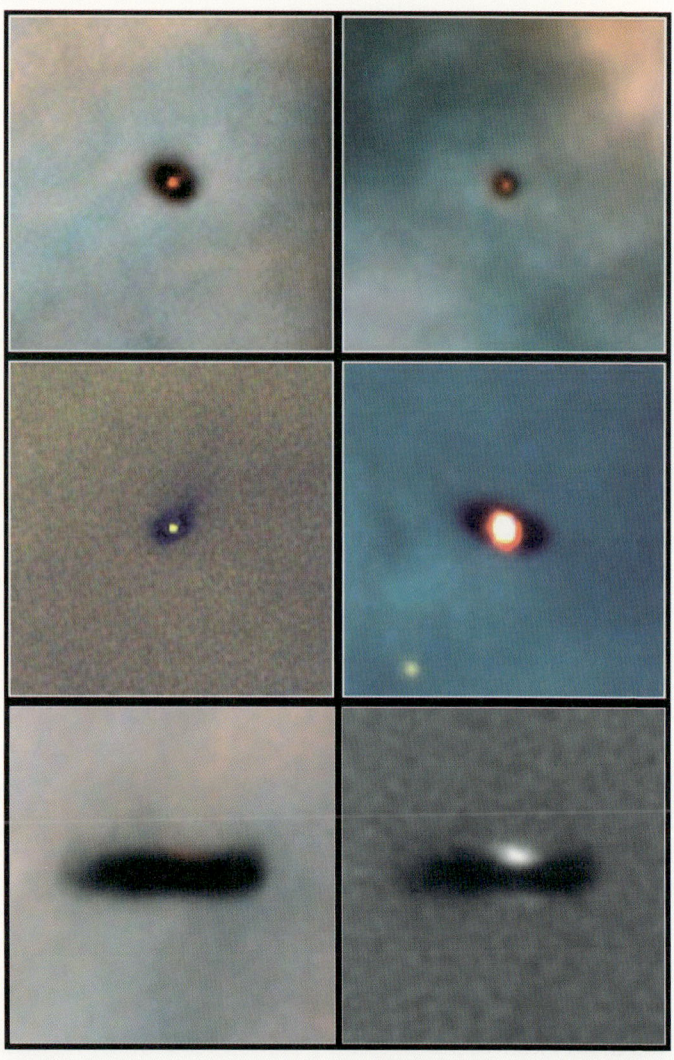

Abb. 39: Junge Sterne mit protoplanetaren Gasscheiben im Orion-Nebel. Während man bei den vier oberen Bildern nahezu senkrecht auf die Gasscheiben blickt, sieht man auf den beiden unteren Bildern die Scheiben von der Kante aus.

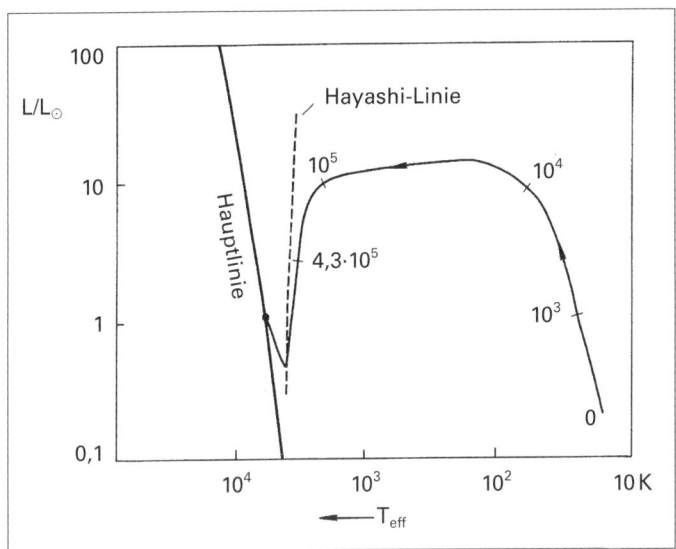

Abb. 40: Entwicklungsweg eines Sterns von etwa einer Sonnenmasse vom Wolkenkollaps über die Protosternphase zu einem Vorhauptreihenstern im Hertzsprung-Russell-Diagramm. Die Zahlen geben die ungefähre Entwicklungsdauer in Jahren an. $L/L_\odot$ auf der y-Achse ist das Verhältnis von Leuchtkraft des Sterns zur Leuchtkraft der Sonne. Die Leuchtkraft der Wolke bzw. des Protosterns wird also in Einheiten der Sonnenleuchtkraft angegeben.

einer Konvektionszone auch eine radiative Zone, in der die Energie durch Strahlung transportiert wird. Beispiel ist unsere Sonne. An die Kernfusionszone im Zentrum schließt sich eine radiative Zone an, die bis zu einem Radius von etwa 70 Prozent des Sonnenradius reicht (Abb. 41). Der Bereich darüber, bis zur Sonnenoberfläche, ist konvektiv. Mit einem Teleskop lassen sich die an die Sonnenoberfläche steigenden Gasblasen, die sogenannten Granulen, gut beobachten.

Für vollkonvektive Sterne konnte man zeigen, dass die Effektivtemperatur nur unwesentlich steigt, wenn der Radius des Sterns abnimmt. Falls Sie es vergessen haben: Die Effektivtemperatur eines Sterns ist – salopp ausgedrückt – die mittlere Temperatur an der Oberfläche des Sterns. Wenn also diese

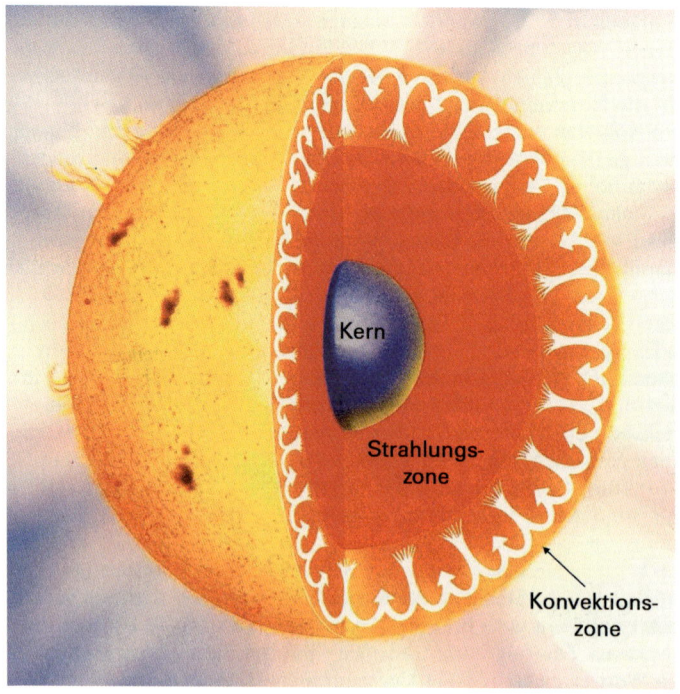

Kern

Strahlungs-
zone

Konvektions-
zone

Abb. 41: Schnitt durch unsere Sonne mit Kernbereich, Strahlungs- und Konvektionszone

Temperatur während des Schrumpfens des Sterns, das heißt während der quasi statischen Kontraktion, praktisch konstant bleibt, dann muss seine Leuchtkraft abnehmen. Vielleicht erinnern Sie sich noch an die im dritten Kapitel besprochene, für alle Sterne gültige Beziehung, die besagt, dass die Leuchtkraft L eines Sterns proportional ist zum Sternradius im Quadrat und zur Effektivtemperatur hoch 4. Wenn demnach der Sternradius kleiner wird, gleichzeitig die Effektivtemperatur aber nur geringfügig ansteigt, so muss eben die Leuchtkraft abnehmen, damit die Gleichung erfüllt ist. Genau das passiert mit unserem Protostern, wenn er die Hayashi-Linie erreicht hat. Während der Sternradius abnimmt, wandert der Stern entlang der Haya-

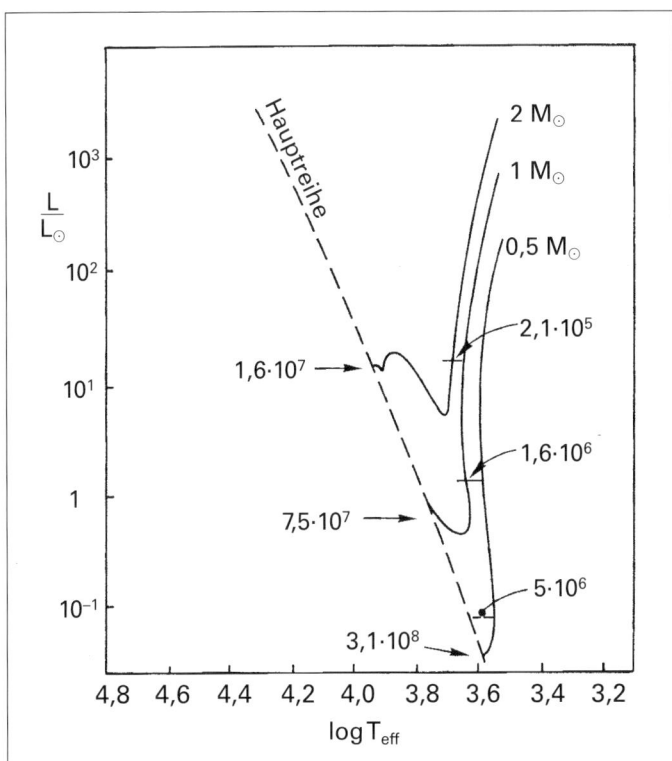

Abb. 42: Protosterne im Bereich von wenigen Sonnenmassen entwickeln sich je nach ihrer Masse unterschiedlich schnell und folgen geringfügig horizontal versetzten, individuellen Hayashi-Linien.

shi-Linie im Hertzsprung-Russell-Diagramm nahezu senkrecht nach unten in den Bereich geringerer Leuchtkraft. Übrigens: Es gibt nicht »die eine« Hayashi-Linie. Je nach Masse hat jeder Stern seine eigene Linie. Für einen Protostern von einer Sonnenmasse liegt die Hayashi-Linie bei etwa 4000 K. Massereichere Sterne haben ihre Hayashi-Linie bei geringfügig höheren Temperaturen, masseärmere bei geringfügig niedrigeren (Abb. 42).

Während also der Stern entlang der Hayashi-Linie abwärtswandert, steigen im Kern Temperatur und Druck weiter an. Damit wird der Energietransport durch Konvektion immer ungünstiger. Es bildet sich im Kerninneren ein zunehmend wachsender Bereich, in dem die Energie durch Strahlung transportiert wird. Das setzt sich fort, bis schließlich der größte Teil des Sterns radiativ ist. Vom Erreichen der Hayashi-Linie bis zu diesem Punkt sind ungefähr ein bis zwei Millionen Jahre vergangen. Als Folge dieser Entwicklung knickt der Weg des Sterns, von der Hayashi-Linie weg, nach links ab, in Richtung Hauptreihe des Hertzsprung-Russell-Diagramms. Der Stern bewegt sich jetzt in nahezu horizontaler Richtung auf die Hauptreihe zu. Um zu verstehen, warum das so ist, müssen wir uns an die im dritten Kapitel besprochene Masse-Leuchtkraft-Beziehung erinnern. Die Leuchtkraft L eines Sterns ist proportional zu seiner Masse hoch 3,5, heißt es da. An der Masse des Sterns ändert sich in dieser späten Entwicklungsphase nichts mehr. Praktisch das ganze Hüllengas ist ja bereits auf den Kern gefallen. Damit ändert sich auch die Leuchtkraft nicht mehr, sie ist konstant. Die mittlerweile bekannte Beziehung, die Leuchtkraft L des Sterns ist proportional zum Sternradius im Quadrat und zur Effektivtemperatur hoch 4, vereinfacht sich dadurch zu der Aussage: Die Effektivtemperatur des Sterns wächst umgekehrt proportional zur Quadratwurzel des Sternradius. Und da der Stern immer noch nach »Kelvin-Helmholtz kontrahiert«, also quasi statisch schrumpft, steigt die Effektivtemperatur und führt den Stern im Hertzsprung-Russell-Diagramm bei konstanter Leuchtkraft horizontal nach links. Während unser Protostern also zunächst der konvektiven Hayashi-Linie gefolgt ist, folgt er nun einer radiativen Linie. Damit ist aus unserem Protostern nun ein sogenannter Vorhauptreihenstern geworden.

Vorhauptreihensterne sind sehr junge Sterne. Man erkennt das an ihren Spektren, die eine starke Lithiumabsorptionslinie zeigen. Da Lithium in den Sternen meist schon vor Einsetzen des Wasserstoffbrennens zerstört wird, ist diese Linie später nicht mehr zu finden. Vorhauptreihensterne mit einer

Masse bis zu drei Sonnenmassen bilden eine eigene Stern-gruppe, die sogenannten T-Tauri-Sterne. Da unser ehemaliger Proto- und jetzt Vorhauptreihenstern in diese »Gewichtsklasse« fällt, gehört auch er zu dieser Gruppe. T-Tauri-Sterne – der Name leitet sich ab von dem Prototypen dieser Sternklasse, dem Stern T-Tauri im Sternbild Stier – gewinnen ihre Energie noch immer vornehmlich durch quasi stationäre Kontraktion. Besonders auffällig sind diese Sterne durch ihre Helligkeitswechsel. Im Zeitraum von wenigen Stunden bis hin zu einigen Monaten schwankt ihre Helligkeit mehr oder weniger stark um einen Mittelwert. Daneben lassen sich spontane Helligkeitsänderungen um mehrere Größenklassen beobachten. Röntgensatelliten haben die T-Tauri-Sterne auch als Quellen intensiver Röntgenstrahlung identifiziert.

Besonders spektakulär sind die stark gebündelten Materie-Jets, die diese Sterne ins All schießen. Man kennt mittlerweile über 100 Sterne, von denen Gas mit Geschwindigkeiten von bis zu einigen 100 Kilometern pro Sekunde abströmt. Für die starke Bündelung der Jets machen Astronomen lokale Magnetfelder verantwortlich. Aber auch verbliebene Gasscheiben um die Sterne können eine Konzentration der Ausflüsse erzwingen. Während die Materie senkrecht zur Scheibenebene problemlos abströmen kann, blockiert das Scheibengas einen Auswurf in die Scheibenebene. Was da an Masse verloren geht, ist nicht gerade wenig. Pro Jahr kann bis zu einem Millionstel einer Sonnenmasse zusammenkommen. Man hat Jets gefunden, die es auf eine Länge von einigen 100 Milliarden Kilometern bringen. Am Ende dieser Strecke sind sie dann so weit ausgedünnt, dass sie unsichtbar werden. Wo diese überschallschnellen Jets in die dichten Bereiche der umgebenden Molekülwolke rammen, entstehen Schockwellen, die das Gas aufheizen und zum Leuchten bringen. Diese inhomogen hellen, nebelartigen Gebilde bezeichnet man auch als Herbig-Haro-Objekte. Diesen Namen hat ihnen der russische Astronom Viktor Ambartsumian gegeben. Er ist gedacht als eine Hommage an die beiden Astronomen George H. Herbig und Guillermo Haro, die sich in den 40er-Jahren des

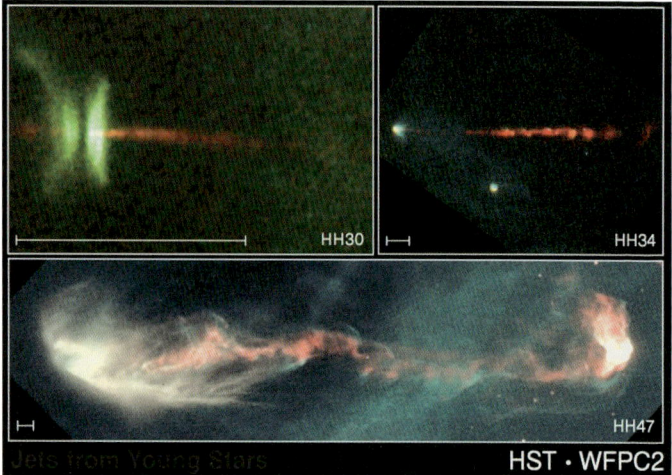

Abb. 43: Herbig-Haro-Objekte (HH-Objekte). Sie entstehen durch eng gebündelte Materie-Jets, die mit hoher Geschwindigkeit von jungen Sternen ins All geschossen werden. Die Schockwellen dieser Jets verdichten und erhitzen das umliegende Wolkengas und bringen es zum Leuchten. Im Bild oben links blickt man von der Kante auf die Gasscheibe, die den Protostern noch umgibt. Der Stern im Bild rechts oben scheint Materie wie aus einem Maschinengewehr abzufeuern. Im Gegensatz zu den beiden Bildern oben hat der rund fünf Billionen Kilometer lange Jet des HH-Objekts unten eine sehr komplexe Struktur. Man vermutet, dass ein unsichtbarer Begleiter den Protostern hin- und herpendeln lässt, was zu einer Verwirbelung der ausgeworfenen Materie führt. Die Balken am unteren Rand der Bilder entsprechen jeweils einer Länge von 150 Milliarden Kilometern.

vergangenen Jahrhunderts unabhängig voneinander intensiv mit diesen wunderlichen Strukturen beschäftigt hatten (Abb. 43).

Der Vollständigkeit halber sei noch erwähnt, dass auch die Vorhauptreihensterne im Massenbereich von drei bis fünf Sonnenmassen eine Gruppe mit ähnlichen Eigenschaften wie die Gruppe der T-Tauri-Sterne bilden. Diese Sterne bezeichnet man als Herbig-Ae/Be-Sterne.

Wie wir im richtigen Leben, so wird auch ein Stern einmal »erwachsen«. Das jugendliche, ungestüme Leben unseres Vorhauptreihen- beziehungsweise T-Tauri-Sterns auf seinem Weg zur Hauptreihe findet ein Ende, wenn die Zentraltemperatur im Kern auf einen Wert von circa 15 Millionen Kelvin angestiegen ist. Bei dieser Temperatur zündet das zentrale Wasserstoffbrennen. Damit ist unser Stern an der Hauptreihe angekommen, und aus dem Vorhauptreihenstern ist endlich ein vollwertiger Hauptreihenstern geworden. Mit der Fusion von Wasserstoff zu Helium hat sich der Stern jetzt eine innere Energiequelle erschlossen, die den steten Energieverlust durch Strahlung wettmacht. Der Stern ist nun im vollkommenen hydrostatischen Gleichgewicht. Vom Erreichen der Hayashi-Linie bis zur Hauptreihe sind einige zehn Millionen Jahre vergangen. Auf der Hauptreihe wird er eine um Größenordnungen längere Zeit verbringen. Was unser Stern dort erlebt und wie er sich weiterentwickelt – davon im nächsten Kapitel.

Abschließend sollten wir noch erwähnen, dass bei sehr massereichen Protosternen der Weg zur Hauptreihe etwas anders verläuft. Zum einen schreitet die Entwicklung viel schneller voran. Während ein Stern von einer Sonnenmasse rund zehn Millionen Jahre bis zur Hauptreihe braucht, schafft es ein 60-Sonnenmassen-Stern in circa 100 000 Jahren. Zum anderen fällt bei massereichen Sternen der Hayashi-Track nahezu weg. Im Anschluss an die quasi hydrostatische Phase führt ihr Weg, von einigen Schlenkern abgesehen, schnurstracks horizontal über das Hertzsprung-Russell-Diagramm zur Hauptreihe (Abb. 44). Und schließlich starten massereiche Sterne das Wasserstoffbrennen schon lange Zeit vor dem Erreichen der Hauptreihe. In der Regel können sie auch ihre Anfangsmasse nicht bis hin zur Hauptreihe retten. Aufgrund ihrer hohen Leuchtkraft entwickeln sie einen intensiven Sternwind, der zusammen mit dem Strahlungsdruck einen Großteil ihrer äußeren Hülle wegbläst. Ein anfänglich 60-Sonnenmassen-Stern kommt auf der Hauptreihe nur noch mit etwa 20 Sonnenmassen an (Spektraltyp O9,5V). Neben der Fragmentierung der interstellaren Wolken sind Sternwinde und Strahlungsdruck auch dafür verantwortlich, dass Sterne nicht beliebig groß werden können. Außerdem besagt die Theorie der

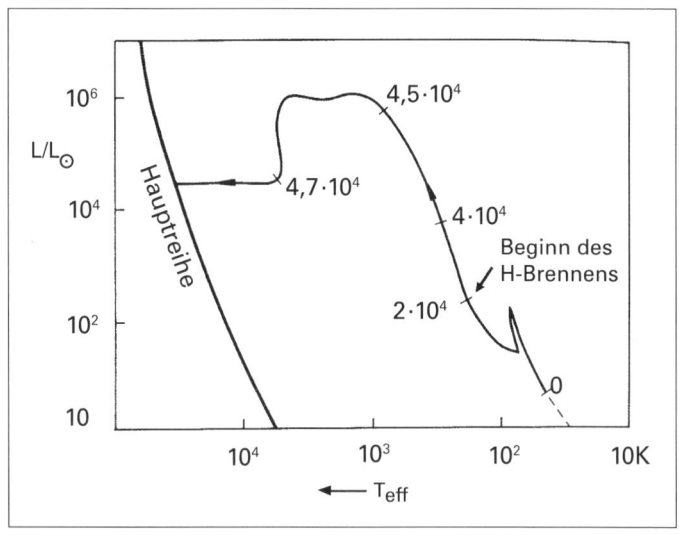

Abb. 44: Entwicklungsweg vom Wolkenkollaps zur Hauptreihe eines 60-Sonnenmassen-Sterns im Hertzsprung-Russell-Diagramm.

Sternentwicklung, dass Sterne mit mehr als 80 Sonnenmassen »pulsationsinstabil« werden. Ein kleiner Anstoß genügt, um den Stern in immer stärkere Schwingungen zu versetzen. Der Stern ändert dabei seinen Radius mit wachsender Amplitude. Die äußeren Sternschichten kommen da nicht mit und verabschieden sich ins All. Als Quintessenz dieser Prozesse findet man auf der Hauptreihe keine Sterne oberhalb 100 Sonnenmassen.

Kapitel 7

Sternenalltag

Bevor wir uns in diesem Kapitel eingehend mit dem Leben eines Sterns auf der Hauptreihe beschäftigen, nochmals zur Erinnerung: Das schmale Band, das von links oben nach rechts unten quer über das Hertzsprung-Russell-Diagramm läuft, bezeichnet man als die Hauptreihe. Alle Sterne in diesem Band fusionieren in ihrem Inneren Wasserstoff zu Helium. Aus dieser Energiequelle speisen die Hauptreihensterne ihre Leuchtkraft. Im Gegensatz zu den irdischen Kernreaktoren, in denen große Atomkerne in kleinere Kerne gespalten werden, verschmelzen bei einer Kernfusion zwei kleinere, leichte Atomkerne zu einem neuen, schwereren Kern. Kernfusionen zünden jedoch nur bei extremen Umgebungsbedingungen. Damit aus vier Wasserstoffkernen, also aus vier Protonen, ein Heliumkern entstehen kann, ist eine Temperatur von rund 15 Millionen Kelvin nötig und ein Druck, der viele Milliarden mal größer ist als der irdische Luftdruck. Sterne schaffen sich diese Voraussetzungen selbst. Ihre eigene Schwerkraft sorgt dafür, dass das Zentrum der Sterne so heiß und so dicht ist.

Der bei der Fusion von Wasserstoff zu Helium anfallende hohe Energiegewinn ist natürlich ein starker Anreiz, derartige Fusionsreaktionen auch auf der Erde zum Laufen zu bringen. Seit vielen Jahren versuchen daher Wissenschaftler in einigen Forschungszentren, die in den Sternen ablaufenden Prozesse nachzuahmen. In Reaktoren des Typs »Tokamak« und »Stellarator« gelingt es mittlerweile schon, entsprechend hohe Plasmatemperaturen zu erzeugen und kurzfristig thermonukleare Fusionsreaktionen zu zünden. Allerdings ist die für die Heizung aufzuwendende Energie gegenwärtig noch um ein Vielfaches größer als das, was man bei den Fusionsprozessen gewinnt. Doch in 15 bis 20 Jahren, so hoffen die Wissenschaftler, sind die Reaktorprototypen ausgereift, und das Sternenfeuer brennt auch auf der Erde.

Wie Sterne ihre Energie gewinnen, darüber zerbrachen sich früher die Wissenschaftler immer wieder die Köpfe. Dass griechische Naturphilosophen glaubten, Sterne seien glühende Steine, haben wir schon erwähnt. Doch wer oder was diese »Steine« zum Glühen gebracht hatte, konnte man nicht beantworten. Mitte des 19. Jahrhunderts vertrat der deutsche Arzt und Physiker Julius Robert Mayer – er erkannte übrigens 1845, dass mechanische Energie vollständig in Wärme umgewandelt werden kann – eine andere Theorie. Nach seinen Berechnungen sollte die Sonne, falls sie nicht von irgendwo Energie zugeführt bekommt, in circa 5000 Jahren ausgekühlt sein. Da das offensichtlich nicht der Fall ist, ging er der Frage nach, ob es nicht sein könne, dass fortwährend Kometen in die Sonne stürzen und mit ihrer kinetischen Energie den Stern immer wieder aufheizen. Auf den ersten Blick hat dieser Vorschlag durchaus einen gewissen Reiz. Spaßeshalber haben wir daher mal ein bisschen gerechnet und angenommen, dass es sich um Meteoriten handelt, die einen Durchmesser von einem Kilometer haben, von denen ein Kubikmeter drei Tonnen wiegt und die mit einer Geschwindigkeit von 20 Kilometern pro Sekunde in die Sonne fallen. Würde ein derartiges Geschoss aus dem Weltraum auf der Erde einschlagen, würde es einen Krater von circa 40 Kilometern Durchmesser reißen. Obwohl bereits einer dieser Meteoriten eine Menge an kinetischer Energie mitbringt, müssten dennoch jede Sekunde rund eine Million derartige Körper auf die Sonne treffen, um deren Leuchtkraft aufrechtzuerhalten! Fragt sich: Wo sollen die alle herkommen? Außerdem: Diese Unmenge an Meteoriten würde die Masse der Sonne jedes Jahr um rund zehn Erdmassen anwachsen lassen! Dadurch würde sich die Anziehungskraft der Sonne in absehbarer Zeit derartig verstärken, dass alle Planeten aus ihrer Bahn geworfen und in die Sonne stürzen würden. Meteoriten zur Erhaltung der Sonnenleuchtkraft scheiden also aus.

Am Ziel vorbeigeschossen hat auch der Physiker Hermann von Helmholtz mit einem anderen Vorschlag. Da zu seiner Zeit die chemische Zusammensetzung der Sonne noch nicht bekannt war, konnte er über einen Energiegewinn aus der Verbrennung von Wasserstoff und Sauerstoff zu Wasser spekulieren. Nach seinen Berechnungen sollte die Sonne daraus ihren Energiebedarf für rund 3000 Jahre decken können. Doch was sind schon 3000 Jahre? Später verfolgte er zusammen mit Sir William Thomson, der 1892 als Lord Kelvin in den Adelsstand erhoben wurde, noch eine andere Theorie, deren Prinzip uns mittlerweile bekannt vorkommen sollte. Wenn ein Stern unter seinem eigenen Gewicht immer mehr schrumpft, so haben wir im sechsten Kapitel erfahren, wird die Hälfte der frei werdenden Gravitationsenergie in Strahlung umgewandelt. Circa 20 Millionen Jahre könnte die Sonne von ihrer potenziellen Energie zehren. Da aber geologische Funde darauf hindeuteten, dass die Erde bereits einige Milliarden Jahre alt war, konnte auch das nicht stimmen. Denn von einer Tochter, die älter ist als ihre Mutter, hatte noch niemand gehört. Rückblickend ist demnach die Wissenschaft anfänglich von Irrtum zu Irrtum gestolpert, als es darum ging, den Mechanismus der Energiegewinnung in den Sternen zu erklären. Irrtümer aber haben, wie Erich Kästner gesagt hat, nur hier und da ihren Wert: »Nicht jeder, der nach Indien fährt, entdeckt Amerika.«

Einer der Ersten, der schließlich den Prozessen auf die Spur kam, war der Astrophysiker Sir Arthur Stanley Eddington. In seinem 1926 erschienenen Buch »The Internal Constitution of the Stars« vertrat er die Meinung, dass Sterne ihre Energie aus Kernfusionsprozessen gewinnen. Auf die gleiche Idee, sogar noch vor Eddington, soll auch der französische Nobelpreisträger Jean Baptiste Perrin gekommen sein. Wie auch immer: Die Idee, woher das Licht der Sterne stammt, traf ins Schwarze. Allerdings konnte noch niemand erklären, wie die thermonukleare Kernfusion in den Sternen abläuft. Das gelang erst 1938

dem deutsch-amerikanischen Physiker und späteren Nobelpreisträger Hans Bethe mit der Entdeckung der Proton-Pro-
ton-Reaktionskette. Ein Jahr später fand Bethe gemeinsam mit
Carl Friedrich von Weizsäcker noch den sogenannten Bethe-
Weizsäcker-Zyklus, der auch unter dem Namen CNO-Zyklus
bekannt ist. Wie wir noch sehen werden, bilden beide Prozess-
ketten die Grundlage der Energiegewinnung der Hauptreihensterne.

Aus vier p entsteht He

In Kapitel 3 ist schon mal angeklungen, dass die Sonne, ein
Hauptreihenstern, zu rund 75 Prozent aus Wasserstoff besteht.
Das gilt ganz allgemein für Hauptreihensterne. Und da der
Wasserstoff der »Ausgangsstoff« für das Fusionsprodukt Helium ist, verfügen Hauptreihensterne aufgrund dieses hohen
Wasserstoffanteils an ihrer Gesamtmasse über ein nahezu un-
erschöpfliches Brennstoffreservoir. Um zu verstehen, wie die
Fusion abläuft, müssen wir uns die Prozesse jedoch genauer
ansehen. Wenden wir uns zunächst der Proton-Proton-Kette
zu, kurz pp-Kette genannt. In einem ersten Schritt verschmelzen zwei Wasserstoffkerne, zwei Protonen (p), zu einem Deuteron (D = ^{2}H). Das Deuteron, auch Deuterium genannt, ist ein
Isotop des Wasserstoffs. Isotope eines Elements zeichnen sich
dadurch aus, dass alle die gleiche Anzahl Protonen im Kern
aufweisen, jedoch unterschiedlich viele Neutronen. Wie das
Wasserstoffatom hat also auch das Deuteron nur ein Kernproton, aber dazu noch ein Neutron. Bei dem Verschmelzungs-
prozess muss sich demnach eines der beiden Protonen in ein
Neutron umgewandelt haben. Und genau das ist auch passiert. Eines der an der Reaktion beteiligten elektrisch positiv
geladenen Protonen zerfällt spontan in ein elektrisch neutrales
Neutron, ein Positron (e^+) und ein Neutrino. Das Positron trägt
die ursprüngliche elektrische positive Ladung des Protons, und
das Neutrino (v) sorgt dafür, dass die Gesetze von Energie- und

Impulserhaltung nicht verletzt werden. Wir kommen auf diese beiden Teilchen gleich noch einmal zu sprechen.

Im zweiten Schritt der pp-Kette fängt sich ein Deuteron ein weiteres Proton ein und verwandelt sich unter Aussendung eines γ-Quants in Helium-3 (^{3}He), wiederum ein Isotop, diesmal ein Heliumisotop. Im letzten Schritt vereinigen sich schließlich zwei Helium-3-Kerne zu einem normalen Heliumkern (^{4}He), wobei zwei Protonen freigesetzt werden. Summa summarum finden also bei der Fusion von Wasserstoff zu Helium über die pp-Kette insgesamt vier Wasserstoffkerne zu einem Heliumkern zusammen (Abb. 45).

Und jetzt, wie versprochen, zu den Positronen und Neutrinos. Positronen sind die Antiteilchen der Elektronen. Sie besitzen die gleiche Masse, sind aber nicht wie die Elektronen negativ, sondern positiv geladen. Treffen ein Positron und ein Elektron aufeinander, so vernichten sie sich spontan. Dabei entstehen zwei γ-Quanten gleicher Energie, die in entgegengesetzte Richtungen auseinanderfliegen. Im Gegensatz zu den Elektronen beziehungsweise Positronen sind Neutrinos neutrale, also elektrisch nicht geladene Elementarteilchen. Pro Sekunde rasen eine Unmenge Neutrinos durch unseren Körper, ohne dass wir etwas davon verspüren. Das rührt daher, dass Neutrinos mit normaler Materie nur äußerst selten in Wechselwirkung treten. Beispielsweise wäre eine etwa ein Lichtjahr dicke Bleimauer nötig, um sie zu stoppen. Die bei den Fusionsprozessen in den Sternen entstehenden Neutrinos können daher praktisch ungehindert aus dem Sterninneren entkommen. Was unsere Sonne betrifft, so hat man ausgerechnet, dass die Kernfusion im Inneren pro Sekunde zu einem Fluss von rund 10^{44} Neutrinos führt. Und man hat ausgerechnet, wie viele Neutrinos davon auf der Erde ankommen sollten und wie viele mit Hilfe entsprechender Detektoren zu registrieren sein müssten. Doch bis in die Mitte der 90er-Jahre des vergangenen Jahrhunderts lieferten die Experimente stets nur rund die Hälfte der berechneten Neutrinoereignisse. Damit tauchte auch die Frage auf, ob denn die Fusionsprozesse in den Sternen richtig verstanden sind. Viel-

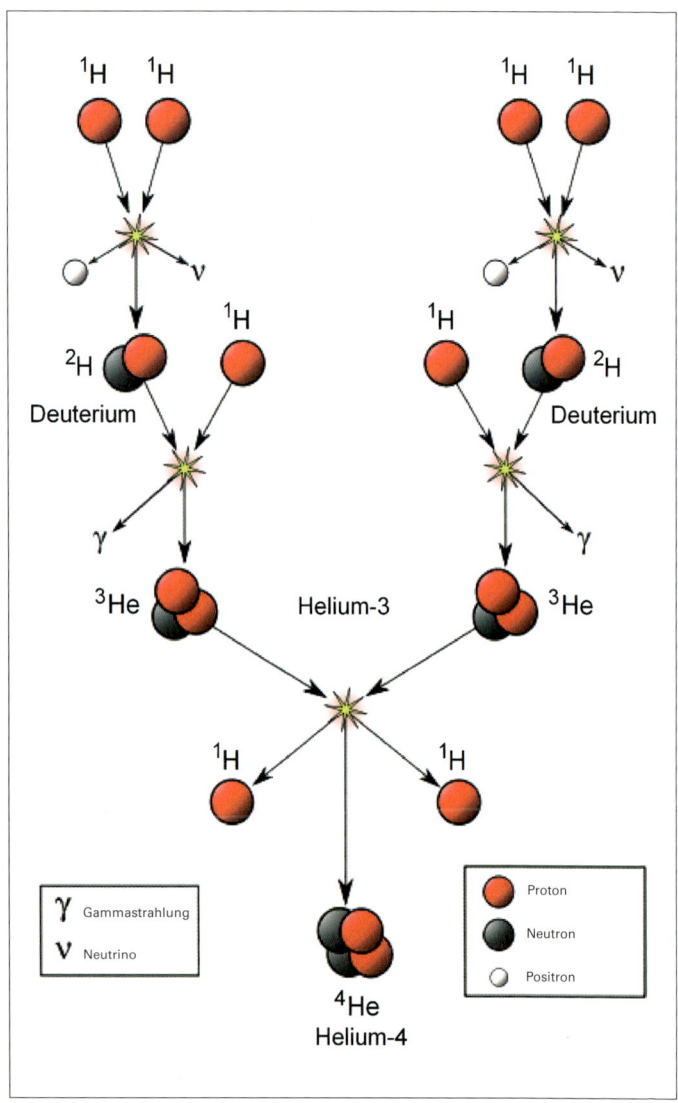

Abb. 45: Entsprechend der Proton-Proton-Fusionskette verschmelzen vier Protonen zu einem Heliumkern. Diese thermonuklearen Reaktionen liefern die Energie für die Sterne.

leicht war ja auch das Sonnenmodell insgesamt falsch, sodass die vorhergesagte Neutrinomenge zu hoch angesetzt war. Zu Beginn des neuen Jahrtausends fand dann dieses sogenannte solare Neutrinoproblem eine überraschende Lösung. Man hatte erkannt, dass sich die ursprünglich in der Sonne entstandenen Neutrinos auf ihrem Weg zur Erde in eine andere Neutrinoart umwandeln, die mit den bisher verwendeten Detektoren nicht nachzuweisen waren. Schließlich lieferten neue Messungen den Beweis für diese »Neutrinooszillationen«, und man konnte zeigen, dass die vorhergesagte Menge an Neutrinos tatsächlich auf der Erde ankommt. Die Theorien zur Energiegewinnung durch Kernfusion in den Sternen hatten sich damit auf eindrucksvolle Weise bestätigt.

Und noch was haben diese Ergebnisse erbracht. Lange Zeit war umstritten, ob Neutrinos eine Masse besitzen. Mittlerweile ist man sich dessen jedoch ziemlich sicher. Denn Umwandlungen von einer Neutrinoart in eine andere können nur geschehen, wenn Neutrinos auch Masse besitzen. Zwar kennt man die Neutrinomasse noch nicht genau, aber Experimente, die man in Japan an dem Neutrinodetektor Super-Kamiokande durchgeführt hat, lassen auf eine Massenobergrenze von 2,3 eV schließen. Damit wäre das Neutrino rund 200 000-mal leichter als das ohnehin schon sehr leichte Elektron.

Zurück zur pp-Kette. Ausgesprochen erstaunlich sind die Zeiten, die die einzelnen Prozessschritte dieser Reaktionskette in Anspruch nehmen. Bis zwei Protonen zu einem Deuteron fusionieren, vergehen im Mittel rund zehn Milliarden Jahre! Vom Deuteron zum Helium-3 dauert es nur zehn Sekunden, und von da zum Helium nochmals etwa eine Million Jahre. In Anbetracht der zehn Milliarden Jahre muss die Frage erlaubt sein: Wieso können Sterne ihren Wasserstoff überhaupt in nennenswerten Mengen verbrennen? Zwei Fakten machen es möglich. Der eine hat seine Ursache in der Quantenmechanik und heißt »Tunneleffekt«. Damit sich zwei positiv geladene Protonen vereinigen können, müssen sie zunächst mal einander sehr nahe kommen. Da sich aber gleichnamige Ladungen gegenseitig abstoßen, hat, bildlich gesprochen, jedes der Protonen einen steilen Wall elektrischer Abstoßung um sich aufgebaut, einen sogenannten Potenzial- oder auch Coulomb-Wall. Dieser Wall muss »überklettert« werden, damit die Protonen in den Bereich der anziehenden Kernkräfte gelangen. Eine Unmenge Protonen rennen immer wieder dagegen an – und prallen zurück. Bei einer Temperatur von rund 15 Millionen Kelvin im Sternzentrum ist die kinetische Energie der Protonen einfach zu gering, um den Wall zu überspringen. Nach der klassischen Mechanik wäre dazu eine kinetische Energie von etwa einer Million Elektronenvolt (1 MeV), entsprechend einer Temperatur von rund acht Milliarden Kelvin, nötig! Doch hin und wieder erlauben es die Gesetze der Quantenmechanik, dass ein Proton einfach durch den Wall hindurchschlüpft, ihn sozusagen untertunnelt (Abb. 46). Im Zeitmittel geschieht das nicht

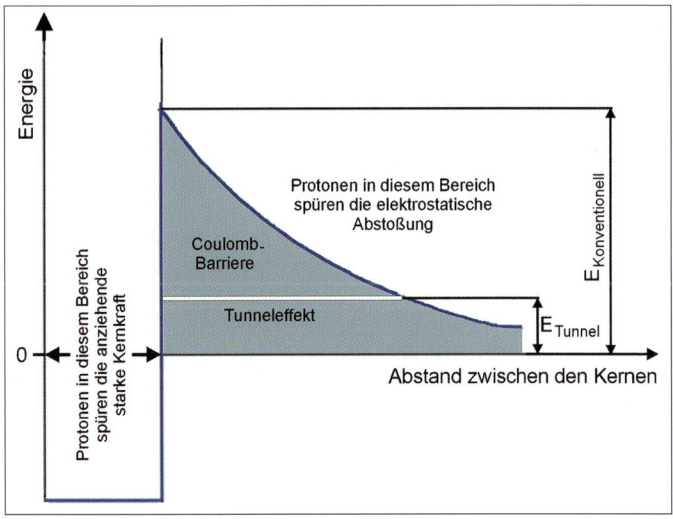

Abb. 46: Gleichnamige Ladungen stoßen einander ab. Zur Überwindung der Coulomb-Barriere muss die kinetische Energie eines Protons sehr hoch sein. Der quantenmechanische Tunneleffekt erlaubt jedoch auch Teilchen mit einer wesentlich niedrigeren Energie, den Coulomb-Wall zu durchtunneln.

sehr häufig. Dass dennoch eine nennenswerte Zahl Protonen zueinanderfindet – zweiter Fakt –, liegt an der aufgrund der großen Sternmasse ungeheuren Menge an Wasserstoffkernen, die fortwährend die Potenzialwälle zu überwinden suchen. Was durchkommt, reicht aus, die für die folgenden Prozessschritte nötige Menge an Deuterium zu produzieren und die Fusion am Laufen zu halten. Dass die pp-Kette trotz der zum Teil enorm langen Reaktionszeiten die für die Leuchtkraft des Sterns nötige Energie liefern kann, ist also nur möglich, weil eine ungeheure Menge an Wasserstoffkernen fortwährend auf Kollisionskurs sind.

Apropos Energie. Wie viel Energie wird denn freigesetzt bei der Fusion von vier Protonen zu Helium? Um die Frage zu beantworten, betrachten wir die Massen der Reaktionspartner. Vier Protonen haben zusammen eine Masse von 4,029106 Atomgewichtseinheiten. Das Heliumatom hat eine Masse von 4,0026 Atomgewichtseinheiten. – Fällt Ihnen da etwas auf? Der Heliumkern ist leichter als die Summe der vier Protonenmassen, und zwar um 0,66 Prozent! Doch hier ist nichts Magisches passiert, denn 0,66 Prozent der Masse wurden beim Durchlauf der pp-Kette in Energie umgewandelt. Nach Einsteins berühmter Formel ist Energie gleich Masse, multipliziert mit dem Quadrat der Lichtgeschwindigkeit. Rechnet man mit dieser Gleichung den Massenverlust in Energie um, so ergibt sich ein Wert von 24,69 Millionen Elektronenvolt (MeV). Doch das ist noch nicht alles. Man darf die beiden frei werdenden Positronen nicht vergessen. Da sie sofort mit je einem Elektron zu insgesamt vier γ-Quanten zerstrahlen, liefern sie einen zusätzlichen Energiebetrag von 2,044 MeV. Zusammengezählt sind das 26,73 MeV an Energie, die da bei der Fusion von vier Protonen zu einem Heliumkern frei werden. Allerdings steht dem Stern nicht dieser volle Betrag zur Verfügung. Die beiden Neutrinos, die beim Durchlauf der pp-Kette entstehen, verlassen den Stern nämlich ungehindert und nehmen ihre Energie von zusammen 0,5 MeV mit. Demnach bleiben dem Stern 26,23 MeV oder umgerechnet 4,2 Billionstel Joule. Ist das nun viel oder wenig? Mit der Energie von 4,18 Joule kann man ein Gramm Wasser gerade mal um ein Grad Celsius erwärmen. Absolut gesehen ist also der Energiegewinn von 4,2 Billionstel Joule ziemlich mickrig, der da bei einem – wohlgemerkt bei einem einzigen – Durchlauf der pp-Kette erzielt wird. Aber es ist immerhin noch rund zehnmal mehr, als sich bei anderen Fusionsprozessen gewinnen lässt.

Interessant ist auch, welche Mengen an Wasserstoff nötig sind, damit ein Stern mit einer entsprechenden Leuchtkraft glänzen kann. Schauen wir dazu auf unsere Sonne. Ihre Leuchtkraft beträgt rund 385 Billionen Billionen Watt. Das bedeutet: Pro Sekunde geht der Sonne eine Energie von rund 385 Billionen Billionen Joule in Form von Licht verloren. Da die Fusion von einem Kilogramm Wasserstoff zu Helium 628 Billionen Joule an Energie liefert, müssen demnach pro Sekunde rund 600 Millionen Tonnen Wasserstoff die pp-Kette durchlaufen, um die Leuchtkraft der Sonne aufrechtzuerhalten. Dabei entstehen rund 595 Millionen Tonnen Helium. Der Rest von circa fünf Millionen Tonnen wird in elektromagnetische Strahlung umgewandelt und von der Sonnenoberfläche abgestrahlt. Die Sonne wird also immer leichter!

Angesichts dieser Zahlen drängt sich die Frage auf, wie lange die Sonne ihre hohe Leuchtkraft bei diesem enormen Wasserstoffverbrauch beibehalten kann. 600 Millionen Tonnen Wasserstoff pro Sekunde sind ja kein Pappenstil. Nun, die Gesamtmasse der Sonne beträgt rund 2000 Billionen Billionen Tonnen. Davon sind rund 1500 Billionen Billionen Tonnen Wasserstoff. Wenn also pro Sekunde davon 600 Millionen Tonnen für die Fusion von Helium verbraucht werden, so würde es rund 80 Milliarden Jahre dauern, bis aller Wasserstoff verbrannt ist. Allerdings kann die Sonne nur den Wasserstoff verheizen, der im 15 Millionen Kelvin heißen Kern der Sonne konzentriert ist. Das sind nur rund zehn Prozent der Gesamtmenge. Damit verkürzt sich die Zeit des Wasserstoffbrennens, also die Verweildauer auf der Hauptreihe, auf rund acht Milliarden Jahre. Wäre die Sonne nicht so enorm groß, wäre sie sehr schnell am Ende mit ihrer Leuchtkraft, und auf der Erde hätte sich kein Leben entwickeln können.

Fragen wir uns noch, wie die bei den Fusionsprozessen im Sterninneren erzeugte Energie an die Oberfläche des Sterns gelangt. Insbesondere sind es ja γ-Quanten, das heißt hochenergetische Photonen, die da entstehen. Aber die erscheinen glücklicherweise gar nicht an der Sonnenoberfläche. Wäre das der Fall, so müssten wir unser Dasein in mit dicken Bleiplatten gegen die tödliche Strahlung abgeschirmten Räumen verbringen. Was die Sonne abstrahlt, das ist vornehmlich sichtbares und infrarotes Licht. Auf dem Weg zur Oberfläche muss demnach mit den γ-Quanten etwas passiert sein. Tatsächlich werden beim Transport der Strahlungsenergie die Photonen fortwährend an Elektronen gestreut und unzähligen Absorptions- und Emissionsprozessen unterworfen. Bei jedem dieser Vorgänge verliert das Photon Energie, oder es entstehen aus einem hochenergetischen Photon mehrere mit geringerer Energie. Was schließlich an der Oberfläche ankommt, hat so viel Energie eingebüßt, dass aus den ursprünglichen γ-Quanten niederenergetische Photonen im sichtbaren und infraroten Bereich des elektromagnetischen Spektrums geworden sind. Da die Streuprozesse ja nicht gerichtet sind, verfolgen überdies die Photonen auf ihrem Weg nach außen einen Zickzackweg. Kurzfristig kann sie das sogar wieder in Richtung Sternzentrum führen. Man bezeichnet diese Bewegung als *random walk*. Aufgrund dessen erreicht das »Licht« nicht unmittelbar nach seiner Entstehung die Oberfläche des Sterns. Berechnungen zeigen: Bei der Sonne vergehen da rund 170 000 Jahre. Unter Berücksichtigung der hochenergetischen Umgebung, in der sich die Photonen bewegen, kommen Wissenschaftler am Kiepenheuer-Institut für Sonnenphysik sogar auf eine Zeit von rund 30 Millionen Jahren! Mit anderen Worten: Das Licht, das die Sonne heute abstrahlt, ist also schon vor langer, langer Zeit bei der Kernfusion im Zentrum des Sterns entstanden.

Wenden wir uns nun dem Bethe-Weizsäcker- beziehungsweise CNO-Zyklus zu. Im Ergebnis unterscheidet er sich nicht von der pp-Kette. Am Ende eines Durchlaufs haben sich auch hier vier Protonen zu einem Heliumkern vereinigt. Doch wie der Name schon sagt, handelt es sich beim CNO-Zyklus nicht um eine Reaktionskette, die am Ende abbricht, sondern um einen Kreisprozess, der nach einem Durchlauf wieder von vorne beginnt. Eigentlich sind es zwei Zyklen: einer, der mit dem Element Kohlenstoff (^{12}C) beginnt, der sogenannte Hauptzyklus

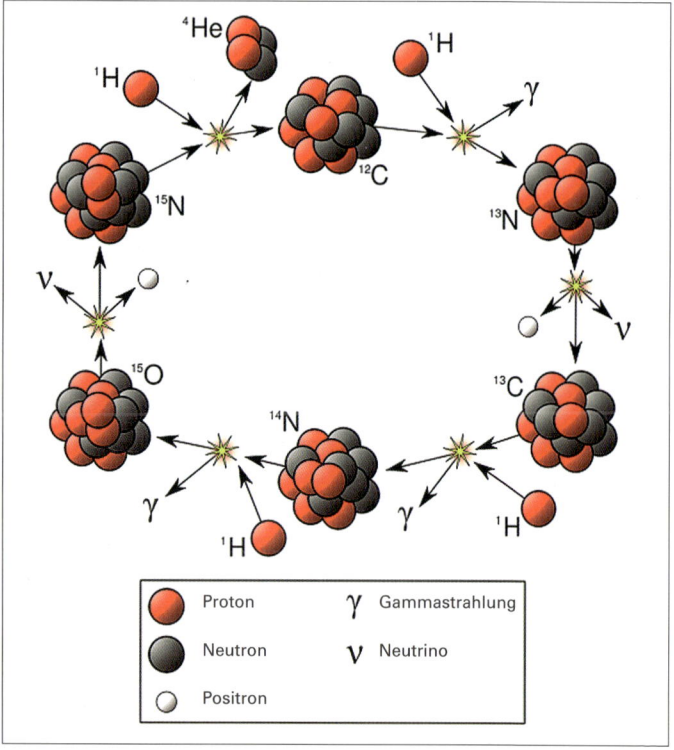

Abb. 47: Der CNO-Zyklus (Hauptzyklus).

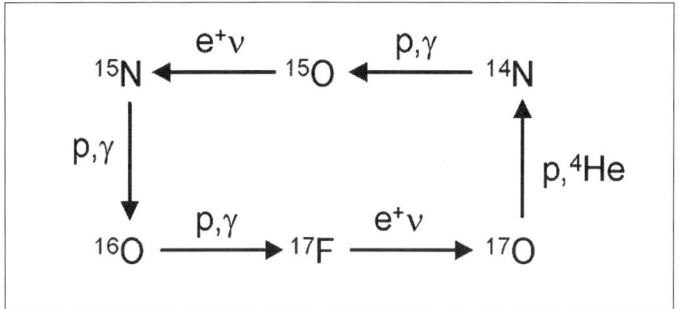

Abb. 48: Der CNO-Zyklus (Nebenzyklus).

(Abb. 47), und der Nebenzyklus, der mit Sauerstoff (^{16}O) startet (Abb. 48). Insbesondere die Abbildung 47 veranschaulicht gut, wie der Prozess voranschreitet. So entsteht zunächst bei der Kollision eines Kohlenstoffkerns mit einem Proton ein Isotop des Elements Stickstoff, wobei ein γ-Quant frei wird. Das Stickstoffisotop zerfällt dann in ein Isotop des Kohlenstoffs, das sich wiederum nach dem Zusammenprall mit einem weiteren Proton in ein Stickstoffatom verwandelt. Dann kommt nochmals ein Proton hinzu, und es entsteht ein Sauerstoffisotop, das aber gleich wieder zu einem Stickstoffisotop zerfällt. Im letzten Schritt kollidiert dann das Stickstoffisotop mit einem vierten Proton, worauf der Kern in einen Helium- und einen Kohlenstoffkern zerfällt. Damit ist der Kreis geschlossen. Wie man sieht, wirkt der Kohlenstoff wie ein Katalysator. Er bringt den Zyklus zum Laufen, wird in andere Elemente umgewandelt, kommt aber am Ende aus dem Reaktionszyklus unverbraucht wieder heraus, um für den nächsten *Run* erneut zur Verfügung zu stehen. Der Nebenzyklus verläuft ähnlich, nur dass hier der Sauerstoff die Rolle des Katalysators übernimmt.

Natürlich kann der CNO-Zyklus nur starten, wenn der Stern neben den »Grundsubstanzen« Wasserstoff und Helium zumindest auch über Spuren von Kohlenstoff und Sauerstoff verfügt. Bei den allerersten Sternen dürfte das ein Problem gewesen sein. Diese Sterne konnten ihre Energie nur über die pp-Kette gewinnen. Denn – wir greifen der Behandlung der Sternentwicklung etwas voraus – Kohlenstoff und Sauerstoff mussten in den Sternen ja erst »erbrütet« werden. Mit dem Tod dieser Sterne wurde dann das interstellare Medium mit Kohlenstoff und Sauerstoff angereichert, sodass die folgende Sterngeneration diese Elemente einbauen konnte. Wie Elemente schwerer als Helium im Laufe eines Sternenlebens entstehen, werden wir noch genau besprechen.

Auch beim CNO-Zyklus sind die Reaktionszeiten der einzelnen Prozessschritte recht lange. Im Vergleich zur pp-Kette sind sie jedoch erheblich kürzer. Die längste Zeit vergeht für den Prozessschritt, bei dem die Stickstoffkerne (^{14}N) mit Wasserstoffkernen unter Bildung von Sauerstoff (^{15}O) und einem γ-Quant zusammenstoßen. Obwohl das im Mittel $3,2 \times 10^8$ Jahre dauert, läuft der gesamte Prozess immerhin noch rund 30-mal schneller ab als der zeitraubendste Schritt bei der pp-Kette.

Nach dem bisher Gesagten haben Hauptreihensterne also zwei Möglichkeiten, Energie zu gewinnen: entweder über die pp-Kette oder über den CNO-Prozess. Im vierten Kapitel haben wir schon angedeutet, dass die pro Zeiteinheit freigesetzte Fusionsenergie davon abhängt, auf welchem »Weg« der Wasserstoff zu Helium verschmilzt. Die Entscheidung, welcher Prozess letztlich zum Tragen kommt, läuft über die Temperatur im Sterninnern, wobei die wiederum von der Masse des Sterns diktiert wird, denn je massereicher ein Stern, desto größer ist seine Kerntemperatur. Für die beiden Prozesse bedeutet das, dass immer der den Vorzug erhält, der bei gegebener Kerntemperatur die größere Energieerzeugungsrate aufzuweisen hat. Bis zu einer Temperatur von etwa 17 Millionen Kelvin ist die pp-Kette ergiebiger, darüber der CNO-Prozess. Außerdem steigt bei den beiden Prozessen die Energieerzeugungsrate nicht gleichmäßig mit der Temperatur. Bei der pp-Kette wächst sie proportional zur Temperatur hoch 4, beim CNO-Zyklus proportional zur Temperatur hoch 12

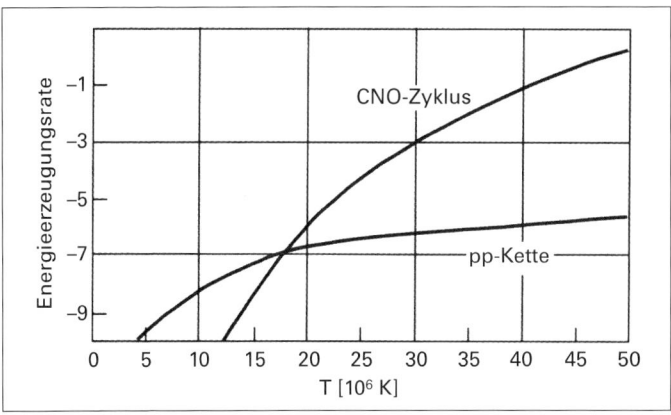

Abb. 49: Energieerzeugungsrate der pp-Kette beziehungsweise des CNO-Zyklus in Abhängigkeit von der Kerntemperatur.

bis 18! Das heißt: Oberhalb der Schwelle von etwa 17 Millionen Kelvin übertrifft die Energieerzeugungsrate des CNO-Prozesses die der pp-Kette bei Weitem. Folglich dominiert bei kühlen und kleinen Sternen die pp-Kette, bei heißen und massereichen Sternen der CNO-Zyklus (Abb. 49). Unsere Sonne, ein relativ massearmer Stern, gewinnt deshalb 90 Prozent ihrer Energie über die pp-Kette und nur zehn Prozent aus dem CNO-Zyklus. Der große Unterschied in der Temperaturabhängigkeit der beiden Fusionsprozesse erklärt auch, warum massereiche Sterne mit Kerntemperaturen von mehreren zehn Millionen Kelvin, bei denen ja der CNO-Zyklus um Größenordnungen ergiebiger ist, ihren Wasserstoffvorrat so viel schneller verbrennen als massearme Sterne.

Leicht lebt lang

Dass das Wasserstoffbrennen nicht ewig dauert, hat das Beispiel der Sonne gezeigt. Irgendwann ist der Brennstoff verbraucht, und die nukleare Verbrennungsmaschine stoppt. Doch wie viel

Zeit vergeht vom Erreichen der Hauptreihe bis zu diesem Punkt? Prinzipiell gilt: Die Zeit, während der ein Stern in der Phase des Wasserstoffbrennens verharrt, ist umso größer, je mehr Masse der Stern vorzuweisen hat, und umso kürzer, je leuchtkräftiger der Stern ist. Um die Zeit zu berechnen, muss man also lediglich die Energie, die der Stern bei der Fusion seines zur Verfügung stehenden Wasserstoffvorrats gewinnt, durch die pro Zeiteinheit vom Stern abgestrahlte Energie teilen. Berücksichtigt man, dass nur rund zehn Prozent des gesamten Wasserstoffs eines Sterns zu Helium fusioniert werden, so erhält man für unsere Sonne eine Zeit von rund 7,7 Milliarden Jahre, in guter Übereinstimmung mit dem bereits weiter oben genannten Wert von acht Milliarden Jahren.

Aufbauend auf diesem Ergebnis, kann man auf einfache Weise auch die Verweildauer anderer, das heißt größerer oder kleinerer Sterne als die Sonne auf der Hauptreihe berechnen. Im Wesentlichen muss man dazu nur Masse und Leuchtkraft des Sterns zu Masse und Leuchtkraft der Sonne in Beziehung setzen. In »Formeln und Gleichungen« (siehe Anhang zu diesem Kapitel) haben wir durchexerziert, wie das geht. Demnach verbrennen massereiche Sterne ihren Wasserstoffvorrat ziemlich schnell und verharren nur relativ kurze Zeit auf der Hauptreihe. Ein Stern, der zehnmal so viel Masse hat wie die Sonne, ist schon nach rund 25 Millionen Jahren ausgebrannt. Für die massereichsten Sterne errechnen sich sogar Zeiten von weniger als einer Million Jahren. Für einen Stern, der nur halb so viel Masse besitzt wie die Sonne, erhält man dagegen eine Zeit von rund 40 Milliarden Jahren. Und die kleinsten Sterne verharren mehr als 100 Milliarden Jahre im Zustand des Wasserstoffbrennens. Sterne von so geringer Masse, die etwa eine Milliarde Jahre nach dem Urknall entstanden, sind demnach auch heute noch verhältnismäßig jung, obwohl das Universum mittlerweile schon 13,7 Milliarden Jahre auf dem Buckel hat. Es hängt also entscheidend von der Masse eines Sterns ab, wie viel Zeit für das Wasserstoffbrennen vergeht. Da Sterne circa 90 Prozent ihres Lebens auf der Hauptreihe

Spektral-typ	Effektiv-temperatur T_{eff} [K]	Masse $M/M_\odot$	Leucht-kraft $L/L_\odot$	Entwicklungs-zeit t_E [a]
O 5 V	44 500	60	$7,9 \cdot 10^5$	$5,5 \cdot 10^5$
B 0 V	30 000	18	$5,2 \cdot 10^4$	$2,4 \cdot 10^6$
B 5 V	15 400	6	$8,3 \cdot 10^2$	$5,2 \cdot 10^7$
A 0 V	9 500	3	$5,4 \cdot 10^1$	$3,9 \cdot 10^8$
F 0 V	7 200	1,5	6,5	$1,8 \cdot 10^9$
G 0 V	6 050	1,1	1,5	$5,1 \cdot 10^9$
K 0 V	5 250	0,8	$4,3 \cdot 10^{-1}$	$1,4 \cdot 10^{10}$
M 0 V	3 850	0,5	$7,7 \cdot 10^{-2}$	$4,8 \cdot 10^{10}$
M 5 V	3 250	0,2	$1,1 \cdot 10^{-2}$	$1,4 \cdot 10^{11}$

Tabelle II: Typische Werte der Sterne unterschiedlicher Spektralklassen.

zubringen, bezeichnet man diese Zeit salopp auch als Entwicklungs- oder Lebenszeit des Sterns (Tabelle II).

Das Linienband

Schauen wir uns die Hauptreihe noch etwas genauer an. Wenn in einem Stern das zentrale Wasserstoffbrennen einsetzt, dann, so haben wir gesagt, ist er an der Hauptreihe angekommen. Je nach Masse und Oberflächentemperatur (T_{eff}) sind dort die Sterne zunächst auf einer »Linie« angeordnet, die man als die Anfangshauptsequenz oder auch »Zero Age Main Sequence« (ZAMS), zu Deutsch »Alter-null-Hauptreihe«, bezeichnet. Von einer Hauptreihen-»Linie« war jedoch bisher nicht die Rede. Vielmehr haben wir stets vom »Band« der Hauptreihe gesprochen, das sich quer über das Hertzsprung-Russell-Diagramm hinzieht. Nach allgemeinem Verständnis dehnt sich eine Linie nur in die Länge, nicht aber in die Breite. Ein Band dagegen hat auch Breite. Wie passt das zusammen?

Das Wasserstoffbrennen hat eine Änderung der chemischen Zusammensetzung des Sternkerns zur Folge. Wasserstoff wird verbraucht, dafür wächst der Anteil an Helium. Das ist gleichbedeutend mit einer Erhöhung des Molekulargewichts im Kern. Da aus vier Protonen jeweils ein Heliumkern entsteht, nimmt die Anzahl der Teilchen im Kern ab. Dabei ändert sich jedoch an der Masse des Kerns – bis auf den geringen Anteil, den der Stern in Form von Licht verliert – praktisch nichts. Nun beanspruchen weniger Teilchen aber ein geringeres Volumen. Das hat zur Folge, dass der Kern mit der Dauer des Wasserstoffbrennens schrumpft und Druck und Temperatur ansteigen. Entsprechend der Reaktionskette: Kerntemperatur steigt → Energieerzeugungsrate steigt → Leuchtkraft und Radius des Sterns steigen, wandert der Stern im Hertzsprung-Russell-Diagramm von der Alter-null-Linie nach oben in den Bereich höherer Leuchtkräfte und nach links zu höheren Oberflächentemperaturen. Während des Wasserstoffbrennens bewegen sich also die Sterne weg von der Alter-null-Hauptreihe und verbreitern so die ursprüngliche Alter-null-Linie zu dem Hauptreihenband, von dem wir immer gesprochen haben. Im Allgemeinen unterscheidet man jedoch nicht so streng zwischen Alter-null-Linie und Hauptreihenband. Man spricht einfach nur von der Hauptreihe. Dass sich, astronomisch gesehen, dahinter mehr verbirgt, sollte man jedoch nicht vergessen.

Ein Blick auf unsere Sonne zeigt, wie sich bei einem Stern geringer Masse die Werte während des Wasserstoffbrennens verändern. Die Sonne ist vor 4,5 Milliarden Jahren mit einer Leuchtkraft von 2,78 x 10^{26} Watt und einem Radius von 659 000 Kilometern in die Alter-null-Hauptreihe eingetreten. Heute hat sie eine Leuchtkraft von 3,9 x 10^{26} Watt, und ihr Radius ist auf 694 000 Kilometer angewachsen. Während dieser seit 4,5 Milliarden Jahren dauernden Phase des Wasserstoffbrennens ist demnach die Leuchtkraft der Sonne um 40 Prozent gestiegen und ihr Radius um fünf Prozent angewachsen. Bis zum Ende des Wasserstoffbrennens wird die Sonne sowohl an Leuchtkraft als auch an Größe nochmals erheblich zulegen.

Trotz dieser nicht zu übersehenden Änderungen an Leuchtkraft und Radius halten sich die Sterne über die zum Teil doch sehr lange Zeit des Wasserstoffbrennens überraschend gut im hydrostatischen Gleichgewicht. Das bedeutet: Die Gravitationskraft stabilisiert den Stern perfekt gegen die nach außen drückenden Kräfte Strahlungsdruck und thermischer Druck und umgekehrt. Doch wie schafft es ein Stern, dass das nukleare Feuer in seinem Inneren nicht außer Kontrolle gerät und ihn überschießende Energie zerplatzen lässt? Und vor allem, warum kollabiert der Stern nicht, wenn durch eine zufällige plötzliche Verringerung des Sternradius die Gravitationskräfte die Oberhand gewinnen? Wieso also bleibt das Gleichgewicht zwischen Druck und Gravitation über so lange Zeit so fein austariert? Des Rätsels Lösung ist ein selbstregulierender Prozess, der in den Sternen abläuft.

Wie funktioniert das? Stellen wir uns vor, die im Stern durch Kernfusion freigesetzte Energie reicht nicht aus, um die vom Stern abgestrahlte Energie zu ersetzen. Der Stern verliert also mehr Energie, als er durch Kernfusion gewinnt. Dieses Energiedefizit kann der Stern nur ausgleichen, wenn er auf seine potenzielle Energie zurückgreift. Wir wissen, wenn ein Stern potenzielle Energie verliert, so schrumpft er, und Druck und Temperatur im Sterninneren steigen an. Da sowohl die pp-Kette als auch der CNO-Zyklus temperaturabhängig sind, erhöht sich beim Schrumpfen die Fusionsrate, bis die für die Leuchtkraft des Sterns erforderliche Energiemenge wieder zur Verfügung steht. Damit steigen auch der thermische und der Strahlungsdruck im Stern. Zusammen stemmen sie sich gegen die erhöhte Gravitationskraft und sorgen dafür, dass der Stern wieder zu seinem ursprünglichen Radius zurückfindet.

Ähnliches geschieht, wenn im Stern mehr Energie freigesetzt wird, als er über seine Leuchtkraft verliert. Durch den Energieüberschuss heizt sich der Stern auf, der Druck steigt an, und der Stern dehnt sich etwas aus. Sind Druck und Temperatur beim

Schrumpfen des Sterns gestiegen, so sinken sie bei der Expansion. Dadurch verringert sich auch die Fusionsrate so lange, bis sich die durch Kernfusion bereitgestellte und vom Stern abgestrahlte Energie wieder die Waage halten.

Diesem Wechselspiel verdanken es die Hauptreihensterne, dass sie während der langen Phase des Wasserstoffbrennens nicht aus dem hydrostatischen Gleichgewicht geraten. Dass das so gut funktioniert, liegt an der Temperaturabhängigkeit der beiden Energie erzeugenden Prozesse. Wäre die Fusionsrate temperaturunabhängig, würden die Sterne relativ schnell aus dem Ruder laufen.

Kapitel 8

Quo vadis, Stern?

Haben wir bisher die Spur massearmer und massereicher Sterne bis zum Ende des Wasserstoffbrennens sozusagen »synchron« verfolgen können, so müssen wir nun unterscheiden. Nach der Hauptreihe gehen die »Leichtgewichte« und die »Schwergewichte« nämlich getrennte Wege. Und wie im »richtigen Leben« haben auch hier, wie wir noch sehen werden, die Schwergewichte den imposanteren Auftritt. Die Frage »Quo vadis, Stern?« ist also in erster Linie eine Frage der Gewichtsklasse. Sehen wir uns kurz an, wo da die Grenzlinien verlaufen.

Sterne im Bereich von 0,085 bis zu rund 0,4 Sonnenmassen bezeichnet man als Rote Zwerge. Wie aus Tabelle II ersichtlich, brauchen sie viele zehn Milliarden Jahre, um ihren Wasserstoff zu Helium zu verbrennen. Sie bleiben also länger auf der Hauptreihe sitzen, als das Universum mittlerweile alt ist. Um zu erfahren, wie sie sich nach der Hauptreihe entwickeln, muss man auf die gängigen Modelle der Sternentwicklung zurückgreifen. Zu beobachten sein wird das erst in circa 30 bis 50 Milliarden Jahren – eine unvorstellbar zukünftige Zukunft. Mit diesen Sternen werden wir uns nicht weiter auseinandersetzen. Für uns von Interesse ist der Bereich von knapp einer bis maximal acht Sonnenmassen, wobei wir die Sterne bis zu drei Sonnenmassen zu den massearmen Sternen zählen wollen. Aus dieser Gruppe werden wir zunächst den Weg eines Sterns von einer Sonnenmasse und dann den Werdegang der Sterne oberhalb drei Sonnenmassen aufzeigen. Bleiben noch die massereichen Sterne ab circa acht Sonnenmassen aufwärts. Das sind eigentlich die interessantesten Kandidaten. Obwohl selbst die kleinsten aus dieser Gruppe höchstens 40 Millionen Jahre alt werden, durchleben sie schon relativ kurze Zeit nach der Hauptreihe eine Folge von Entwicklungsstufen, die zu den spektakulärsten im ganzen Universum zählen.

Leichtgewichtsklasse: 1 Sonnenmasse

Rufen wir uns kurz ins Gedächtnis, was wir bereits über einen Stern von einer Sonnenmasse wissen. Auf der Hauptreihe angekommen, setzt in seinem Kern das Wasserstoffbrennen ein. Rund acht Milliarden Jahre brennt das nukleare Feuer. Dabei sorgt ein sich selbstständig regulierender Prozess dafür, dass sich der Stern über die gesamte Zeit hinweg im hydrostatischen Gleichgewicht befindet, das heißt, die nach innen gerichtete Gravitationskraft und der nach außen gerichtete Druck halten sich die Waage. Das Verharren im hydrostatischen Gleichgewicht und die Fusion von Wasserstoff gehören zu den wesentlichen Eigenschaften der Hauptreihensterne. Doch was passiert, wenn der Wasserstoffvorrat erschöpft ist, die Kernfusionsprozesse zum Erliegen kommen und der Kern des Sterns nur noch aus Helium besteht? Der Stern verlässt die Hauptreihe. Aber wohin im Hertzsprung-Russell-Diagramm führt ihn sein Weg?

Ist der Kern unseres Eine-Sonnenmasse-Sterns ausgebrannt, so heißt das nicht, dass im Stern alle Kernfusionsreaktionen zum Erliegen kommen. In einer schmalen Schale um den Kern ist es so heiß, dass dort weiterhin Wasserstoff zu Helium verbrennt. Astrophysiker bezeichnen das als Wasserstoff-Schalenbrennen (Abb. 50). Doch was geschieht mit dem Kern? Da dort keine Fusionsenergie mehr freigesetzt wird und somit die entscheidende Quelle für den Druck nach außen fehlt, ist jetzt die Gravitation die dominante wirksame Kraft, sodass der Kern unter seinem eigenen Gewicht zu schrumpfen beginnt. Gleichzeitig fällt aber aus der wasserstoffbrennenden Schale fortwährend frisch erbrütetes Helium auf den Kern und erhöht seine Masse. Entsprechend dem schon besprochenen Gravitations-

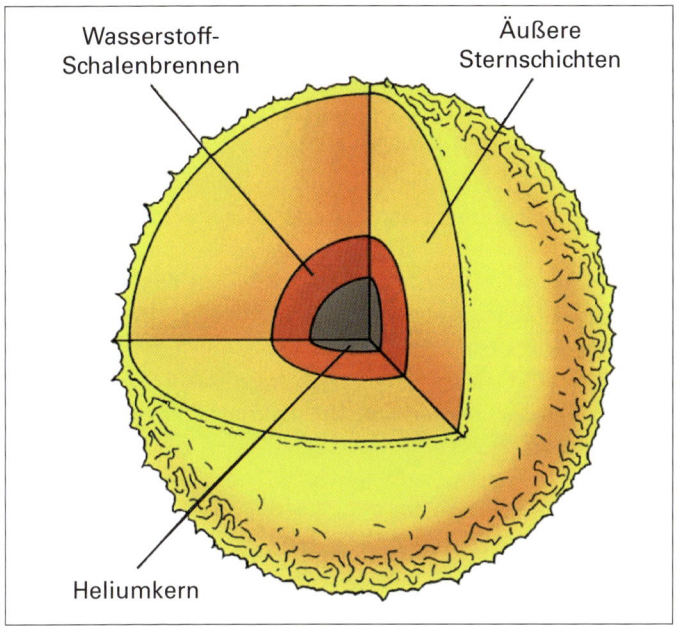

Wasserstoff-
Schalenbrennen

Äußere
Sternschichten

Heliumkern

Abb. 50: Wasserstoff-Schalenbrennen um den zentralen Heliumkern. Vornehmlich die wasserstoffbrennende Schale liefert die für das Aufblähen eines Sterns zu einem Roten Riesen nötige Energie.

gesetz – die Gravitationskraft ist proportional zur Masse im Quadrat und umgekehrt proportional zum Quadrat des Radius – wächst die Gravitation weiter an und lässt den Kern zunehmend schrumpfen, wobei seine Masse auf ein immer kleineres Volumen zusammengepresst wird. Folglich müssen auch die Atomkerne und Elektronen immer näher zusammenrücken, und ihre gegenseitigen Abstände verringern sich auf atomare Dimensionen.

In der Welt der atomaren Dimensionen gelten jedoch nicht mehr die vertrauten, klassischen physikalischen Regeln, vielmehr sind es die Theorien der Quantenmechanik, die dort die physikalischen Vorgänge beschreiben. Nach ihren Gesetzen »spüren« zuerst die Elektronen etwas von dem immer kleiner werdenden Volumen. Sie sind dem sogenannten Pauli-Prinzip unterworfen. Was heißt das? Das Volumen, in dem sich die Elektronen bewegen können, ist in lauter einzelne Quantenzellen bestimmter Energie unterteilt. Das Pauli-Prinzip besagt nun, dass eine Quantenzelle höchstens von zwei Elektronen besetzt werden kann, die sich in ihrer Spinrichtung, das heißt in der Richtung ihrer Eigendrehung, unterscheiden. Schrumpft nun das Volumen des Sternkerns, das heißt, die Materie wird dort immer weiter verdichtet, so wird auch das den Elektronen zur Verfügung stehende Volumen kleiner, oder, anders ausgedrückt, die Elektronendichte wächst. Folglich müssen nach und nach die Elektronen auf noch freie Quantenzellen immer höherer Energie ausweichen. Die Elektronen im Kern können also nicht auf einen beliebig kleinen Raum zusammenrücken. Aufgrund dessen entsteht ein hoher innerer Druck, der sogenannte Fermi-Druck, der sich gegen die Gravitationskraft stemmt. Diesen Zustand bezeichnet man als Entartung des Elektronengases. Sind alle Quantenzellen besetzt, so spricht man von einer vollständigen Entartung. Der Fermi-Druck entsteht also nicht durch eine stark erhöhte Temperatur der Materie, sondern weil die Materie im Kern so dicht gepackt ist, dass sich die Elektronen dort die zur Verfügung stehenden Plätze streitig machen. Aus diesem Grund kann entartete Materie auch eiskalt sein und dennoch einem enormen Druck standhalten. Ein Kubikzentimeter vollständig elektronenentarteter Materie wiegt etwa eine Tonne.

Obwohl die Heliumatomkerne enorm größer und massereicher sind als die Elektronen, kriegen sie von der »Raumnot« der Elektronen nichts mit. Die Quantenmechanik kann erklären, warum das so ist. Wir verzichten darauf und verfolgen lieber die weitere Entwicklung unseres Sterns.

Wenn der Kern schrumpft, bildet sich natürlich keine Lücke zwischen Kern und den darüber liegenden Schichten. Die fallen einfach nach. Damit wird auch der Sternradius kleiner, was wiederum den Gravitationsdruck auf die wasserstoffbrennende Schale ansteigen lässt. Wie das weitergeht, haben wir schon einige Male durchexerziert: Mit steigendem Druck wächst die Temperatur in der Brennschale, dadurch erhöht sich die Fusionsrate, was wiederum die Temperatur noch weiter in die Höhe treibt. Als Antwort auf die im Überschuss erzeugte Energie bläht sich der Stern auf. Gleichzeitig wird die Leuchtkraft zehnmal so stark wie noch auf der Hauptreihe, und seine Oberflächentemperatur sinkt auf einen Wert um die 4000 Kelvin. Im Hertzsprung-Russell-Diagramm entspricht das einer Bewegung des Sterns schräg nach rechts oben, weg von der Hauptreihe zu höheren Leuchtkräften und niedriger Effektivtemperatur. Aufgrund seiner nunmehr gewaltigen Ausmaße und seiner jetzt rötlichen Farbe bezeichnet man Sterne auf dieser Entwicklungsstufe als Rote Unterriesen.

Von Ast zu Ast

Der Rote Unterriese ist nur der Auftakt zu der noch folgenden Größen- und Leuchtkraftexplosion unseres Sterns. Um zu verstehen, was kommt, müssen wir uns aber erst mit der Funktion von Thermostaten vertraut machen. Gemeint sind natürlich nicht die Temperaturregler, die an unseren Heizkörpern montiert sind, sondern ein spezieller Regelmechanismus, der bei Sternen zu finden ist. Obwohl sich der Stern immer weiter aufbläht, sinkt die Oberflächentemperatur unseres Sterns nur bis auf etwa 3000 Kelvin. Dann ist Schluss, weiter geht's nicht runter. Aber es geht auch nicht mehr hinauf, obwohl die Wasserstoffbrennschale immer mehr Energie freisetzt. Verantwortlich dafür ist der einem Thermostaten ähnliche Regelmechanismus des Sterns. In den äußeren Schichten des Roten Unterriesen ist die Temperatur zu niedrig, um den Wasserstoff zu ionisieren. Sie erinnern sich: Ionisieren heißt, dem Wasserstoffatom sein Hüllelektron zu entreißen. In den Außenbereichen des Sterns liegt demnach der Wasserstoff in atomarer Form vor. Mit abnehmender Temperatur binden nun die Wasserstoffatome ein zusätzliches Elektron an sich und werden so zu einem negativ geladenen Wasserstoffion. Steigt die Temperatur, geben sie dieses zusätzliche Elektron wieder ab. Je mehr Wasserstoffionen sich gebildet haben, umso undurchlässiger für Strahlung werden die äußeren Sternschichten. Und genau das bewirkt den Thermostateffekt. Sinkt die Oberflächentemperatur des Sterns, so steigt der Anteil an Wasserstoffionen, die Energie kann nicht mehr ungehindert abgestrahlt werden und staut sich in den äußeren Sternschichten. Gleichzeitig treibt die gestaute Energie aber die Oberflächentemperatur wieder in die Höhe, sodass der Wasserstoff sein zusätzliches Elektron wieder abgibt und der Stern die aufgestaute Energie wieder abstrahlen kann. Auf diese Weise pendelt sich die Effektivtemperatur des Sterns auf einen Wert um 3000 Kelvin ein, obwohl das Wasserstoff-Schalenbrennen im Inneren des Sterns an Intensität rapide zunimmt.

An der Oberflächentemperatur des Roten Unterriesen ändert sich also in der Folgezeit praktisch nichts. Doch im Inneren laufen die Energie erzeugenden Prozesse immer schneller ab. Aus der Wasserstoffbrennzone fällt stetig neues Helium auf den Kern und vergrößert dessen Masse. Dadurch schrumpft der Kern, die Gravitationskraft wächst, Druck und Temperatur in der Wasserstoffbrennzone steigen und kurbeln das Wasserstoffbrennen noch mehr an. Die Energieproduktion und damit die Leuchtkraft des Sterns nehmen explosionsartig zu. Und wie reagiert darauf der Stern? Erinnern wir uns wieder an den schon mehrmals verwendeten Zusammenhang zwischen Leuchtkraft, Radius und Effektivtemperatur: Die Leuchtkraft eines Sterns ist proportional zum Quadrat seines Radius und zu seiner Effektivtemperatur hoch 4. Dass sich an der Effektivtemperatur etwas ändert, das verhindert der »Sternthermostat«. Den Zuwachs an Leuchtkraft kann der Stern also nur »ausgleichen«, indem er sich nochmals gewaltig aufbläht. Gegen Ende dieser Prozesse ist aus dem Stern ein sogenannter Roter Riese geworden. Ein Stern von einer Sonnenmasse wächst so auf einen Durchmesser, der rund 100-mal größer ist, als er noch auf der Hauptreihe war, und er erreicht eine bis zu 1000-mal höhere Leuchtkraft.

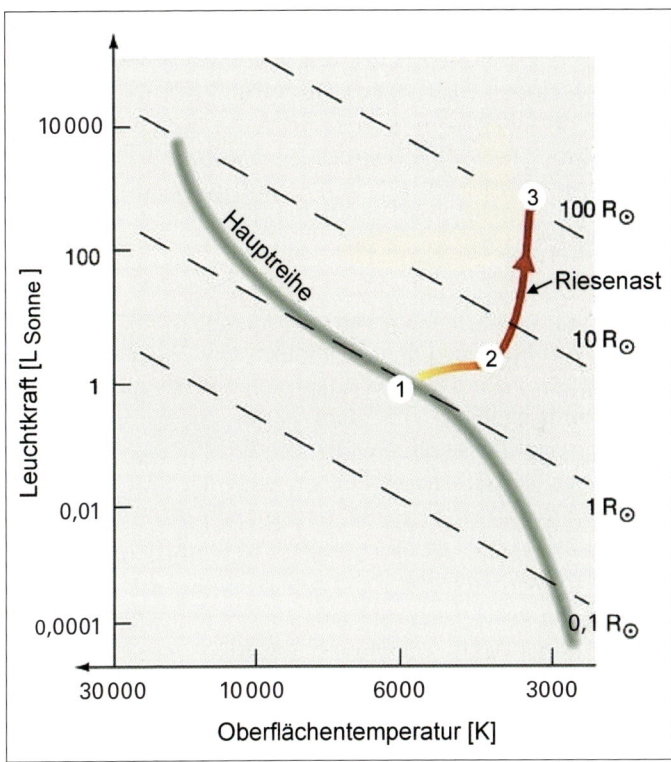

Abb. 51: Sternentwicklung nach der Hauptreihe im Hertzsprung-Russell-Diagramm. Am Punkt 1 verlässt der Stern die Hauptreihe. Abschnitt 1–2: Unterriesenast, Abschnitt 2–3: Riesenast.

Im Hertzsprung-Russell-Diagramm führt diese Entwicklung den Stern vom Ort des Roten Unterriesen zunächst nach rechts bis nahe an die Hayashi-Linie, dann bei nahezu unveränderter Effektivtemperatur fast senkrecht hinauf in den Bereich hoher Leuchtkräfte. Astrophysiker bezeichnen diese Spur auch als den Riesenast. Man sagt: Der Stern steigt den Riesenast hinauf (Abb. 51). Für den Weg von der Hauptreihe bis in das Rote-Riesen-Stadium benötigt ein Stern von einer Sonnenmasse nur rund 200 Millionen Jahre. Die erste Hälfte dieser Zeit vergeht für den Weg von der Hauptreihe bis zum Roten Unterriesen. In der zweiten Hälfte klettert der Stern dann den Riesenast hinauf, um zu einem Roten Riesen zu werden. Nach unseren Zeitbegriffen sind die 200 Millionen Jahre außerordentlich lang. Gemessen an den rund acht Milliarden Jahren, die der Stern bereits auf der Hauptreihe zugebracht hat, sind sie dagegen kaum der Rede wert.

Die Entwicklungsgeschichte unseres Eine-Sonnenmasse-Sterns zu einem Roten Riesen ist jedoch noch nicht zu Ende erzählt. Eine entscheidende Phase gilt es noch zu beleuchten: den Übergang zum sogenannten Heliumbrennen. Wir wissen: Während der Stern den Riesenast hinaufsteigt, schrumpft sein Kern kontinuierlich. Dabei wird Gravitationsenergie beziehungsweise potenzielle Energie frei, die den Kern immer weiter aufheizt. Auch die Wasserstoffschalenquelle trägt zur Heizung bei. Und da elektronenentartete Materie ein sehr guter Wärmeleiter ist, steigt die Temperatur im gesamten Kern relativ gleichmäßig an. Schließlich startet bei rund 100 Millionen Kelvin überall im Kern ein neuer Fusionsprozess, wobei nun das Helium im Kern zu Kohlenstoff verbrennt: Summarisch verschmelzen dabei drei Heliumkerne zu einem Kohlenstoffkern. Da man Heliumkerne auch als Alpha-Teilchen bezeichnet, spricht man hier auch vom Triple-Alpha-Prozess (Abb. 52). Falls Sie an der Reaktionsgleichung dieses Prozesses interessiert sein sollten: Im Anhang unter »Formeln und Gleichungen« ist sie zu finden.

Sehen wir uns an, wie der Triple-Alpha-Prozess im Detail funktioniert. Zunächst müssen zwei Heliumkerne aufeinandertreffen und sich, unter Emission eines γ-Quants, zu einem Berylliumkern vereinigen. Dann muss ein weiterer Heliumkern mit dem Berylliumkern zusammenstoßen, damit ein Kohlenstoffkern entstehen kann. Doch so einfach läuft das nicht ab. Der Berylliumkern ist nämlich höchst instabil. Schon nach etwa 10^{-16} Sekunden zerfällt er wieder in zwei Heliumkerne. Dem dritten Heliumkern bleibt also nur eine extrem kurze Zeit, um mit dem Beryllium zu Kohlenstoff zu verschmelzen. Aber auch wenn das geklappt hat, ist noch nicht alles in tro-

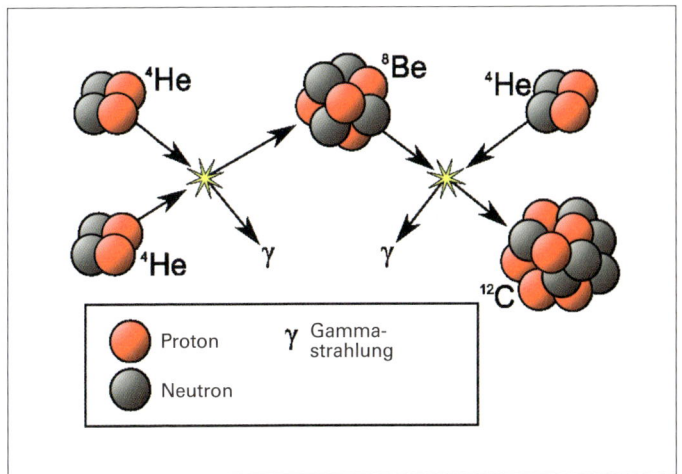

Abb. 52: Beim Triple-Alpha-Prozess verschmelzen drei Heliumkerne, sogenannte α-Teilchen, über einen Berylliumzwischenkern zu Kohlenstoff.

ckenen Tüchern. Der entstandene Kohlenstoffkern befindet sich nämlich in einem angeregten Zustand und kann entweder in den Grundzustand des Kohlenstoffs übergehen oder wieder in die Ausgangskerne Beryllium und Helium zerfallen. Dummerweise ist die Wahrscheinlichkeit für einen Zerfall 1000-mal größer als die Wahrscheinlichkeit, dass ein stabiler Kohlenstoffkern entsteht. Da jedoch pro Zeiteinheit enorm viele derartige Fusionsvorgänge ablaufen, spielt dieses »Ungleichgewicht« keine große Rolle.

Mit Einsetzen des Heliumbrennens im Kern steigen dort die Fusionsrate und folglich die Temperatur rapide an. Hat sich beispielsweise die Temperatur um lediglich zehn Prozent, also von 100 Millionen auf 110 Millionen Kelvin erhöht, so ist die Fusionsrate bereits 40-mal größer als bei 100 Millionen Kelvin. Bei einer Kerntemperatur von 200 Millionen Kelvin ist sie gar 460 Millionen Mal größer! Innerhalb von Stunden geraten daher die Fusionsprozesse total außer Kontrolle. Eigentlich sollte jetzt der Kern Wirkung zeigen – aber er reagiert nicht

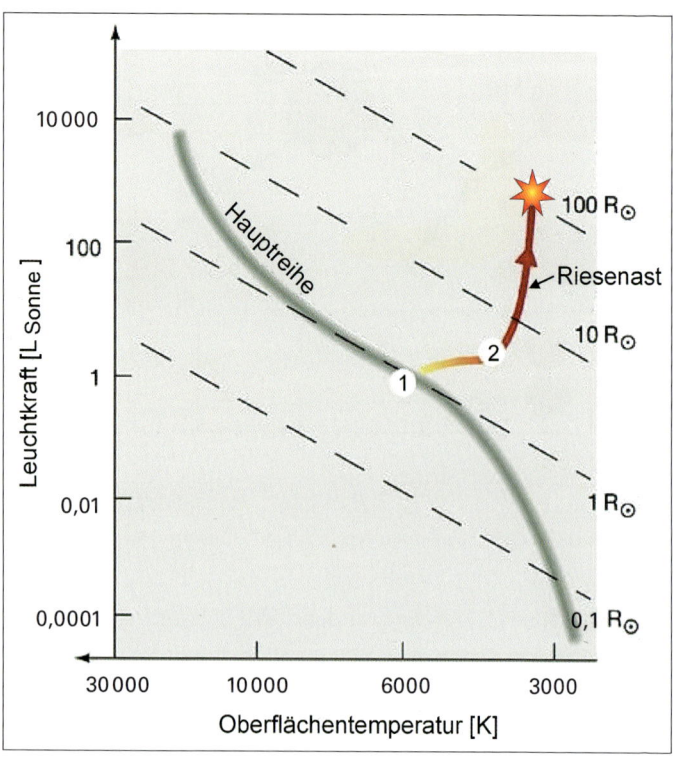

Abb. 53: Sternentwicklung nach der Hauptreihe im Hertzsprung-Russell-Diagramm. Am Ende des Riesenastes fusionieren im Heliumblitz explosionsartig Heliumkerne zu Kohlenstoff.

und bläht sich nicht auf! Schuld daran ist die elektronenentartete Kernmaterie. Denn solange der Fermi-Druck der Kernmaterie größer ist als der aufgrund der steigenden Temperatur immer weiter anwachsende thermische Druck, geschieht nichts. Erst wenn durch den überschießenden Energiegewinn aus dem Heliumbrennen der thermische Druck mit dem Fermi-Druck gleichzieht, kommt es zur Explosion. Die Entartung wird aufgehoben, der Kern dehnt sich schlagartig aus und entlässt die gespeicherte Energie mit einer Leuchtkraft von rund 100 Millionen Sonnen in die äußeren Sternschichten. Astro-

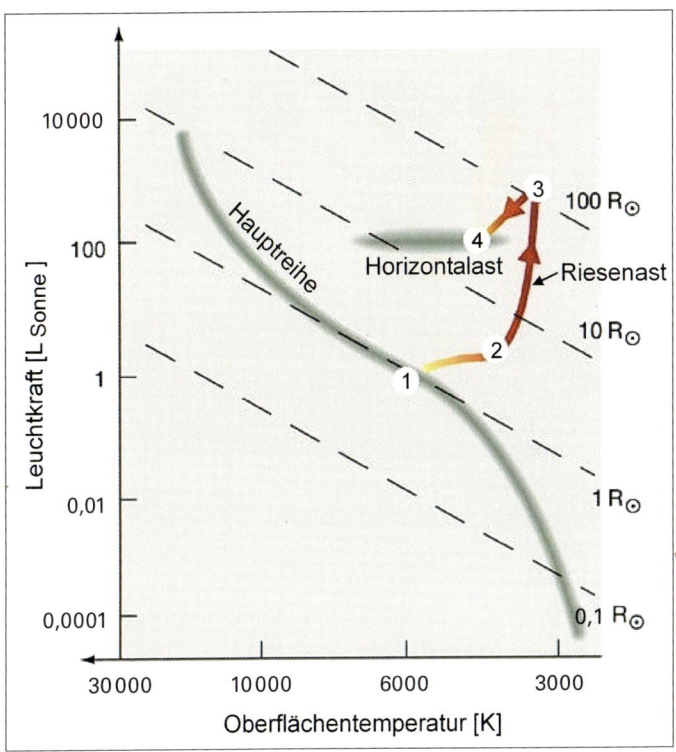

Abb. 54: Sternentwicklung nach der Hauptreihe im Hertzsprung-Russell-Diagramm. Nach dem Heliumblitz (Punkt 3) fusioniert der Stern im hydrostatischen Gleichgewicht Helium zu Kohlenstoff auf dem Horizontalast.

physiker haben für diesen Vorgang den einprägsamen Namen »Heliumblitz« gefunden (Abb. 53). Allerdings, von außen betrachtet sieht man dem Roten Riesen nicht an, was da in seinem Inneren vorgeht. Wie eine Simulation der Prozesse am Computer gezeigt hat, wird die gesamte Energie von den den Kern umgebenden Sternschichten abgefangen.

Mit der Expansion des Kerns verliert auch die Gravitation an Kraft. Sie erinnern sich: Die Gravitation ist umgekehrt proportional zum Radius im Quadrat. Und da folglich auch Druck und Temperatur im nunmehr nicht mehr entarteten Kern sin-

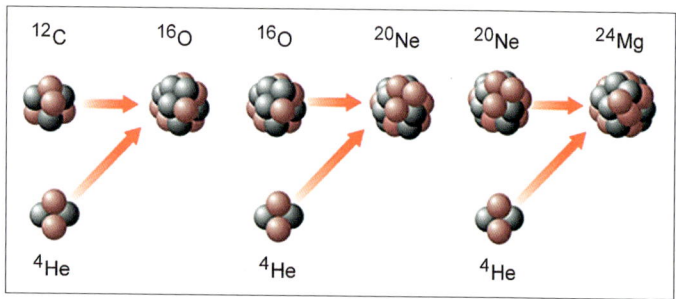

Abb. 55: Während des Heliumbrennens entstehen in Folgereaktionen durch sukzessive Anlagerung weiterer Heliumkerne an die erbrüteten Kohlenstoffkerne die Elemente Sauerstoff bis Magnesium.

ken, geht auch die Heliumfusionsrate dramatisch in die Knie. Der bis vor Kurzem so stolze Rote Riese schrumpft jetzt auf ein Zehntel seines Durchmessers, und seine Leuchtkraft beträgt nur noch circa ein Hundertstel der Leuchtkraft zum Zeitpunkt des Heliumblitzes. Im Hertzsprung-Russell-Diagramm rutscht der Stern innerhalb von rund 100 000 Jahren nach unten und landet, etwas links vom Riesenast, auf dem sogenannten Horizontalast, einem sich waagrecht über das Hertzsprung-Russell-Diagramm hinziehenden Band – deshalb Horizontalast –, das die massearmen Sterne nach ihrem Riesenstadium bevölkern (Abb. 54). Damit ist der Stern wieder im hydrostatischen Gleichgewicht und in die stabile Phase des Heliumbrennens eingetreten. So wie der Stern auf der Hauptreihe Wasserstoff zu Helium fusioniert hat, so fusioniert er nun auf dem Horizontalast in seinem nicht mehr entarteten Kern Helium zu Kohlenstoff.

Der erbrütete Kohlenstoff ist übrigens Ausgangsprodukt für eine Folge weiterer Kernverschmelzungsprozesse, in denen jeweils ein zusätzlicher Heliumkern angelagert wird. So entsteht aus Kohlenstoff plus Helium Sauerstoff, aus Sauerstoff plus Helium Neon, aus Neon plus Helium Magnesium und aus Magnesium plus Helium Silizium (Abb. 55). Die Reaktionsrate Sauerstoff plus Helium zu Neon ist jedoch so gering, dass die Ausbeute aus den folgenden Fusionsreaktionen Neon zu

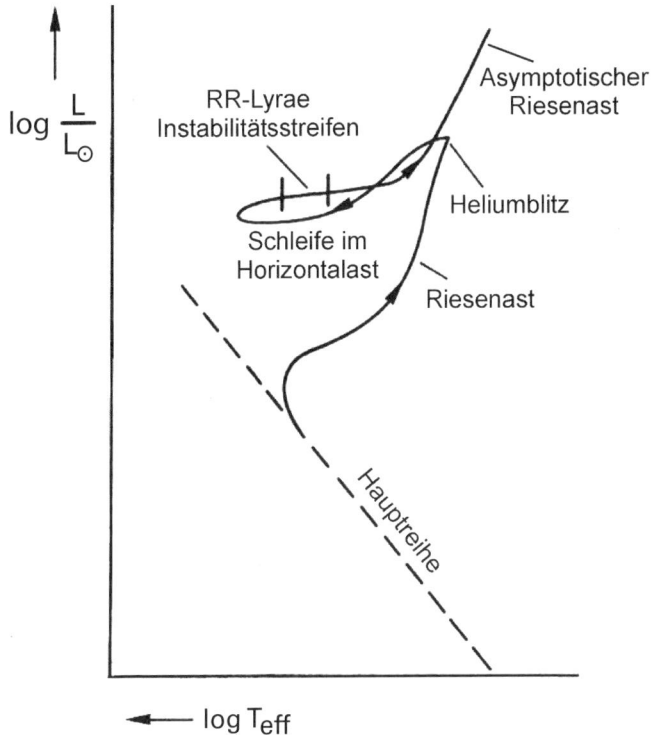

$\log \frac{L}{L_\odot}$

RR-Lyrae
Instabilitätsstreifen

Asymptotischer
Riesenast

Heliumblitz

Schleife im
Horizontalast

Riesenast

Hauptreihe

← $\log T_{eff}$

Abb. 56: Sternentwicklung nach der Hauptreihe im Hertzsprung-Russell-Diagramm. Sterne auf dem Horizontalast vollführen dort eine Schleifen-bewegung und können ins Schwingen geraten, wobei sich ihre Leucht-kraft periodisch ändert. Diese Pulsationsveränderlichen bilden die Gruppe der RR-Lyrae-Sterne.

Magnesium und darauf Magnesium zu Silizium kaum mehr der Rede wert ist. Im Anhang sind diese Folgereaktionen in Form von Reaktionsgleichungen aufgeführt.

Wenden wir uns wieder dem Horizontalast zu. Dort ange-kommen, vollführen die Sterne eine kleine Schleifenbewegung, während der sie ins Schwingen geraten können und wie ein schlagendes Herz pulsieren (Abb. 56). Insbesondere bei den Sternen alter Kugelsternhaufen findet man dieses Verhalten. Dabei steigt und fällt deren Leuchtkraft mit einer Periode im Bereich von etwa 5 bis 30 Stunden. Die Ursache dieser Lichtwechsel ist in der rhythmischen Ausdehnung und Kontraktion des Sterns zu suchen. Sterne, die sich so verhalten, bezeichnet man allgemein als Pulsationsveränderliche. Die Pulsationsveränderlichen des Horizontalastes nennt man auch RR-Lyrae-Sterne, weil man bei dem Stern RR Lyrae im Sternbild Leier diese Lichtwechsel erstmals beobachtet hat. Was die Pulsationsveränderlichen zu ihrem wunderlichen Verhalten antreibt, werden wir später bei der Behandlung der massereichen Sterne noch ausführlich besprechen.

Das Heliumbrennen auf dem Horizontalast dauert typischerweise nur einige Hundertmillionen Jahre. Aufgrund der höheren Kerntemperatur von circa 200 Millionen Kelvin laufen die Fusionsprozesse deutlich rascher ab als beim Wasserstoffbrennen. Allerdings werden beim Heliumbrennen nur rund zehn Prozent der Energie erzeugt, die das Wasserstoffbrennen liefert. Damit der Stern den seiner Leuchtkraft entsprechenden Energiebedarf decken kann, müssen daher pro Zeiteinheit sehr viele Heliumkerne zu Kohlenstoff zusammenfinden. Der Vorrat an Brennstoff geht folglich relativ schnell zu Ende.

Ist das Helium schließlich verbraucht und der nukleare Ofen im Kern erloschen, bildet sich zunächst eine zweite, Energie liefernde Brennschale um den Kern, in der weiterhin Helium zu Kohlenstoff verbrennt. Das dazu nötige Helium liefert das Wasserstoffbrennen, das in der darüber liegenden Schale abläuft. Der Stern besteht jetzt also aus einem Kohlenstoff-/Sauerstoffkern, umgeben von einer helium- und einer wasserstoffbrennenden Schale (Abb. 57). Die weitere Entwicklung verläuft nun ähnlich der am Ende des Wasserstoffbrennens. Der Kern schrumpft, wird dichter, und die Kernmaterie elektronenentartet erneut. Gleichzeitig wächst die Gravitation, was wiederum Temperatur und Reaktionsrate in der Wasserstoffbrennschale hochtreibt und die Leuchtkraft ansteigen lässt. Aufgrund dessen bläht sich der Stern erneut auf – doch diesmal um vieles

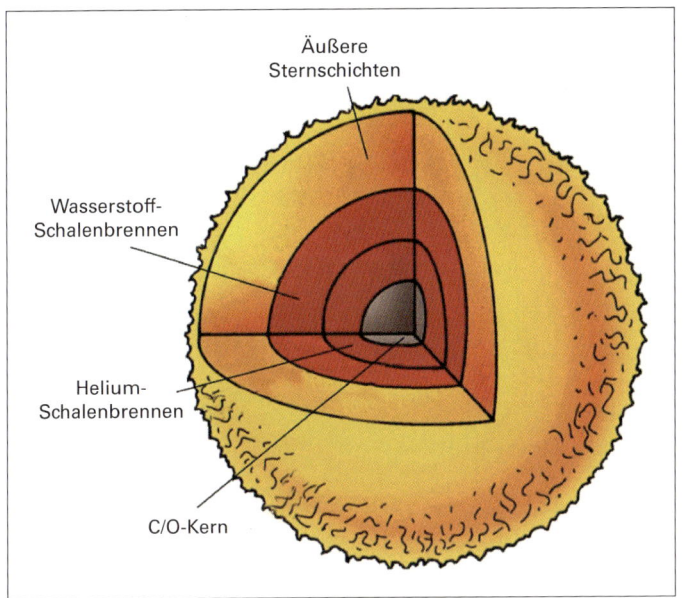

Äußere
Sternschichten

Wasserstoff-
Schalenbrennen

Helium-
Schalenbrennen

C/O-Kern

Abb. 57: Nach dem Heliumbrennen entwickelt sich im Stern ein Zwei-
schalenbrennen. Um den Kern verbrennt Helium zu Kohlenstoff, in einer
äußeren Schale Wasserstoff zu Helium.

mehr als auf dem Riesenast. Am Ende erreicht der Gasball einen Durchmesser von 300 bis 400 Millionen Kilometer! Wenn
unsere Sonne in diese Phase eintritt, wird sie so groß werden,
dass sie die Planeten Merkur und Venus verschluckt und vielleicht sogar die Erde. Damit Sie von diesem Ereignis nicht
überrascht werden, sollten Sie sich den Zeitpunkt schon mal
in Ihrem Terminkalender vormerken: In circa vier Milliarden
Jahren wird es so weit sein.

Im Hertzsprung-Russell-Diagramm lässt sich die Entwicklung gut verfolgen. Vom Horizontalast steigt der Stern nahezu
parallel zum Riesenast zu höheren Leuchtkräften und niedriger Effektivtemperatur bis in den Bereich der Überriesen steil
nach oben. Da sich dieser Weg in seinem Verlauf dem Riesenast
immer mehr annähert, bezeichnet man ihn auch als asympto-

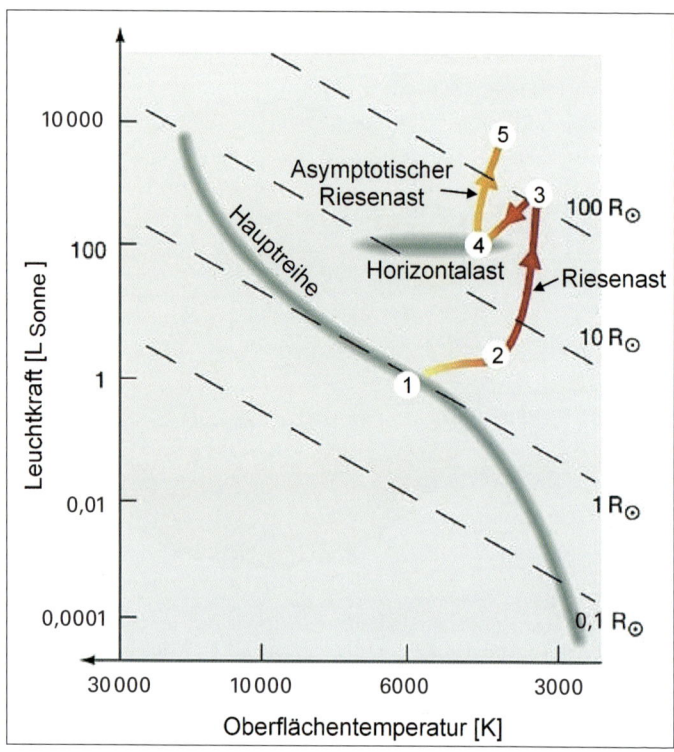

Abb. 58: Sternentwicklung nach der Hauptreihe im Hertzsprung-Russell-Diagramm. Nach dem Heliumbrennen steigt der Stern den asymptotischen Riesenast zu höheren Leuchtkräften hinauf und wächst zu einem Roten Überriesen heran. Abschnitt 1–2: Unterriesenast; Abschnitt 2–3: Riesenast, Abschnitt 4–5: Asymptotischer Riesenast.

tischen Riesenast (Abb. 58). Die Temperatur im Kern steigt dort jedoch nicht mehr auf einen Wert, der für die Zündung weiterer Kernreaktionen erforderlich ist. Mit Ausnahme der beiden Brennschalen hat der Stern von nun an keine nukleare Energiequelle mehr.

Betrachten wir unseren Eine-Sonnenmasse-Stern, während er den asymptotischen Riesenast hinaufklettert, noch etwas genauer, so zeigt sich, dass er sich hinsichtlich seiner Masse stark verändert hat. Schon auf dem Riesenast hat er einen starken, hauptsächlich durch den Strahlungsdruck angetriebenen Wind entwickelt, der ihm rund 10 bis 20 Prozent seiner Masse weggeblasen hat. Warum das so ist, lässt sich leicht verstehen. Bläht sich ein Stern auf, so entfernen sich seine äußeren Gasschichten immer weiter vom Zentrum. Die Anziehungskraft nimmt aber mit dem Quadrat des Abstandes ab. Wächst also der Stern zu einem Roten Riesen oder gar Überriesen heran, so sind seine äußeren Schichten nur noch vergleichsweise locker gebunden, und der Stern verliert mehr und mehr die Kontrolle über seine Atmosphäre.

Doch nun, gegen Ende des asymptotischen Riesenastes, erleidet unser Stern einen erneuten, nochmals gesteigerten Massenverlust. Weitere 20 bis 30 Prozent seiner Anfangsmasse driften in den Raum ab. Neben dem noch immer wirksamen strahlungsgetriebenen Sternwind sind es jetzt insbesondere kleine Instabilitäten, sogenannte thermische Pulse, die einen Großteil der Hülle abtragen. Ein kleiner Stoß aus dem Sterninneren genügt, um das Atmosphärengas mit einer Geschwindigkeit von 20 bis 30 Kilometer pro Sekunde in den Raum hinausschießen zu lassen. Auslöser der Instabilitäten sind die beiden Brennschalen um den Kern. Sie brennen nämlich nicht gleichzeitig, sondern abwechselnd. Nehmen wir an, dass gerade die Heliumschale aktiv ist, sich ausdehnt und dadurch zunehmend abkühlt. Ist das Helium dann größtenteils verbraucht, so erlischt dort das nukleare Feuer, und die Energieproduktion geht zurück. Folglich schrumpft dieser Bereich des Sterns, die Temperatur an der Grenze zur Wasserstoffschale steigt, und das Wasserstoffbrennen setzt ein. Das dabei entstehende Helium sammelt sich in der darunter liegenden ausgedünnten Heliumschicht und lässt sie wieder anwachsen. Im weiteren Verlauf verdichtet sich jetzt die Heliumschicht, und die Temperatur dort steigt. Ist schließlich ein ausreichend hoher Wert erreicht, setzt nun auch das Heliumbrennen explosionsartig wieder ein. Daraufhin bläht sich der Stern etwas auf, die Temperatur in der Wasserstoffschale sinkt, und das Wasserstoffbrennen erlischt wieder. Die-

Abb. 59: Planetarischer Nebel NGC 2440. Der Weiße Zwerg im Zentrum gehört mit einer Oberflächentemperatur von rund 200 000 Kelvin zu den heißesten, die man kennt. Vermutlich hat der Stern seine Hülle in mehreren Schritten abgeworfen, was die chaotische Struktur des Nebels erklären könnte.

ser Vorgang, der den Stern kräftig durchrüttelt, wiederholt sich etwa ein Dutzend Mal. Der Abstand zwischen den einzelnen thermischen Pulsen beträgt dabei etwa 10 000 bis 100 000 Jahre, je nachdem, welche Masse und chemische Zusammensetzung der Stern hat.

Mit dem enormen Masseverlust am Ende des asymptotischen Riesenastes naht das Ende des Sterns. Im Mittel hat der Stern jetzt etwa 40 bis 50 Prozent seiner Anfangsmasse verloren. Im Extremfall können es sogar bis zu 90 Prozent sein. Die abgestoßene Gashülle bildet zunächst einen nahezu unsichtbaren Kokon um den elektronenentarteten Kern und seine zwei Brennschalen. Aber noch ist um den Kern nicht alles tot. Die Fusion in der Heliumschale liefert nach wie vor Kohlenstoff, der auf den Kern fällt. Dadurch schrumpft der Kern und erhitzt sich auf eine Temperatur um die 100 000 Kelvin. Bei dieser hohen Temperatur emittiert der Sternrest vornehmlich energiereiches, ultraviolettes Licht, das nun die abgestoßene Gashülle zum Leuchten anregt. Plötzlich schmückt sich der Sternrest mit einem in vielen Farben glimmenden sogenannten Planetarischen Nebel (Abb. 59). Mit Planeten hat das natürlich nichts zu tun. Der Begriff stammt aus der Zeit, als die Teleskope noch nicht so scharfsichtig waren, und geht auf den hannoverschen Amateurastronom Friedrich Wilhelm Herschel zurück, der 1790 erstmals ein solches Objekt entdeckte. Ihm erschien damals dieser Nebel wie die diffuse Scheibe eines Gasplaneten. Aber wie gesagt: Ein Planetarischer Nebel ist die abgeworfene Gashülle eines Roten Riesen, die der heiße Sternrest zum Leuchten bringt. Der Formenreichtum dieser Objekte ist beeindruckend, und meist sind sie von bizarrer Schönheit. Planetarische Nebel haben jedoch nur eine relativ kurze Lebenserwartung. Schon nach etwa 50 000 Jahren hat sich das Gas so weit in den Raum ausgebreitet und verdünnt, dass sie nicht mehr zu sehen sind.

Was den Kern betrifft, so halten ihn die Kernfusionen in der Wasserstoff- und Heliumschale noch etwa 50 000 Jahre am Leben. Doch dann ist auch der letzte Brennstoff verheizt. Übrig bleibt ein ausgebrannter, elektronenentarteter Kohlenstoff-/Sauerstoffkern von circa 0,6 Sonnenmassen. In der Folgezeit schrumpft diese Sternleiche noch, bis die Materie vollkommen elektronenentartet ist. Ab da kann keine weitere Volumenverkleinerung mehr stattfinden. Der Sternrest hat jetzt eine Größe, die mit unserer Erde vergleichbar ist. Ein Teelöffel seiner Materie wiegt etwa eine Tonne. Die Astronomen nennen ein solches Objekt einen Weißen Zwerg. Zunächst sind diese Objekte noch gut am Himmel sichtbar. Da sie jedoch über keinerlei Energiequellen verfügen, kühlen Weiße Zwerge im Laufe von

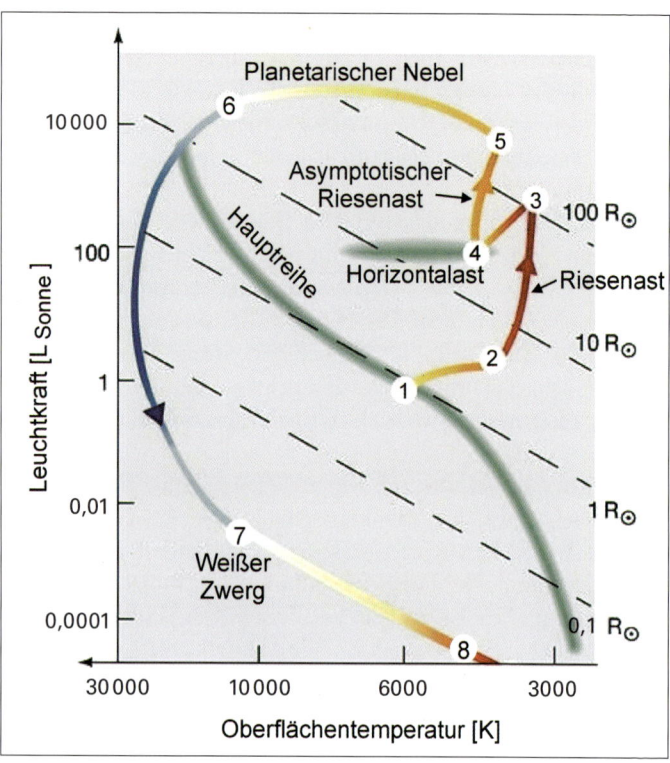

Abb. 60: Sternentwicklung nach der Hauptreihe im Hertzsprung-Russell-Diagramm. Am Ende des asymptotischen Riesenastes (Punkt 5) beginnt der Stern seine Hülle abzuwerfen. Übrig bleibt ein Weißer Zwerg, der zunächst durch verschiedene Prozesse stark aufgeheizt wird (Abschnitt 5–6), dann aber langsam auskühlt (Abschnitt 6–7) und schließlich zu einem Schwarzen Zwerg wird (Punkt 8).

Milliarden Jahren immer mehr aus und verblassen schließlich ganz. Die kühlsten Weißen Zwerge, die man bisher entdeckt hat, haben jedoch noch immer eine Temperatur von knapp 4000 Kelvin.

Verfolgen wir abschließend noch den Weg des Sterns nach dem asymptotischen Riesenast im Hertzsprung-Russell-Diagramm (Abb. 60). Der Energiegewinn aus den beiden Brennschalen und der Kontraktion des Kerns heizt, wie schon erwähnt, den Sternrest nochmals gewaltig auf. Bei annähernd gleicher Leuchtkraft wandert er daher quer über das Diagramm nach links in den Bereich sehr hoher Effektivtemperatur. Sind die Energiequellen schließlich erschöpft, biegt der Weg nach unten um, und die Sternleiche Weißer Zwerg wandert langsam zu immer niedrigeren Leuchtkräften und Oberflächentemperaturen. Am Ende dieser Reise steht ein Schwarzer Zwerg, der vermutlich so kalt sein wird wie der ihn umgebende Weltraum.

Mittelgewichtsklasse: 3 bis 8 Sonnenmassen

Kommen wir nun zu den etwas »gewichtigeren« Sternen. Was unterscheidet die Gruppe der Sterne mit drei bis acht Sonnenmassen von denen, die nur rund eine Sonnenmasse auf die Waage bringen? Zunächst: Es geht alles deutlich schneller. Am Beispiel eines Sterns von fünf Sonnenmassen lässt sich das gut demonstrieren. In ihrem Buch »Stellar Structure and Evolution« haben Rudolf Kippenhahn und Alfred Weigert die Entwicklung eines derartigen Sterns modelliert. Die im Folgenden genannten Werte der stellaren Parameter sind diesen Modellrechnungen entnommen.

Also, wie gesagt, die Entwicklungszeiten sind viel kürzer. Während unser Eine-Sonnenmasse-Stern rund acht Milliarden Jahre auf der Hauptreihe zugebracht hat, verbrennt der fünfmal so massereiche Stern seinen Kernwasserstoff schon in circa 56 Millionen Jahren! Im Hertzsprung-Russell-Diagramm der Abbildung 61 entspricht das dem Entwicklungsweg von Punkt A nach C. Wie bei dem Stern von einer Sonnenmasse wird danach Wasserstoff nur noch in einer schmalen Brennschale um den Kern fusioniert. In den folgenden drei Millionen Jahren kontrahiert dann der Sternkern, während gleichzeitig die Hülle auf das 25-Fache des ursprünglichen Durchmessers expandiert. Diese Gleichzeitigkeit zweier Vorgänge entgegengesetzten Vor-

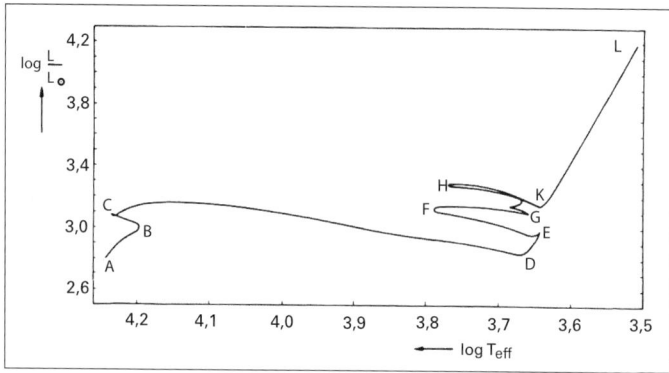

Abb. 61: Entwicklungsweg eines Sterns von fünf Sonnenmassen im Hertzsprung-Russell-Diagramm nach der Hauptreihe. A–C: Zentrales Wasserstoffbrennen, C–D: Stern wird zu einem Roten Riesen, D: Zentrales Heliumbrennen setzt ein, G: Ende des Heliumbrennens und Einsetzen des Zweischalenbrennes, G–H: Kern kontrahiert, H–K: Sternhülle expandiert, K–L: Leuchtkraft steigt um Faktor 10.

zeichens – unterhalb der Schalenquelle schrumpft der Stern, während er sich darüber ausdehnt – bezeichnet man auch als Spiegelprinzip. Wir werden diesem Prinzip gleich nochmals begegnen. Es dauert also nur drei Millionen Jahre, bis der Stern zu einem Roten Riesen heranwächst und von der Hauptreihe quer über das Hertzsprung-Russell-Diagramm zu niedrigeren Effektivtemperaturen wandert (C bis D in Abb. 61). Da diese Zeit – für astronomische Verhältnisse – so kurz ist, gibt es auch nur eine sehr geringe Wahrscheinlichkeit, den Stern in dieser Übergangsphase zum Roten Riesen beobachten zu können. Und in der Tat: Bisher hat man praktisch keine Sterne gefunden, die im Hertzsprung-Russell-Diagramm in den entsprechenden Bereich von Leuchtkraft und Effektivtemperatur einzuordnen sind. Hier zeigt das Diagramm eine Besetzungslücke. Weil das so auffällig ist, hat dieser Bereich auch einen eigenen Namen bekommen – man nennt ihn die Hertzsprung-Lücke.

Nach Ablauf der drei Millionen Jahre – der Stern ist jetzt rund 59 Millionen Jahre alt – hat der Kern eine Temperatur von rund 100 Millionen Kelvin, und das zentrale Heliumbrennen setzt ein. Sollte jetzt jemand den Heliumblitz vermissen, der bei dem Eine-Sonnenmasse-Stern dem Heliumbrennen vorausgegangen ist, so müssen wir sagen: Es gibt ihn nicht! Das Heliumbrennen zündet nämlich schon, bevor der Kern elektronenentartet. Das gilt für alle Sterne, die mehr als etwa 2,5 Sonnenmassen aufweisen. Bei diesen Sternen erfolgt der Übergang vom Wasserstoff- zum Heliumbrennen also ohne großes Tamtam. Und noch etwas ist anders. Während bei unserem Eine-Sonnenmasse-Stern die für die Leuchtkraft des Sterns nötige Energie fast ausschließlich aus dem zentralen Heliumbrennen gedeckt wurde, liefert bei den massereicheren Sternen das Wasserstoff-Schalenbrennen den wesentlichen Anteil: Bis zu 60 Prozent sind die Regel.

Wie das Wasserstoffbrennen, so währt bei den massereicheren Sternen auch das Heliumbrennen nur kurze Zeit. 100 Millionen Jahre sind es bei einem Stern von einer Sonnenmasse, und nur rund elf Millionen Jahre dauert es bei einem Stern von fünf Sonnenmassen (E bis G in Abb. 61). Analog zu unserem Stern von einer Sonnenmasse finden ab da Kernfusionen nur noch in einer kernnahen Heliumbrennschale und einer darüber liegenden Wasserstoffbrennschale statt (G bis H in Abb. 61). In den nächsten zehn Millionen Jahren greift dann wieder das schon erwähnte Spiegelprinzip: Der Kern des Sterns kontrahiert, der Heliumbereich zwischen den beiden Schalen expandiert und die Hülle kontrahiert. Da aufgrund dessen die Temperatur in der Wasserstoffbrennschale sinkt, erlischt dort nach einiger Zeit das Wasserstoffbrennen. Dadurch entfällt der äußere Spiegel mit dem Ergebnis, dass fortan der Kern kontrahiert und die Hülle über der Heliumbrennschale expandiert (H bis K in Abb. 61). In dieser Phase steigt die Leuchtkraft des Sterns auf das Zehnfache. Kurz darauf setzen die schon bekannten thermischen Pulse ein, der Stern wirft einen Großteil seiner Hülle ab, und der Weiße Zwerg kommt zum Vorschein. Von der Hauptreihe bis zum Weißen Zwerg vergehen demnach nur rund 80 Millionen Jahre.

Wie Abbildung 61 zeigt, vollführt der Stern auf seinem Weg über das Hertzsprung-Russell-Diagramm nach Einsetzen des Heliumbrennens zwei horizontale Schleifen. Dieses Verhalten ist keine Besonderheit des Fünf-Sonnenmassen-Sterns, sondern eine Eigenschaft aller Sterne im Massenbereich von etwa drei bis zehn Sonnenmassen. In der Phase der Schleifenbewegung werden die Sterne pulsationsinstabil und geraten in Schwingungen: Der Stern bläht sich rhythmisch auf und zieht sich wieder zusammen. Sie erinnern sich: Bei unserem Stern von einer Sonnenmasse sind wir diesem Phänomen auf dem Horizontalast schon einmal begegnet, und das Versprechen, dieses wunderliche Verhalten später zu erklären, wollen wir jetzt einlösen.

Massereiche Sterne in dieser Pulsationsphase bezeichnet man als Cepheiden, weil – Sie ahnen es sicher schon – man diese Veränderung bei dem Stern δ Cephei im Sternbild Cepheus erstmals beobachten konnte. Mittlerweile kennt man mehr als 800 derartige Objekte. Cepheiden zeigen einen mit der Präzision eines Uhrwerks vergleichbaren, sehr regelmäßigen Lichtwechsel mit Perioden zwischen einem und 50 Tagen. Dabei kann ihre scheinbare Helligkeit im Maximum bis zu zehnmal größer sein als im Minimum und der Sternradius aus der Mittellage um bis zu 20 Prozent wachsen beziehungsweise schrumpfen. Hinsichtlich der Geschwindigkeit, mit der sich ein Punkt auf der Oberfläche des Sterns bei der Ausdehnung vom Zentrum entfernt beziehungsweise bei der Kontraktion auf das Sternzentrum zuläuft, hat man Werte von 30 Kilometern pro Sekunde gemessen (Abb. 62).

Normalerweise kommen ins Schwingen geratene Sterne nach einer gewissen Zeit wieder zur Ruhe, weil beim andauernden Wechsel zwischen Kompression und Ausdehnung Energie durch Reibung verloren geht. Insbesondere in der Phase des Schrumpfens wird die Hälfte der beim Zusammenpressen der Gaskugel frei werdenden potentiellen Energie in Form von Strahlung vom Stern abgegeben. Diese Energie fehlt dem Stern bei der erneuten Ausdehnung, sodass er nicht mehr ganz seinen maximalen Durchmesser erreicht. Die Schwingung ist daher gedämpft und hört schließlich ganz auf. Damit das nicht passiert, muss ein entsprechender Mechanismus dafür sorgen, dass sich im richtigen Moment der Druck im Stern etwas erhöht, damit er wieder auf den ursprünglichen Durchmesser zurückfindet. Der

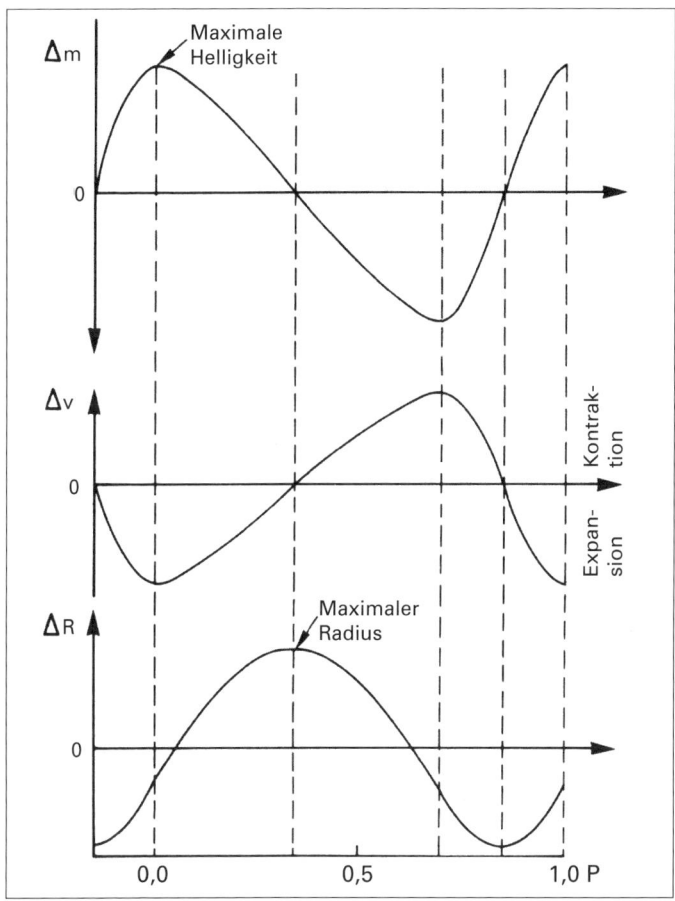

Abb. 62: Veränderungen eines Cepheiden im Lauf einer Pulsationsperiode. Oben: Veränderung der scheinbaren Helligkeit. Mitte: Geschwindigkeit der Ausdehnung beziehungsweise Kontraktion. Unten: Veränderung des Sternradius.

Mechanismus, der hier greift, ist der sogenannte Kappa-Mechanismus. Der griechische Buchstabe κ (Kappa) steht für die Opazität der Sternatmosphäre, das heißt für deren Undurchlässigkeit für Strahlung. Kappa ist jedoch keine Konstante, vielmehr ist die Opazität abhängig von Druck, Temperatur und der Wellenlänge der Strahlung sowie von der Dichte und Zusammensetzung der Sternmaterie. Die Funktion des Kappa-Mechanismus beruht jedoch vor allem auf seiner Temperaturabhängigkeit. Bei den Cepheiden gibt es eine Schicht etwas unterhalb der Sternoberfläche, in der der Wasserstoff völlig ionisiert ist. Die Temperatur ist dort jedoch nicht so hoch, dass auch das Helium völlig ionisiert wäre. Den Heliumatomen ist nur eines ihrer zwei Hüllelektronen abhanden gekommen, sodass ihnen noch eines verblieben ist – und auf dieses eine Elektron kommt es an!

Wenn nun der Stern kontrahiert, nehmen Druck und Temperatur in der betreffenden Atmosphärenschicht zu, und die Opazität steigt. Sie steigt, weil bei der hohen Temperatur den Heliumatomen nun auch das zweite Elektron entrissen wird. Diese freien Elektronen wirken aber als Streuzentren, sodass sich die Photonen nicht mehr ungehindert bewegen können. In der Kontraktionsphase ist daher der Energietransport durch Strahlung behindert. Folglich wird Energie im Stern gespeichert und gelangt nicht wie üblich an die Sternoberfläche, wo sie abgestrahlt wird. Damit baut sich im Stern ein Überdruck auf, der den Stern über seinen mittleren Durchmesser aufbläht. In der Phase der Ausdehnung nehmen nun aber Druck und Temperatur in der betreffenden Atmosphärenschicht wieder ab. Jetzt kehren sich die Verhältnisse um, das heißt, die Durchlässigkeit der Schicht für Photonen wächst über den Mittelwert an. Die in der Kompressionsphase abgespaltenen Elektronen werden nun wieder von den Heliumkernen eingefangen, und die dabei frei werdenden Photonen können zusammen mit den Photonen aus den Kernfusionsprozessen den Stern wieder relativ ungehindert verlassen. In dieser Phase erreicht der Stern sein Helligkeitsmaximum. Der jetzt nahezu ungehinderte Abfluss der Energie aus dem Stern führt nun zu einer raschen

Abkühlung, worauf der Stern wieder zu schrumpfen beginnt. Damit ist der Kreislauf geschlossen, und das Spiel kann von Neuem beginnen.

Überraschenderweise hat der Stern im Helligkeitsmaximum etwa den gleichen Radius wie im Helligkeitsminimum (siehe die gestrichelten senkrechten Linien in Abb. 62). Das bedeutet, dass der Helligkeitsunterschied nicht etwa durch eine Änderung in der Größe des Sterns verursacht wird, sondern durch eine unterschiedlich heiße Sternoberfläche, also durch Unterschiede in der Effektivtemperatur des Sterns. Cepheiden zeigen im Helligkeitsmaximum eine Effektivtemperatur von etwas über 6000 Kelvin, die im Helligkeitsminimum auf etwa 5300 Kelvin fällt.

Ist allein dieses »Schaukeldasein« der Cepheiden schon ziemlich trickreich, so wird es jetzt noch bunter. Es hat sich nämlich gezeigt, dass Periode und Leuchtkraft eines Cepheiden auf eindeutige Weise miteinander verknüpft sind. Je leuchtkräftiger der Stern, umso länger dauert es, bis er den Helligkeitszyklus einmal durchläuft. Entdeckt hat diesen Zusammenhang Henrietta Leavitt, die zu Beginn des 20. Jahrhunderts unter der Regie von Edward Pickering am Harvard College eine Unmenge von Sternen vermessen hat. Das war eine mühsame Arbeit, denn man konnte einen Stern ja nicht ununterbrochen 50 Tage lang beobachten, sondern musste, um zu einem Ergebnis zu gelangen, Hunderte von Fotoplatten hinsichtlich der Helligkeit des Cepheiden untersuchen. Schließlich gelang es Miss Leavitt, von etlichen Cepheiden mit bekannter Entfernung sowohl deren Periode als auch deren absolute Helligkeit zu bestimmen. Damit hatte man eine Formel gefunden, die sogenannte Perioden-Leuchtkraft-Beziehung, mit der man anhand der gemessenen Periode die absolute Helligkeit des Cepheidensterns auf einfache Weise berechnen konnte.

Die Perioden-Leuchtkraft-Beziehung eröffnete der Entfernungsbestimmung im Universum einen völlig neuen Weg. Da Cepheiden sehr helle Sterne sind, kann man sie nämlich mit einem guten Teleskop auch in sehr weit entfernten Sternhau-

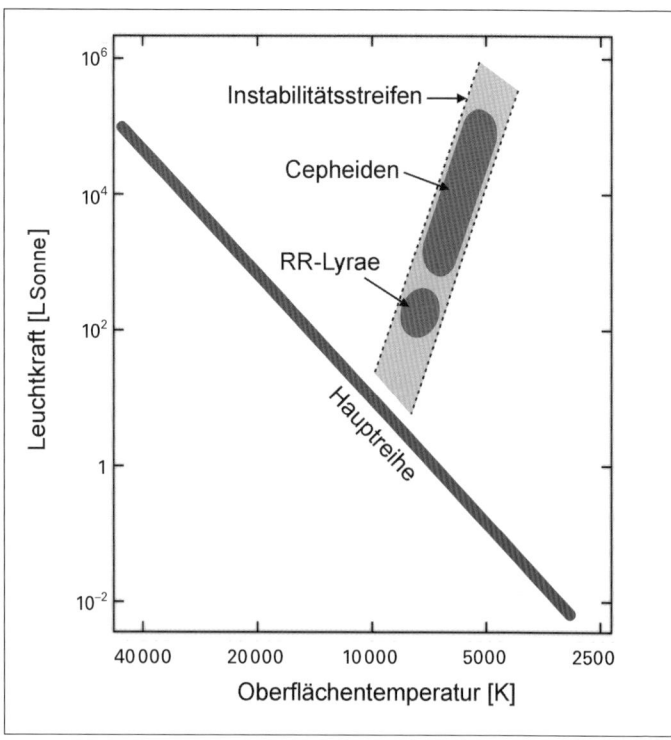

Abb. 63: Kreuzen die Sterne auf ihrem Entwicklungsweg im Hertzsprung-Russell-Diagramm den sogenannten Instabilitätsstreifen, so beginnen sie zu pulsieren. Bekannte Vertreter dieser Variablen sind die Cepheiden und die RR-Lyrae-Sterne.

fen und sogar in anderen Galaxien noch gut erkennen. Jetzt brauchte man nur deren Periode zu messen, um über die absolute Helligkeit des Sterns Bescheid zu wissen. In Kapitel 4 haben wir gelernt, dass man bei bekannter absoluter und scheinbarer Helligkeit eines Sterns dessen Entfernung mit einer einfachen Formel berechnen kann (siehe auch Anhang). Fehlt also nur noch die scheinbare Helligkeit. Da die jedoch leicht zu messen ist, sind die nötigen »Zutaten« für die Entfernungsformel schnell komplett.

Diese elegante Methode der Entfernungsbestimmung hat in den Jahren um 1920 bis 1930 geholfen, einen heftigen Disput unter den Astronomen zu entscheiden. Damals war noch nicht klar, ob nun die Magellan'schen Wolken und der Andromeda-Nebel zur Milchstraße gehören oder ob sie eigenständige Galaxien bilden. Harlow Shapley war von einer riesigen Milchstraße überzeugt. Heber Curtis glaubte gute Argumente für weit entfernte, separate Galaxien zu haben. Schließlich gelang es Edwin Hubble, auf Fotoplatten vom Andromeda-Nebel einen Cepheidenstern zu entdecken und damit die Entfernung zu diesem Nebel zu berechnen. Sein Ergebnis: 900 000 Lichtjahre. Zwar wissen wir heute, dass sich Hubble ziemlich vertan hatte, denn Andromeda ist viel weiter, nämlich rund 2,2 Millionen Lichtjahre, von uns entfernt. Aber damals war auch das falsche Ergebnis schon so überzeugend, dass sich die Fraktion um Shapley geschlagen gab.

Etwas müssen wir noch nachholen. Sowohl bei den massearmen Sternen als auch bei denen im Bereich von drei bis zehn Sonnenmassen sind wir im Hertzsprung-Russell-Diagramm auf einen Abschnitt gestoßen, in dem die Sterne pulsationsinstabil werden. Bei den massearmen Sternen sind es die RR-Lyra-Sterne auf dem Horizontalast, bei der anderen Gruppe die Cepheiden. Die RR-Lyra-Sterne liegen in diesem Diagramm unterhalb der Cepheiden und sind sozusagen die leuchtschwache Ausgabe der Cepheiden. Mit anderen Worten: Im Hertzsprung-Russell-Diagramm findet sich ein etwa einige 100 Kelvin breiter Streifen, der sogenannte Instabilitätsstreifen, der sich von rechts oben nahezu senkrecht nach links unten über das Diagramm hinzieht. Seine Bedeutung gewinnt dieser Streifen aus der Tatsache, dass alle Sterne, die auf ihrem Weg im Hertzsprung-Russell-Diagramm diesen Streifen queren, zu Pulsationsveränderlichen mutieren. Sterne im Massenbereich von rund 5 bis etwa 15 Sonnenmassen durchqueren während ihrer Schleifenbewegung zweimal den Instabilitätsstreifen und werden dort zu Cepheiden (Abb. 63).

Kapitel 9

Schwergewichtiges nach der Hauptreihe

Der Weg der massereichen Sterne nach der Hauptreihe ist uns ein eigenes Kapitel wert. Gäbe es diese Sterne nicht, würde unser Universum nicht so aussehen, wie wir es heute vorfinden. Ihnen verdankt der Kosmos alle Elemente schwerer als Helium. Planeten und insbesondere die belebte Materie mit ihren komplexen Strukturen hätten ohne diese Bausteine niemals entstehen können. Was die massereichen Sterne besonders interessant macht, ist vor allem ihr spektakulärer Abgang von der Bühne des Himmels. An Urgewalt und Dramatik ist dieser Vorgang kaum zu überbieten.

Zur Erinnerung: Als wir uns mit der Leuchtkraft der Sterne beschäftigt haben, fiel der Satz: Die Masse macht es. Wie es scheint, gilt das nicht nur für Sterne. Erst kürzlich haben auch Ärzte mit dem Wort »Masse« bundesweit für Aufregung gesorgt. Folgt man ihren Untersuchungen, so soll die Hälfte der Bundesbürger Übergewicht haben. Schlimmer noch: Wer zu dick ist, also zu viel Masse hat, muss eventuell früher sterben, hieß es. Gleiches trifft auch für massereiche Sterne zu. Doch anders als beim Menschen sind hier die Folgen des »Übergewichts« von Anfang an eindeutig. Das Hoffnung verheißende Wörtchen »eventuell« können massereiche Sterne nicht für sich in Anspruch nehmen. Bei ihnen heißt es: flott gelebt und früh gestorben. Massereiche Sterne, so scheint es, gehen den kürzestmöglichen Weg von der Wiege hin zur Bahre. Ein Stern von 15 Sonnenmassen verharrt nur rund 15 Millionen Jahre im Stadium des Wasserstoffbrennens! Etwa 80 000 Jahre später hat sich der Stern dann schon zu einem Roten Riesen entwickelt, und um seinen Heliumvorrat im Kern zu verheizen, benötigt der Stern nur noch etwa 900 000 Jahre (Abb. 64). Ein Stern von 25 Sonnenmassen verpulvert den Wasserstoff in seinem Kern noch rascher. Nur sieben Millionen Jahre dauert das Wasserstoffbren-

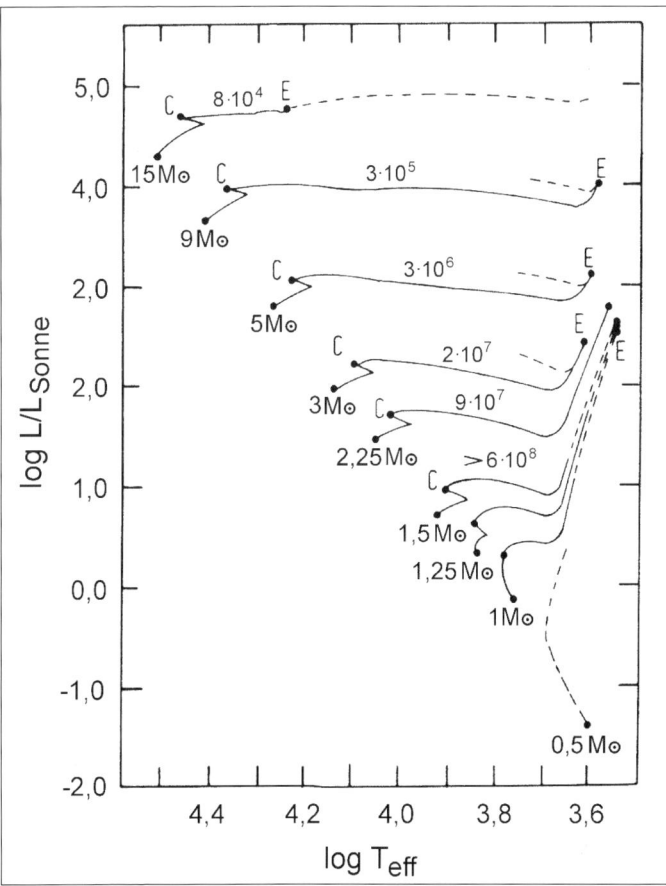

Abb. 64: Entwicklungszeiten und Wege von Sternen unterschiedlicher Masse im Hertzsprung-Russell-Diagramm. Weg bis C: Zentrales Wasserstoffbrennen, C–E: Wasserstoff-Schalenbrennen und Entwicklung zum Roten Riesen, E: Zentrales Heliumbrennen beginnt. Die Zahlen geben die Zeit vom Ende des Wasserstoffbrennens bis zum Heliumbrennen in Jahren an.

nen, und mit dem Heliumbrennen ist er bereits in circa 700 000 Jahren fertig. Im Hertzsprung-Russell-Diagramm laufen diese Sterne ohne Umwege schnurstracks von der Hauptreihe horizontal nach rechts in den Bereich der kühlen Überriesen.

Und noch etwas ist anders. Im Gegensatz zu den Sternen bis etwa acht Sonnenmassen, bei denen das thermonukleare Feuerwerk mit dem Heliumbrennen beendet ist, setzen die massereichen Sterne noch ein paar Brennstufen drauf. Die aus den jeweilig vorausgegangenen Verschmelzungsprozessen verbliebene »Asche« dient dabei als Brennstoff für die nächste Fusionsreaktion. Diese zusätzlichen Kernreaktionen können nur zünden, weil die Sternmasse so groß ist. Gegen Ende jeder Brennstufe verdichtet nämlich die Gravitation den Kern erneut so stark, dass seine Temperatur die jeweils nötige Fusionstemperatur erreicht. So folgt bei den massereichen Sternen auf das Heliumbrennen das Kohlenstoffbrennen, dann das Neonbrennen, das Sauerstoffbrennen und schließlich das Siliziumbrennen. Der Energiegewinn wird dabei von Brennstufe zu Brennstufe immer geringer.

Am Beispiel eines 25-Sonnenmassen-Sterns wollen wir einmal im Detail verfolgen, was bei den einzelnen Brennstufen passiert. Steigen wir da ein, wo nach dem Heliumbrennen der Kern des Sterns so weit geschrumpft ist, dass seine Kerntemperatur auf rund 700 Millionen Kelvin gestiegen ist und das Kohlenstoffbrennen zündet. Jetzt verschmelzen je zwei Kohlenstoffkerne zu Sauerstoff, Natrium, Magnesium und Neon. Und je nachdem, welches der Elemente aufgebaut wird, gehen aus der Reaktion zusätzlich noch entweder ein Neutron, ein Proton oder ein Heliumkern hervor. Auch γ-Quanten tragen einen Teil der Prozessenergie davon. Für die Spezialisten unter unseren Lesern haben wir die entsprechenden Reaktionsgleichungen in »Formeln und Gleichungen« (siehe Anhang) en bloc zusammengefasst. Den Lesern, die nicht so genau wissen wollen, wie die Prozesse ablaufen, sei gesagt: Man muss keine Schuldgefühle haben, wenn man die Gleichungen links liegen lässt und gleich weiterliest.

Nach nur rund 300 Jahren ist der Kohlenstoff dann im Kern aufgebraucht und das Kohlenstoffbrennen auch schon wieder beendet. Und wie nach dem Wasserstoff- und dem Heliumbrennen entwickelt sich auch jetzt wieder eine Schale um den Kern, in der nun Kohlenstoff weiter fusioniert wird. Damit findet im Stern jetzt ein Dreischalenbrennen statt: ganz innen sitzt die Kohlenstoffschale, dann kommt die Heliumschale und schließlich die brennende Wasserstoffschale. Für die noch folgenden Brennstufen merken wir uns: Am Ende jeder Brennstufe kommt ein weiteres Schalenbrennen hinzu, das die im Kern soeben zu Ende gegangenen Prozesse fortsetzt. Im Folgenden werden wir das nicht mehr ausdrücklich erwähnen.

Nach dem Kohlenstoffbrennen ist wieder die Gravitation an der Reihe und lässt den Kern schrumpfen. Bei einer Kerntemperatur von 1200 Millionen Kelvin setzt mit dem Neonbrennen dann die vierte Brennstufe ein. Zunächst sind jedoch zerstörende Prozesse am Werk. Im heißen Sternplasma besitzen nämlich die Photonen bereits so viel Energie, dass sie das in den vorausgegangenen Brennstufen erbrütete Neon wieder in Sauerstoff und Helium zerlegen. Physiker nennen diesen Vorgang Photodesintegration. In den darauffolgenden Reaktionen werden sodann aus den Heliumkernen und dem verbliebenem Neon, neben einem Isotop des Neons, insbesondere Magnesium und Silizium aufgebaut. Vom Charakter her ist das Neonbrennen also mit dem Heliumbrennen »verwandt«, denn wie dort werden vornehmlich Heliumkerne, also α-Teilchen, angelagert. Insgesamt dauert das Neonbrennen nur etwa zehn Jahre.

Noch schneller geht es mit dem Sauerstoffbrennen, das bei Temperaturen um die 1800 Millionen Kelvin abläuft. Ein halbes Jahr genügt, um den Sauerstoff aus den vorangegangenen Brennstufen zu Schwefel, Phosphor, Magnesium und Silizium zu prozessieren. Bei der anschließenden Kontraktion des Kerns steigt dann wieder die Temperatur, bis bei etwa 5000 Millionen Kelvin das abschließende Siliziumbrennen einsetzt. Summarisch entsteht dabei aus zwei Siliziumkernen ein Eisenkern.

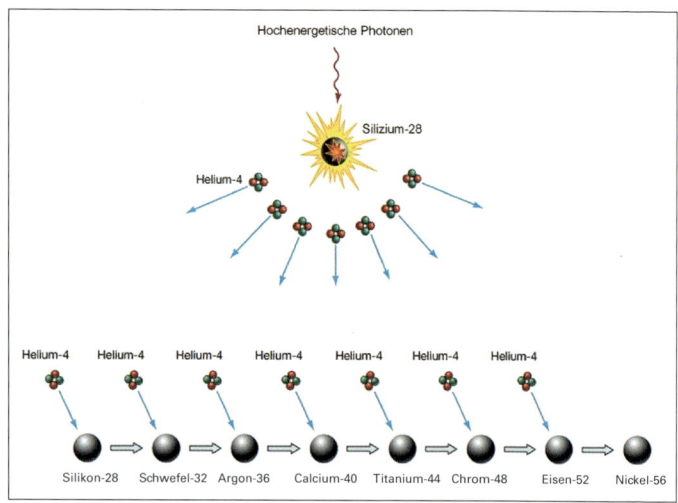

Abb. 65: Hat ein massereicher Stern das Stadium des Siliziumbrennens erreicht, so spalten die bei der hohen Kerntemperatur energiereichen Photonen einen Teil der in den vorhergehenden Brennstufen erbrüteten Siliziumkerne in Heliumkerne (Photodesintegration). Anschließend werden ausgehend vom verbliebenen Silizium durch sukzessive Anlagerung von Heliumkernen immer schwerere Elemente bis zu Eisen aufgebaut.

Schaut man genauer hin, so ist die gesamte Reaktionskette jedoch reichlich kompliziert. Zunächst wird wieder bereits vorhandenes Silizium durch Photodesintegration in Protonen, Neutronen und vor allem Heliumkerne (α-Teilchen) zerlegt. Dann bauen diese Teilchen zusammen mit dem verbliebenen Silizium über mehrere Zwischenstufen immer schwerere Elemente auf, bis schließlich Eisen und Nickel erreicht sind. Trotz der verschlungenen Reaktionsketten ist nach einem Tag schon alles vorüber (Abb. 65).

Gegen Ende dieser rasanten Entwicklung ähnelt der Stern in seinem Aufbau einer Zwiebel. Um den Kern aus Eisen und Ni-

Abb. 66 rechts: Entwicklung eines massereichen Sterns nach der Hauptreihe. Gegen Ende der Fusionsreaktionen gleicht der Sternaufbau einer Zwiebel. In konzentrischen Schalen um den Kern werden immer schwerere Elemente fusioniert.

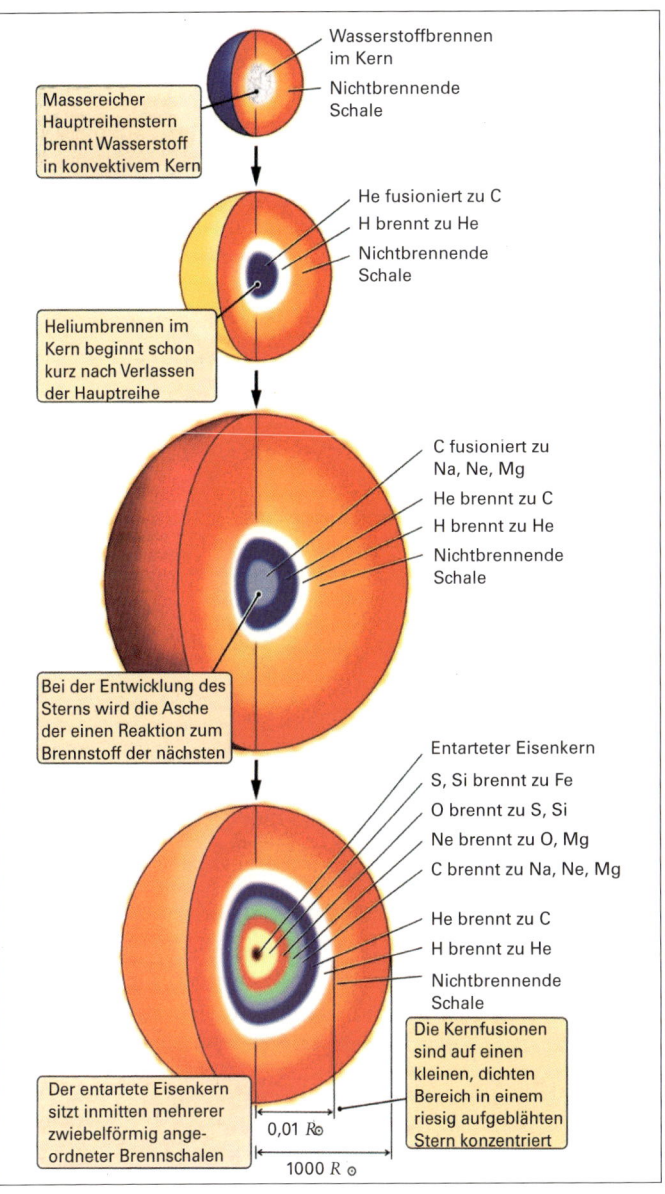

Wasserstoffbrennen
im Kern

Nichtbrennende
Schale

Massereicher
Hauptreihenstern
brennt Wasserstoff
in konvektivem Kern

He fusioniert zu C
H brennt zu He
Nichtbrennende
Schale

Heliumbrennen im
Kern beginnt schon
kurz nach Verlassen
der Hauptreihe

C fusioniert zu
Na, Ne, Mg
He brennt zu C
H brennt zu He
Nichtbrennende
Schale

Bei der Entwicklung des
Sterns wird die Asche
der einen Reaktion zum
Brennstoff der nächsten

Entarteter Eisenkern
S, Si brennt zu Fe
O brennt zu S, Si
Ne brennt zu O, Mg
C brennt zu Na, Ne, Mg
He brennt zu C
H brennt zu He
Nichtbrennende
Schale

Die Kernfusionen
sind auf einen
kleinen, dichten
Bereich in einem
riesig aufgeblähten
Stern konzentriert

Der entartete Eisenkern
sitzt inmitten mehrerer
zwiebelförmig ange-
ordneter Brennschalen

$0,01\ R_{\odot}$

$1000\ R_{\odot}$

ckel brennen in sechs konzentrischen Schalen von innen nach außen Silizium, Sauerstoff, Neon, Kohlenstoff, Helium und Wasserstoff (Abb. 66). Im Kern selbst zünden keine weiteren Fusionsprozesse mehr. Da Eisen die höchste Bindungsenergie pro Kernbaustein (Nukleon) besitzt, würde eine Verschmelzung zu noch schwereren Elementen keine Energie mehr freisetzen, sondern Energie kosten. Man müsste Energie zuführen, um eine Fusion von Eisen in Gang zu setzen. Folglich bricht die Reaktionskette bei Eisen ab. Wie die Elemente schwerer als Eisen entstehen, darauf kommen wir später noch ausführlich zu sprechen.

Ein explosiver Abgang

Unmittelbar nach dem endgültigen Erlöschen des nuklearen Feuers kommt es zu Prozessen, die das spektakuläre Finale, mit dem ein massereicher Stern sein Leben beschließt, einleiten. Der Kern des ursprünglichen 25-Sonnenmassen-Sterns ist zu diesem Zeitpunkt auf etwa zwei Sonnenmassen geschrumpft. Da sich jetzt kein Strahlungsdruck mehr gegen die Schwerkraft stemmt, kontrahiert der Kern noch einmal. Doch was passiert, wenn das Elektronengas des Kerns zunehmend komprimiert wird? Die Elektronen werden so energiereich, dass sie mit den Protonen zu Neutronen verschmelzen. Salopp formuliert könnte man auch sagen: Die Kernmaterie wird so stark zusammengepresst, dass die Elektronen in die Protonen hineingedrückt werden. Physiker bezeichnen das als inversen β-Zerfall. »Normale« β-Zerfälle sind vornehmlich bei instabilen, radioaktiven Atomen zu beobachten. Dabei verwandelt sich ein Neutron des Kerns spontan in ein Proton und ein Elektron – das sogenannte β-Teilchen – und ein Antineutrino. Beim *inversen* β-Zerfall läuft der Prozess in die entgegengesetzte Richtung: Ein Proton vereinigt sich mit einem Elektron, wobei ein Neutron und ein Neutrino entstehen. Am Ende dieser Prozesse liegt ein superdichter Kern vor, vornehmlich aus Neutronen, begleitet von einem gewaltigen Schauer freier Neutrinos. Wie wir schon wissen, reagieren Neutrinos jedoch praktisch nicht mit der aus Neutronen, Protonen und Elektronen aufgebauten Materie. Aufgrund dessen verlassen mehr als 95 Prozent der Neutrinos den Stern nahezu ungehindert. Damit verliert der Stern sehr viel Energie, sodass der Kern rasch abkühlt und weiter schrumpft.

Was nun geschieht, ist von einer Urgewalt, die weit jenseits unseres Vorstellungsvermögens liegt. Da der inverse β-Zerfall die Elektronen, die bislang den Kern aufgrund des Pauli-Prinzips stabilisiert haben, hinweggerafft hat – Sie erinnern sich: Das Pauli-Prinzip besagt, dass nur zwei Elektronen von unterschiedlicher Drehrichtung ein und dasselbe Energieniveau besetzen und dass Elektronen daher nicht beliebig eng zusammenrücken können –, kollabiert der Kern im Bruchteil einer Sekunde unter seiner eigenen Schwerkraft. Die nachstürzenden äußeren Schalen des Sterns prallen auf den harten Neutronenkern und rufen dort gewaltige Druckwellen hervor, die zurückschnellen und gemeinsam mit den Neutrinos nach außen rasen. Dabei wird die Sternhülle so stark aufgeheizt, dass der gesamte Stern in einer gewaltigen Explosion zerrissen und seine Hüllen mit einer Geschwindigkeit von bis zu 10 000 Kilometern pro Sekunde weit in den Raum hinausgeschleudert werden. Wie Modellrechnungen gezeigt haben, steckt in der Schockwelle nicht genug Energie, um die Sternhülle abzusprengen. Schon nach circa 100 Kilometern würde sie in der Sternmaterie stecken bleiben und nicht bis zur Oberfläche des Sterns vordringen. Dass sie es dennoch nach außen schafft und es zur Explosion kommt, daran ist die ungeheure Menge an Neutrinos schuld, die durch die Sternhülle nach außen rasen. Obwohl sie praktisch nicht mit der Sternmaterie wechselwirken, deponieren sie auf ihrem Weg doch etwas von ihrer Energie in der Hülle. Die daraus resultierende starke Aufheizung der Sternmaterie gibt den Ausschlag für die Explosion des Sterns (Abb. 67).

Wie groß die bei dieser Sternexplosion insgesamt freigesetzte

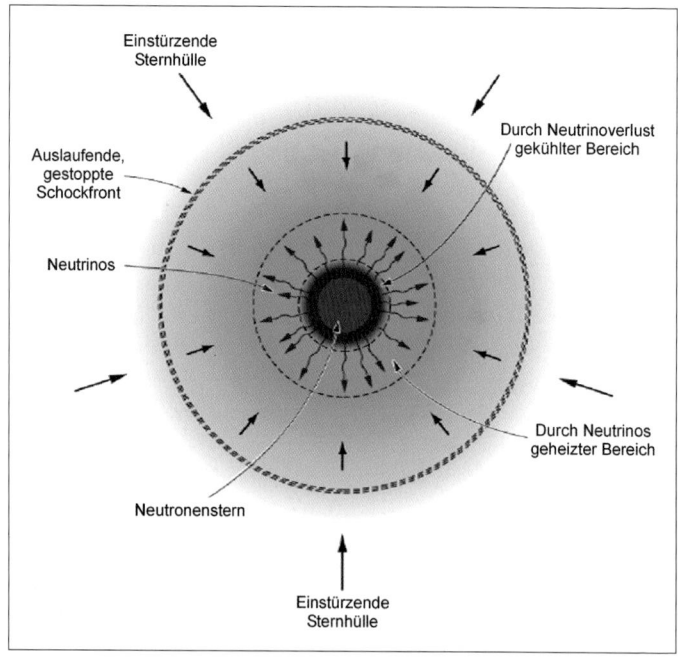

Einstürzende
Sternhülle

Durch Neutrinoverlust
gekühlter Bereich

Auslaufende,
gestoppte
Schockfront

Neutrinos

Durch Neutrinos
geheizter Bereich

Neutronenstern

Einstürzende
Sternhülle

Abb. 67: Anatomie einer Supernovaexplosion. Insbesondere Neutrinos heizen den Stern auf und lassen ihn explodieren.

Energie von rund 10^{46} Joule ist – die von Neutrinos davongetragene Energie ist hier mit eingerechnet –, lässt sich erahnen, wenn man bedenkt, dass man mit dieser Energiemenge etwa eine Milliarde mal so viel Wasser, wie in allen Weltmeeren enthalten ist, rund 20 Milliarden Mal von null auf 100 Grad Celsius erwärmen könnte. Vielleicht noch anschaulicher ist folgende Summation: Rund 99 Prozent der Energie werden von Neutrinos davongetragen. Circa 0,99 Prozent, das sind rund 10^{44} Joule, stecken in der kinetischen Energie der auseinanderfliegenden Materie. Verbleibt also noch ein Rest an freigesetzter Energie von rund 0,01 Prozent, entsprechend etwa 10^{42} Joule. Allein dieser »spärliche« Rest reicht aus, um der Explosion für kurze Zeit eine Leuchtkraft zu verleihen, die größer ist

Abb. 68: Supernova 1994D. Sie ereignete sich in den Außenbereichen der Galaxie NGC 4526 und war die vierte, die im Jahr 1994 zu beobachten war (heller Punkt links unterhalb der Galaxienscheibe). NGC 4526 liegt im Sternbild Jungfrau rund 15 Mpc entfernt.

als die vereinte Leuchtkraft aller rund 100 Milliarden Sterne einer Galaxie (Abb. 68)! Dieses gigantische Schauspiel, das das Leben eines massereichen Sterns endgültig beschließt, bezeichnen Astrophysiker recht nüchtern als Supernovaexplosion vom Typ II.

Nach diesem spektakulären Abgang bleibt von dem einst so stolzen Stern ein nur einige zehn Kilometer großer sogenannter Neutronenstern zurück. Dort ist die Materie so dicht gepackt, dass ein Kubikzentimeter ungefähr so viel wiegt wie alle Menschen dieser Erde. Gleichzeitig breitet sich um den Neutronen-

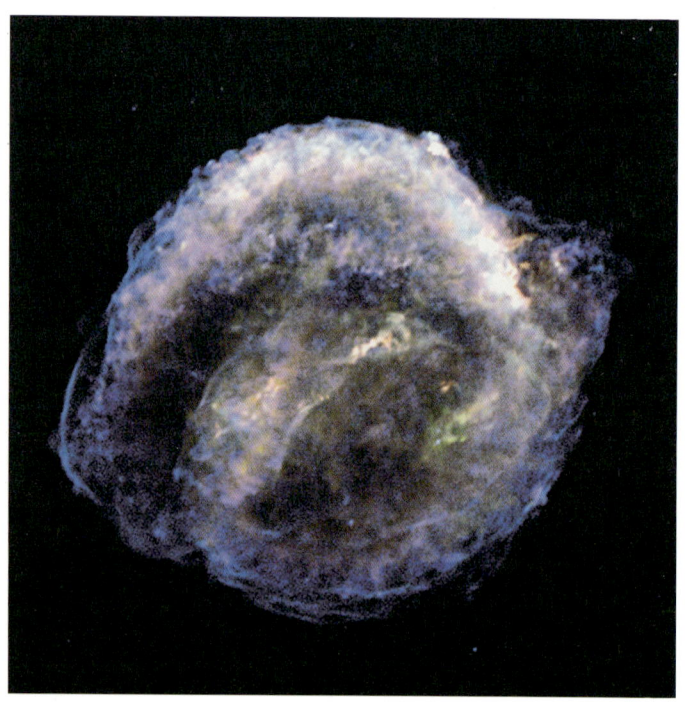

Abb. 69: Supernovaüberrest der Kepler-Supernova. Im Jahr 1604 flammte diese Supernova im Sternbild Schlangenträger auf und war 18 Monate lang mit bloßem Auge zu sehen. Sie war die letzte in unserer Galaxie beobachtete Supernova. Das Bild zeigt den Supernovaüberrest im Röntgenlicht, aufgenommen während neun Tagen vom Röntgensatelliten Chandra.

stern die abgestoßene Sternhülle als riesige, leuchtende Gaswolke aus, die man auch als Supernovaüberrest bezeichnet. Neben Wasserstoff und Helium enthält sie alle in den vorausgegangenen Brennphasen erbrüteten Elemente (Abb. 69). Eine einzige Supernovaexplosion reichert so das interstellare Medium mit mehreren Sonnenmassen an schweren Elementen an. Sterne, die in diesen Wolken neu entstehen, sind metallreicher als die der vorausgegangenen Generation. Ein Supernovaüberrest bleibt rund 100 000 Jahre sichtbar. Dann hat sich die Materie so weit auseinandergezogen und verdünnt, dass sie nicht mehr zu sehen ist.

In Abbildung 70 sind die Entwicklungsphasen der Sterne unterschiedlicher Anfangsmassen zur schnellen Orientierung nochmals nebeneinandergestellt.

Geht's auch anders?

Wie es scheint, ist eine Supernova jedoch nicht die einzige Weise, sich als massereicher Stern aus dem Sternenleben zu verabschieden. Es könnte durchaus sein, dass es auch anders geht. Neuere Forschungen haben gezeigt, dass einer Supernova ein mehrere Sekunden andauernder intensiver Ausbruch von Gammastrahlen vorausgeht, ein sogenannter *Gamma Ray Burst*. Einfühlsame Zeitgenossen bezeichnen diesen Energieausbruch auch als das Totenglöckchen eines massereichen Sterns. Mit geeigneten Detektoren, wie sie beispielsweise der Röntgensatellit Swift mitführt, ist ein derartiges Ereignis gut zu beobachten.

In einer 1,6 Milliarden Lichtjahre entfernten Zwerggalaxie hat Swift Mitte 2006 einen derartigen, rund 100 Sekunden lang andauernden Gamma Ray Burst entdeckt. In Erwartung einer Supernova haben daraufhin sofort einige Bodenteleskope die Galaxie ins Visier genommen. Aber nichts geschah, keine Spur einer aufflammenden Supernova. Das gleiche Spiel bei einem vier Sekunden langen Ausbruch, der einen Monat zuvor beobachtet wurde. Der Astronom Johan Fynbo am Niels-Bohr-Institut in Kopenhagen vergleicht die zwei Beobachtungen mit einem starken Blitz, der bei einem Unwetter plötzlich aufleuchtet. Doch der Donner, den man gleich danach erwartet, der kommt nicht. Wie lässt sich das erklären?

Eine Möglichkeit wäre: Der Gammablitz kam gar nicht von einer Supernova. Gamma Ray Bursts entstehen auch, wenn zwei Neutronensterne sich zu nahe kommen und zu einem Schwarzen Loch verschmelzen. Aber: Diese Ausbrüche sind viel kürzer,

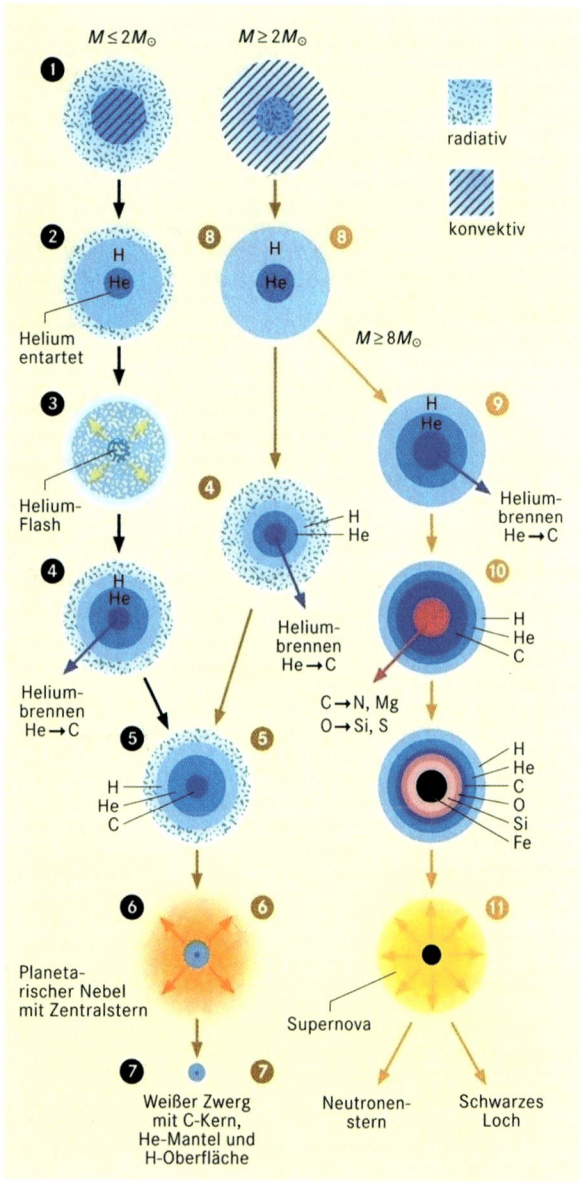

$M \leq 2M_\odot$ $M \geq 2M_\odot$

❶

radiativ

konvektiv

❷   ❽   ❽

H
He

Helium
entartet

H
He

$M \geq 8M_\odot$

❸

Helium-
Flash

❹

H
He

❾

H
He

Heliumbrennen
He→C

❹

H
He

Heliumbrennen
He→C

H
He

Heliumbrennen
He→C

❿

H
He
C

C→N, Mg
O→Si, S

❺   ❺

H
He
C

H
He
C
O
Si
Fe

❻   ❻

Planetarischer Nebel
mit Zentralstern

⓫

Supernova

❼   ❼

Weißer Zwerg
mit C-Kern,
He-Mantel und
H-Oberfläche

Neutronenstern

Schwarzes
Loch

sie dauern weniger als zwei Sekunden. Also doch eine Supernova? Aber wieso war nichts zu sehen? Wissenschaftler vermuten, dass der Stern zwar explodiert, aber dann sofort mitsamt seiner üblicherweise in den Raum hinausgeschleuderten Hüllen zu einem Schwarzen Loch kollabiert ist. Und da ein Schwarzes Loch nichts mehr entkommen lässt, auch kein Licht, sieht man halt auch nichts. So könnte es gewesen sein. Könnte! Aber wer weiß, vielleicht führt ja auch ein bisher noch unbekannter Prozess zu dieser Art Ableben massereicher Sterne. Die Lösung des Problems lässt jedenfalls noch auf sich warten.

Ein Neutronenstern unter der Lupe

Kommen wir nochmals auf die von einer Supernovaexplosion übrig gebliebenen Sternleichen, die Neutronensterne, zu sprechen. Wir wissen: Sterne mit mehr als acht Sonnenmassen sterben als Supernova vom Typ II. Die gewaltige Explosion lässt neben einer riesigen, schnell auseinanderstrebenden Gaswolke nur noch einen Neutronenstern zurück. Der Name Neutronenstern lässt sofort den Gedanken aufkommen, dass diese Objekte nur aus Neutronen bestehen. Mittlerweile hat man jedoch erkannt, dass deren Zusammensetzung viel komplexer ist. Materie, die so dicht gepackt ist, dass ein Kubikzentimeter rund 100 Millionen Tonnen wiegt, ist eben in hohem Maße exotisch.

Betreiben wir jetzt mal das Geschäft eines Pathologen und »obduzieren« die Leiche Neutronenstern. Vor uns haben wir einen Vertreter dieser Spezies mit einem Radius von rund zehn Kilometern. Nach außen schließt den Stern eine rund ein Kilometer dicke Schicht ab, die sogenannte Kruste, die man wiederum in die äußere und innere Kruste unterteilt (Abb. 71). Die

Abb. 70 links: Zusammenfassende Darstellung der Entwicklung von Sternen unterschiedlicher Ausgangsmasse bis zu den Endstadien Weißer Zwerg beziehungsweise Supernova.

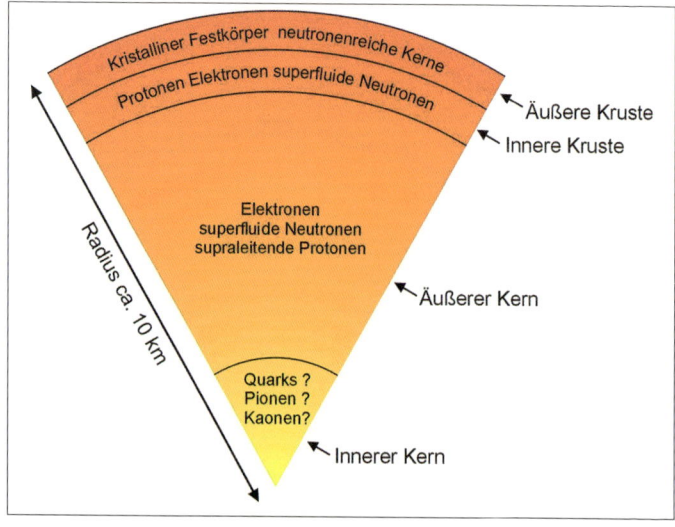

Abb. 71: Aufbau eines Neutronensterns.

äußere Kruste besteht vornehmlich aus einem Kristallgitter aus Eisen-, Nickel- und Kryptonatomen sowie aus einem entarteten Elektronengas, wie wir es bereits bei den Kernen der massearmen Sterne auf dem Riesenast und den Weißen Zwergen kennengelernt haben. Je weiter man nach innen kommt, umso neutronenreicher werden die Atomkerne. Am Übergang zur inneren Kruste beginnen sich dann Neutronen von den Atomkernen abzulösen, und zwar immer mehr, je tiefer man in die innere Kruste vordringt. Zusammen mit Elektronen und Protonen bilden diese Neutronen eine Art Flüssigkeit. Unter normalen Bedingungen würden die Neutronen mit einer Halbwertszeit von 885 Sekunden in Protonen, Elektronen und Antineutrinos zerfallen. Der Begriff Halbwertszeit steht übrigens für die Zeit, nach der von einer gegebenen Menge Neutronen die Hälfte zerfallen ist. Nach rund 900 Sekunden sollte sich also die Neutronenzahl in der inneren Neutronensternkruste halbiert haben. Aber nichts dergleichen geschieht. Der Grund ist simpel: Die beim Zerfall frei werdenden Elektronen finden einfach keine freien Quantenzellen. Alle sind bereits von je zwei Elektronen unterschiedlicher Spinrichtung besetzt. Auch hier greift das Pauli-Prinzip, dem wir nun schon mehrfach begegnet sind. Wenn also für die Elektronen kein Platz frei ist, dann muss der Zerfall der Neutronen eben unterbleiben.

Sezieren wir noch kurz das Innerste des Neutronensterns, das man als seinen Kern bezeichnet. Auch er wird in einen äußeren und einen inneren Kern unterteilt. Über seine Zusammensetzung wird gegenwärtig noch heftig spekuliert. Während man im äußeren Kern vornehmlich superfluide Neutronen und Protonen – in der Physik bezeichnet man Flüssigkeiten ohne innere Reibung als superfluid – und normale Elektronen vermutet, könnte der innere Kern aus einem einzigen Kristallgitter aus Neutronen bestehen. Es könnte aber auch sein, dass sich dort die Neutronen bereits in ihre Bestandteile aufgelöst haben und im Kernzentrum nur freie Quarks zu finden sind. Freie Quarks sind nur bei sehr hohen Energien denkbar. Bei den Bedingungen, mit denen wir es im normalen Leben zu tun haben, können Quarks als selbstständige Elementarteilchen nicht existieren. Stattdessen sind je drei zum Aufbau eines Protons beziehungsweise eines Neutron zusammengeschlossen, den Bausteinen der Atomkerne.

Natürlich sind alle diese Angaben über den Aufbau von Neutronensternen nicht das Ergebnis von Experimenten oder Messungen. Es sind vielmehr Angaben ohne Gewähr. Im Inneren dieser Objekte herrschen ja Dichten von bis zu 100 000 Milliarden Gramm pro Kubikzentimeter, und die sind weit jenseits der Möglichkeiten eines irdischen Labors. Alles, was man weiß, geht daher auf Modellrechnungen zurück. Das Gleiche gilt auch für die Masse der Neutronensterne. Je nachdem, welche physikalisch sinnvollen Annahmen man den Modellrechnungen zugrunde legt, erhält man eine Masse zwischen 1,5 und höchstens drei Sonnenmassen. Dass es auch Neutronensterne mit einer größeren Masse gibt, ist ziemlich unwahrscheinlich. Man müsste physikalisch unsinnige Annahmen machen, um die Neutronensternmodelle dahin zu trimmen.

Ähnlich wie die elektronenentarteten Kerne der massearmen Sterne und die Weißen Zwerge werden die Neutronensterne durch den Entartungsdruck der Neutronen gegen den Kollaps stabilisiert. Bringt der nach der Supernovaexplosion zurückbleibende Sternkern jedoch mehr als drei Sonnenmassen auf die Waage, kollabiert der Neutronenstern zu einem sogenannten stellaren Schwarzen Loch. Nach einer groben Faustregel enden Sterne mit einer Anfangsmasse zwischen 8 und 30 Sonnenmassen in einem Neutronenstern, wogegen der Kernbereich eines Sterns mit mehr Masse letztlich zu einem stellaren Schwarzen Loch zusammenfällt. Im Gegensatz zu den sehr massereichen, also den supermassiven Schwarzen Löchern, die man in den Zentren von Galaxien findet und die die Masse von Millionen Sonnen haben können, bringen es die stellaren Schwarzen Löcher nur auf einige wenige Sonnenmassen. Diese »dunklen Leichen« gehören zu den seltsamsten Objekten im Universum. Ihre Schwerkraft ist so gewaltig, dass sogar Licht ihnen nicht entkommen kann. Im Laufe ihres »Leichenlebens« können Schwarze Löcher sogar noch an Masse zulegen, denn sie verschlingen alles an Materie, was ihnen zu nahe kommt. Schwarze Löcher sind der Rand der erkennbaren Wirklichkeit. Was sich in ihnen abspielt, werden wir nie erfahren. Deshalb wollen wir es hier auch gut sein lassen mit diesen mysteriösen Objekten. Wenden wir uns stattdessen lieber den Sternleichen zu, von denen wir noch etwas lernen können, den pulsierenden Leichen, den Pulsaren.

Was macht einen Neutronenstern zu einem Pulsar?

Abgesehen davon, dass sie eine sehr fremdartige Materieform darstellen, sind Neutronensterne auch noch in anderer Hinsicht interessante Objekte. Häufig machen sich diese stellaren Überreste als sogenannte Pulsare bemerkbar. Man kann darüber streiten, ob die Bezeichnung Pulsar glücklich gewählt ist. Denn der Sternenrest als solcher pulsiert ja gar nicht, wie beispielsweise die Cepheiden. Vielmehr ist es die elektromagnetische Strahlung, die von den Neutronensternen ausgeht und die man auf der Erde in Form kurzer Pulse empfangen kann, was ihnen zu dem Namen verholfen hat. Doch wie kommt es dazu? Wenn der Sternkern im Laufe der Sternentwicklung immer weiter schrumpft, setzen Vorgänge ein, die letztlich den Sternrest zu einem Pulsar werden lassen. Zum einen wird parallel zur Verdichtung der Kernmaterie auch das Magnetfeld des Sterns komprimiert und damit verstärkt. In Neutronensternen kann die Magnetfeldstärke Werte von bis zu 1000 Milliarden Gauß erreichen. Zum Vergleich: Das Magnetfeld unserer Sonne beträgt gerade mal rund ein Gauß. In größerer Entfernung wirkt so ein Neutronenstern deshalb wie ein magnetischer Dipol. Zum anderen beginnt sich der Sternkern beim Schrumpfen immer schneller zu drehen. Manche Neutronensterne benötigen nur noch Bruchteile einer Sekunde für eine Umdrehung. Die Ursache für diese Beschleunigung der Eigenrotation haben wir in Kapitel 6 schon kennengelernt. Der Drehimpuls, haben wir da erfahren – das Produkt aus Masse mal Winkelgeschwindigkeit mal Radius im Quadrat –, ist eine Erhaltungsgröße. Nimmt der Radius ab, so muss die Winkelgeschwindigkeit in gleichem Maße zunehmen. Als Beispiel hatten wir einen Eiskunstläufer vorgestellt, der seine Arme anlegt, während er eine Pirouette dreht. Das Anlegen der Arme entspricht beim Neutronenstern dem Kollaps, er wird immer kleiner und seine Drehgeschwindigkeit immer größer.

Zusammengefasst sind Neutronensterne demnach schnell rotierende, magnetische Dipole hoher Feldstärke. Das Besondere daran ist, dass die Magnetfeldachse nicht mit der Rotationsachse des Sterns zusammenfällt (Abb. 72). Man hat es also mit einem schiefen, rotierenden magnetischen Dipol zu tun. Die Orte, wo die Magnetfeldlinien nahezu senkrecht aus dem Neutronenstern austreten, bezeichnet man auch als Polkappen. Dort werden Elektronen von starken elektrischen Feldern aus der Sternoberfläche herausgerissen und entlang der Magnetfeldlinien beschleunigt. Und da beschleunigte Ladungen elektro-

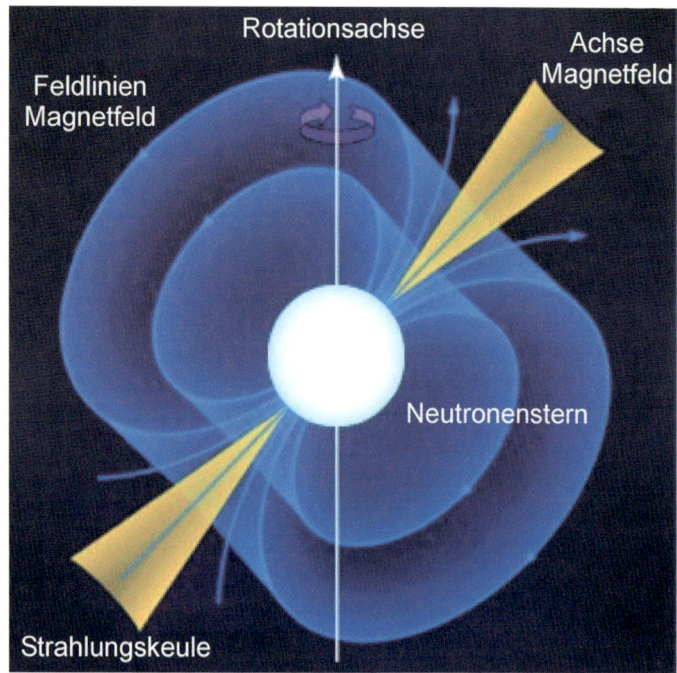

Abb. 72: Prinzip eines Pulsars. Da die Rotationsachse des Neutronensterns gegen die Magnetfeldachse geneigt ist, trifft die an den Polkappen entspringende Strahlungskeule bei der Rotation des Pulsars periodisch den Beobachter.

magnetische Wellen, also Licht, abstrahlen, entspringt beidseits an den Polen des Neutronensterns eine enge Keule elektromagnetischer Strahlung, vornehmlich Radiostrahlung, die sich mit dem Stern mitdreht.

Den Astronomen zeigt sich ein Neutronenstern jedoch nur dann als Pulsar, wenn eine gewisse Bedingung erfüllt ist: Der Neutronenstern muss so im Raum orientiert sein, dass bei der Rotation des Sterns eine der beiden Strahlungskeulen die Erde überstreicht. Dreht sich der Stern beispielsweise zehnmal in einer Sekunde, so kann man aus der Richtung des Sterns eine Folge von zehn Strahlungspulsen pro Sekunde empfangen. Die Doktorandin Jocelyn Bell war die Erste, die 1967 mit einem Radioteleskop einen Pulsar im Sternbild Füchschen entdeckt hat. Da die Signale des später PSR B1919+21 benannten Pulsars (PSR = Pulsating Source of Radio Emission) außergewöhnlich regelmäßig waren – alle 1,337 Sekunden registrierten die Instrumente einen kurzen Radiopuls –, dachte man zuerst an Außerirdische, die auf sich aufmerksam machen wollen. Erst später erkannte man die wahre Ursache der periodischen Radiopulse. Mittlerweile kennt man rund 1700 Pulsare. Ihre Rotationsdauer liegt im Bereich von etwas mehr als einer Millisekunde bis zu zehn Sekunden. Etwa 170 davon sind sogenannte Millisekundenpulsare, also Neutronensterne, die für eine Umdrehung nur einige Tausendstel Sekunden benötigen. Und noch was: Pulsare bekommen ihre Energie, die sie in Form elektromagnetischer Wellen abstrahlen, nicht umsonst. Sie müssen dafür mit ihrer Rotationsenergie bezahlen. So verlängert sich beispielsweise die Umdrehungszeit des Pulsars im berühmten Krebs-Nebel um 30 Milliardstelsekunden pro Jahr. Irgendwann bleibt er vielleicht ganz stehen.

Übrigens, wie so vieles im Leben, so hat auch die Entdeckung des ersten Pulsars eine pikante Note. 1974 bekam dafür nicht Jocelyn Bell den Nobelpreis – sondern ihr Doktorvater Antony Hewish.

Kapitel 10

Die Elementeküche

Eingangs des vorausgegangenen Kapitels stand zu lesen, dass wir den Sternen alle Elemente schwerer als Helium zu verdanken haben. Andererseits haben wir aber weder bei der Besprechung der massearmen noch bei der Vorstellung der sehr massereichen Sterne etwas über Elemente erfahren, die schwerer als Eisen sind. Sie erinnern sich: Die massearmen Sterne bringen es nur bis zum Heliumbrennen, bei dem vornehmlich die Elemente Kohlenstoff und Sauerstoff erbrütet werden. Dann zünden keine weiteren Kernreaktionen mehr. Durch die Anlagerung von Heliumkernen entsteht zwar noch etwas Neon, Magnesium und Silizium, aber insgesamt ist das kaum der Rede wert. Anders hingegen die großen, massereichen Sterne. Aufgrund der gegenüber ihren leichtgewichtigen Brüdern zusätzlichen vier Brennstufen, des Kohlenstoff-, Neon-, Sauerstoff- und Siliziumbrennens, sind sie weitaus produktiver im Aufbau schwerer Kerne. Dabei entstehen Elemente wie Neon, Natrium, Schwefel, Phosphor, Silizium, Kobalt, Nickel bis hin zu Eisen. Doch mit der Fusion von Eisen bricht auch bei ihnen die Reaktionskette ab, weil – wie bereits erwähnt – die Verschmelzung von Eisen zu noch schwereren Elementen keine Energie mehr freisetzen, sondern im Gegenteil Energie verbrauchen würde. Woher kommen also die wirklich schweren Elemente wie Blei, Gold, Uran? Natürlich werden auch sie in den Sternen produziert – aber auf völlig andere Art und Weise, nämlich nicht mehr auf dem Wege thermonuklearer Fusion, sondern durch Anlagerung beziehungsweise Einfang einzelner Nukleonen.

Machen wir uns zunächst den Mechanismus klar, nach dem

die Entstehung der schweren Elemente abläuft. Ausgehend von einem Atomkern mit einer bestimmten Anzahl an Protonen und Neutronen, entsteht ein neues, schwereres Element immer dann, wenn in dem Atomkern ein Proton mehr auftaucht, sich also die sogenannte Ordnungszahl, welche die Anzahl der Kernprotonen angibt, um eine Einheit erhöht. Doch das geht nicht so einfach. Atomkerne sind ja positiv geladen und fangen sich keine positiv geladenen Protonen ein, denn gleichnamige Ladungen stoßen sich gegenseitig ab. Ein Atomkern kann sich daher nur ein elektrisch neutrales Teilchen, ein Neutron, einfangen. Atome mit gleicher Anzahl an Protonen, also mit gleicher Ordnungszahl, aber unterschiedlich vielen Neutronen bezeichnet man als Isotope des Elements. Anders als das Element sind dessen Isotope aber oft instabil und zerfallen nach einiger Zeit beziehungsweise wandeln sich in ein anderes Element um.

Mit dem Isotop haben wir zwar jetzt einen Kern mit einem Neutron mehr vor uns, aber immer noch kein zusätzliches Kernproton gewonnen. Damit es dazu kommt, muss sich im instabilen Isotopenkern ein Neutron spontan über einen entsprechenden Zerfallsprozess in ein Proton verwandeln. Eine Form der Umwandlung ist der β-Zerfall. Dem sind wir bei der Entstehung eines Neutronensterns schon mal begegnet, aber es schadet ja nicht, wenn wir ihn nochmals unter die Lupe nehmen. Beim β-Zerfall zerfällt nicht der Kern des Isotops als Ganzes, lediglich ein Neutron des Isotopenkerns wandelt sich um in ein Proton, wobei ein Elektron – das sogenannte β-Teilchen – und ein Antineutrino ausgestoßen werden. Damit hat sich schließlich doch die Anzahl der Kernprotonen um eine Einheit erhöht, und ein Element schwerer als das Ausgangselement, das heißt eines mit einer höheren Ordnungszahl, ist entstanden. Den Einfang eines Neutrons mit nachfolgendem β-Zerfall bezeichnen die Physiker übrigens auch als eine sogenannte (n,β)-Reaktion. Das »n« in der Klammer (n,β) steht dabei für den Einfang eines Neutrons und das »β« für die anschließende Zerfallsreaktion.

Was nun den Einfang des Neutrons anbelangt, so kann dieser Prozess entweder relativ langsam (englisch: slow) oder auch ziemlich schnell (englisch: *rapid*) verlaufen. Demnach spricht man auch von einem »s«- oder »r«-Prozess, in dem die Synthese der ganz schweren Elemente erfolgt. Beide tragen in etwa je zur Hälfte zur Erzeugung der schweren Elemente bei. Und beide laufen in den Sternen ab, jedoch an unterschiedlichen Orten und bei unterschiedlichen Umgebungsbedingungen.

Dem s-Prozess begegnet man vornehmlich in den Helium brennenden Schichten pulsierender Roter Riesen auf dem asymptotischen Riesenast. Dort liefert die Verschmelzungsreaktion von Neon mit einem Heliumkern die für die (n,β)-Reaktionen nötige Neutronendichte. Rund 100 Millionen Neutronen pro Kubikzentimeter drängen sich da zusammen. Trotz dieses enormen Neutronenangebots und der herrschenden Temperatur von circa 300 Millionen Kelvin vergehen im Mittel einige zig Jahre, bis sich ein stabiler Saatkern ein Neutron einfängt. Das »s« für *slow* kommt also nicht von ungefähr. Ist das entstandene Isotop stabil, werden im Kern weitere Neutronen eingebaut, bis schließlich ein instabiles Isotop vorliegt. Da die mittlere Halbwertszeit für den β-Zerfall, im Gegensatz zu den Neutroneneinfangzeiten, im Bereich von nur wenigen Tagen liegt, erfolgt nun die Umwandlung in das nächsthöhere Element, bevor noch ein weiteres Neutron eingefangen werden kann. Das neue Element kann jetzt wieder als Saatkern für eine weitere (n,β)-Reaktion dienen. Auf diese Weise werden, ausgehend von Eisen, schrittweise immer schwerere Elemente bis hin zu Wismut aufgebaut. Mit Wismut kommt der s-Prozess zum Erliegen, da dessen Atomkern bei Anlagerung weiterer Neutronen in einen leichteren Kern plus einen Heliumkern zerfällt (Abb. 73).

Ein schöner Beweis für die auch in den heutigen Sternen noch immer ablaufende Erzeugung schwerer Elemente sind übrigens die Absorptionslinien eines Isotops des Elements Technetium, die man in den Atmosphären von Roten Riesen findet. Da das Isotop mit einer Halbwertszeit von 420 Millionen Jahren zu

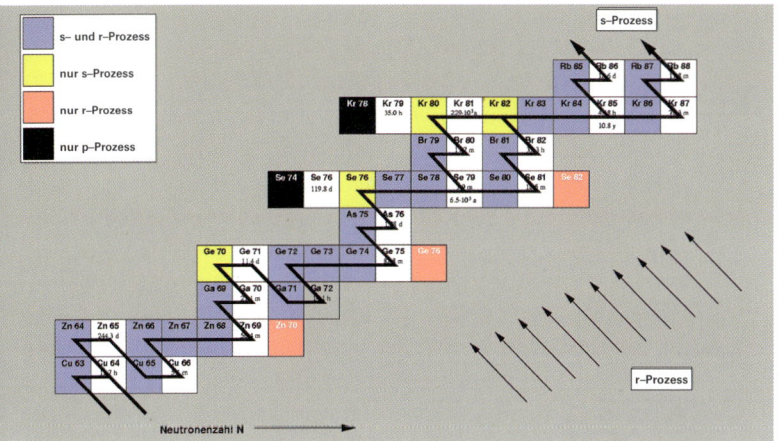

Abb. 73: Schema des s- beziehungsweise des r-Prozesses. Durch Anlagerung von Neutronen an einen Saatkern und anschließenden β-Zerfall werden in den Sternen Elemente schwerer als Eisen aufgebaut. Ausgehend von Kupfer ist der s-Prozess zum Aufbau der Elemente bis Rubidium dargestellt. Auf den horizontalen Prozessabschnitten erfolgt der Einfang von Neutronen, entlang der schräg verlaufenden ein β⁻- beziehungsweise ein β⁺-Zerfall. Beim r-Prozess werden zunächst neutronenreiche Kerne aufgebaut, die dann nach einer Reihe von β-Zerfällen (schräge Pfeile) in stabile Elemente übergehen.

Rubidium zerfällt, sollten die Linien längst verschwunden sein. Dass das nicht der Fall ist, kann nur bedeuten, dass (n,β)-Reaktionen in den Roten Riesen neues Technetium fortwährend nachliefern.

Damit der schnelle r-Prozess ablaufen kann, muss das Neutronenangebot jedoch deutlich höher sein, als es bei den Roten Riesensternen vorhanden ist. Elektronendichten von 10^{20} bis 10^{23} Neutronen pro Kubikzentimeter sind nötig – das sind im Extremfall eine Million Milliarden mal mehr als in einem Roten Riesen. Derartige Bedingungen finden sich nur noch im rund 2000 Millionen Kelvin heißen Bereich hinter der nach außen rasenden Schockwelle einer Supernova des Typs II. In einem derartigen Umfeld vergehen nur Millisekunden, bis sich ein Atomkern ein Neutron schnappt. Die Neutroneneinfangzeit ist also um Größenordnungen kürzer als die mittlere Halbwertszeit für den β-Zerfall. Folglich kann sich ein Atomkern in kurzer Zeit relativ viele Neutronen einverleiben, ohne dass die Anlagerungsorgie durch einen β-Zerfall unterbrochen wird. Allerdings setzt sich das nicht endlos fort, denn ab einer gewissen Anzahl angelagerter Neutronen werden die Atomkerne völlig instabil. Ein sehr neutronenreicher Atomkern spuckt neu hinzukommende Neutronen wieder aus. Somit stellt sich sehr bald ein Gleichgewicht zwischen Neutronenanlagerung und Neutronenabspaltung ein. Im Gleichgewicht kann der Kern bis zu 20 überschüssige Neutronen eingelagert haben. Wenn dann der Neutronenfluss schließlich versiegt, steigen die Atomkerne durch eine Reihe aufeinanderfolgender β-Zerfälle die Leiter hinauf zu immer schwereren Elementen. Auf diese Weise werden insbesondere die neutronenreichen Elemente wie Thorium und Uran zusammengebaut.

Einige Kerne können übrigens weder über den s- noch über den r-Prozess »hergestellt« werden. Auf der Nuklidkarte, einer graphischen Darstellung aller bekannten Atomkerne, sind das 32 stabile, sehr protonenreiche Kerne, die man auch als p-Kerne bezeichnet. Diese Kerne entstehen – trotz der gegenseitigen Abstoßung gleichnamiger Ladungen – nicht durch den Einfang von Neutronen, sondern durch Protoneneinfang. Dieser sogenannte p-Prozess, über den diese Elemente entstehen, benötigt ein Umfeld mit extrem hohen Temperaturen. Wie der r-Prozess kann er daher nur in den Schockwellen einer Supernova ablaufen, die die Sternmaterie auf Temperaturen von einigen Milliarden Kelvin aufheizen. Bei diesen hohen Plasmatemperaturen besitzen einige Protonen so viel kinetische Energie, dass sie den abstoßenden Coulomb-Wall des Atomkerns entweder überwinden oder mit Hilfe des quantenmechanischen Tunneleffekts durch ihn hindurchschlüpfen können. Aufgrund dieser Schwierigkeiten dürfte der p-Prozess jedoch relativ selten ablaufen.

Damit haben wir alle 92 Elemente des Periodensystems beisammen. Wie sie von ihren Entstehungsorten in das interstellare Medium gelangen und es mit den sogenannten »Metallen«

anreichern, haben wir in den vorausgegangenen Kapiteln schon angedeutet. Im Wesentlichen sind es die Sternwinde, die gegen Ende der Sternentwicklung von den Sternen abströmen und die erbrüteten Elemente in das All hinaustragen. Einen anderen Weg zur Verbreitung des veredelten Materials hat die Natur in der Entstehung der planetarischen Nebel gefunden. Da sich die Nebel aus den abgeworfenen Hüllen der am Ende ihres Lebens angekommenen Sterne bilden, enthalten sie auch die in ihrer aktiven Zeit geschmiedeten sowie die durch den s-Prozess aufgebauten schweren Elemente. Die wohl effektivste Art, das

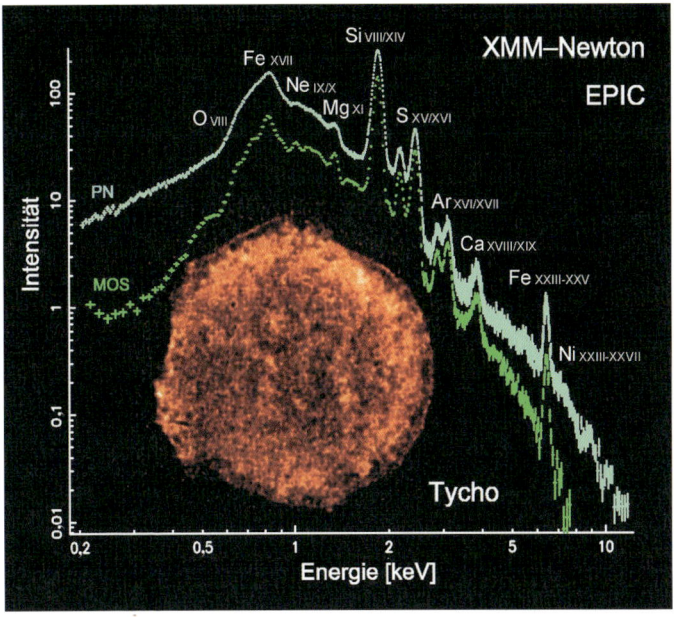

Abb. 74: 1572 beobachtete der dänische Astronom Tycho Brahe eine Supernova im Sternbild Cassiopeia. Mittlerweile hat sich der Überrest auf einen Durchmesser von 24 Lichtjahren aufgebläht. Das Spektrum der Gaswolke, aufgenommen vom Röntgensatelliten XMM-Newton, zeigt, dass diese Supernova unter anderem insbesondere die Elemente Sauerstoff, Magnesium, Silizium, Schwefel, Argon, Eisen und Nickel in das interstellare Medium einbringt.

interstellare Medium mit schweren Elementen anzureichern, sind jedoch Supernovaexplosionen des Typs II. Die etwa zehn Millionen Grad heißen Gaswolken des Supernovaüberrestes, die sich mit Geschwindigkeiten von bis zu 10 000 Kilometern pro Sekunde ausdehnen, transportieren die schweren Elemente über Entfernungen von einigen 100 Lichtjahren (Abb. 74). Da dieser Supernovatyp vornehmlich in den Scheiben von Spiralgalaxien vorkommt, das Scheibengas aber die Ausbreitung der Wolke in der Scheibenebene behindert, entwickeln sich gelegentlich auch senkrecht zur Scheibe gerichtete Strömungskamine, in denen, ähnlich einem Springbrunnen, Sternmaterie bis zu 20 000 Lichtjahre über die Scheibenebene hochgeschleudert wird. Kühlt das Gas im intergalaktischen Raum ab, so verliert es an Schwung und regnet mit Geschwindigkeiten von bis zu 200 000 Kilometern pro Stunde weit entfernt wieder auf die Scheibe herab. Auf diese Art wird das in den Sternen erbrütete Material, vornehmlich Sauerstoff, Silizium, Magnesium, Kalzium und Titan, zusammen mit den in den r-Prozessen gebildeten schweren Kernen wie Uran und Thorium über große Bereiche verteilt. In Simulationen konnte man zeigen, dass sich etwa 40 Supernovaexplosionen im Zeitraum von rund zehn Millionen Jahren in einem relativ eng umgrenzten Gebiet ereignen müssen, um einen derartigen »galaktischen Sturm« in Gang zu setzen. Auf Röntgenaufnahmen der 30 Lichtjahre entfernten Galaxie NGC 891, die wir direkt von der Kante sehen, sind derartige Eruptionen sehr gut zu erkennen.

Auf welchem Weg auch immer die Anreicherung des interstellaren Mediums mit schweren Elementen erfolgt, irgendwann wird diese Fracht wieder zum Aufbau neuer, junger Sterne verwendet. Damit ist dieses Material wieder dorthin zurückgekehrt, wo es einst herkam: in den Schoß der Sterne. Der Kreislauf hat sich geschlossen – der Kreislauf der Materie (Abb. 75).

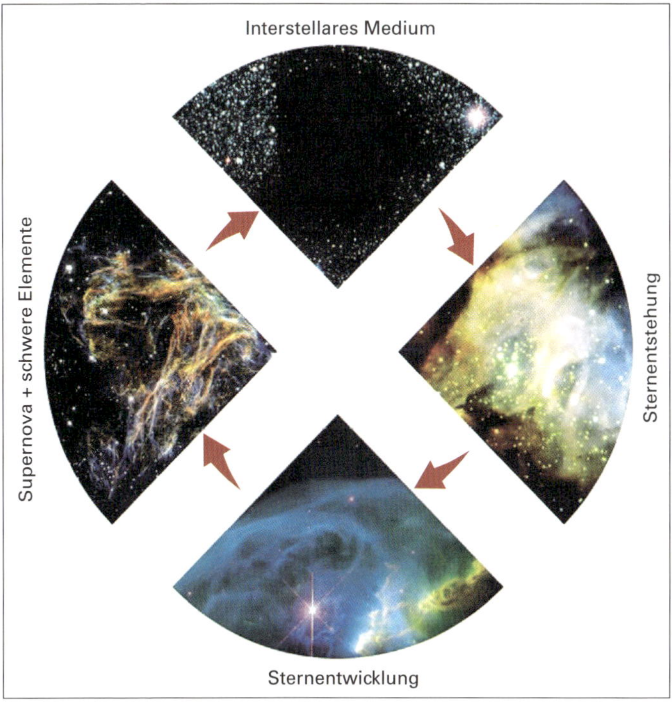

Interstellares Medium

Supernova + schwere Elemente

Sternentstehung

Sternentwicklung

Abb. 75: Der Kreislauf der Elemente beginnt mit der Entstehung neuer Sterne aus dem Material der Gas- und Staubwolken in den Galaxien. Über Sternwinde, planetarische Nebel und insbesondere durch die gegen Ende der Entwicklung massereicher Sterne explodierenden Supernovae werden die Elemente wieder an die interstellaren Wolken zurückgegeben. Damit schließt sich der Kreislauf.

Kapitel 11

Große Metamorphose

»Gar sehr verzwickt ist diese Welt – mich wundert's, dass sie wem gefällt.« Dieser Ausspruch stammt von dem humoristischen Dichter Wilhelm Busch. Wer weiß, vielleicht ist ihm dieser Kalauer eingefallen, nachdem jemand versucht hat, ihm die Entstehung und Entwicklung der Sterne zu erklären. Zugegeben: Die Wege der Sternentwicklung sind verschlungen und mit sehr viel Physik gepflastert. Nicht zuletzt deswegen hat es ja auch viele Jahrzehnte gedauert, bis sich die Astronomen zusammen mit den Physikern darüber klar wurden, was im Inneren der Sterne abläuft. Dennoch ist noch immer vieles nicht völlig verstanden. Aber im Rahmen der Naturgesetze sind die in den vorausgegangenen Kapiteln aufgezeigten Prozesse nun mal der einzig mögliche Weg, Sterne »herzustellen«. Einfacher geht's nicht. Einstein soll gesagt haben: »Falls Gott die Welt geschaffen hat, war seine Hauptsorge sicher nicht, sie so zu machen, dass wir sie verstehen können.« So gesehen werden wir vielleicht nie hinter alle Geheimnisse der Sterne kommen.

Die Solisten

Was das »verzwickt« sein anbelangt, so beschränkt sich das nicht allein auf die Entstehung und Entwicklung der Sterne. Denn Sterne sind nicht einfach nur sich drehende Gasbälle, in deren Innerem Wasserstoff zu Helium verschmilzt. Vielmehr bieten manche, angetrieben durch die bei den Fusionsprozessen frei werdende und an die Oberfläche drängende Energie, gar wunderliche Schauspiele oder zeigen auffällige Metamorphosen. Wir sprechen von Sternen, die man als »Veränderliche« bezeichnet. Das können irreguläre oder auch reguläre periodische Veränderungen im Erscheinungsbild eines Sterns sein, aber gelegentlich auch einmalige, irreversible Zustandsänderungen, die an die Substanz und damit Existenz des Sterns gehen. Zu den periodischen Veränderungen gehören insbesondere zeitliche Schwankungen der Sternhelligkeit. In diesem Zusammenhang ist die sogenannte Lichtkurve eines Sterns interessant; das ist der in einem bestimmten Wellenlängenbereich, meistens im visuellen, gemessene Strahlungsstrom des Sterns in Abhängigkeit von der Zeit (Abb. 76). Man hat Helligkeitsänderungen beobachtet, die sich innerhalb von Sekunden ereignen, und andere, deren Periode Jahrzehnte dauert. Immer ist jedoch die Zeit, in der der Stern sein Erscheinungsbild ändert, kurz im Vergleich zu seiner eigentlichen Lebenszeit. Am besten, wir zählen erst einmal alle Typen von »Veränderlichen« auf, ehe wir die einzelnen Phänomene ausführlich diskutieren. Dabei wird sich zeigen, dass wir einige Protagonisten aus der Familie der veränderlichen Sterne bereits kennengelernt haben, allerdings ohne ausdrücklich darauf hingewiesen zu haben, dass man sie zu den Veränderlichen zählt.

Veränderliche Sterne unterteilt man in drei Gruppen: Pulsierende Veränderliche, Bedeckungsveränderliche und Eruptive Veränderliche. Bleiben wir zunächst bei den Pulsierenden Veränderlichen. Zu ihnen gehören beispielsweise die RR-Lyrae-Sterne und die Cepheiden. Diesen Sterntypen sind wir bei der Entwicklung sonnenähnlicher beziehungsweise massereicher Sterne schon begegnet. In der Phase des Heliumbrennens, so haben wir erfahren, beginnen diese Sterne zu pulsieren, dehnen sich also rhythmisch aus und ziehen sich wieder zusammen. Dem Beobachter zeigt sich das als periodisches Auf und Ab in der Lichtkurve des Sterns. Die Triebfeder für diese Schwingungen ist bei allen Pulsationsvariablen mehr oder weniger gleich. Im Kapitel 8 haben wir diesen sogenannten Kappa-Mechanismus am Beispiel der Cepheiden schon besprochen.

RR-Lyrae-Sterne

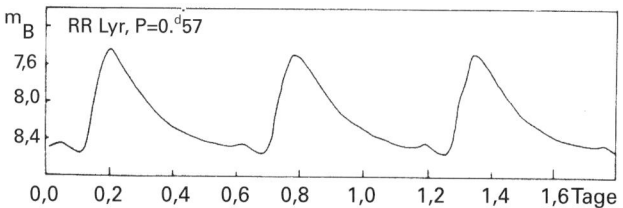

Cepheiden

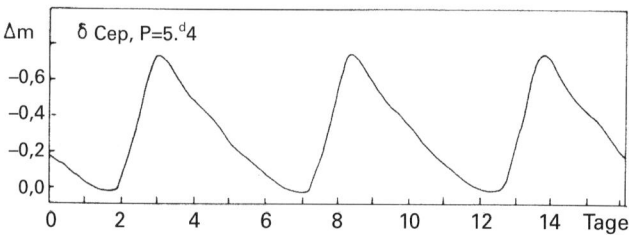

Mira-Sterne

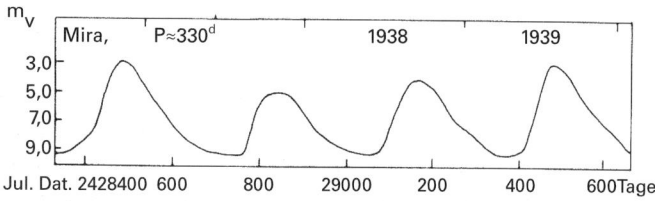

Abb. 76: Lichtkurven der Veränderlichen RR-Lyrae, δ-Cephei und Mira. Diese Sterne sind sowohl Prototyp als auch Namensgeber der Gruppe der RR-Lyrae-Sterne, der Cepheiden und der Mira-Sterne.

Wir erinnern uns: Kappa ist ein Maß für die Opazität, das heißt für die Strahlungsundurchlässigkeit der Sternatmosphäre. Schrumpft der Stern, so nehmen Druck und Temperatur in einer oberflächennahen, Helium führenden Schicht zu, die Opazität steigt, sodass die Durchlässigkeit für Strahlung sinkt. Aufgrund dessen staut sich die bei den Fusionsprozessen frei werdende Energie im Stern, und es entsteht ein »Überdruck«, der den Stern über seinen mittleren Durchmesser aufbläht. Damit nehmen Druck und Temperatur wieder ab, die Strahlungsdurchlässigkeit der betreffenden Schicht steigt, die gestaute Energie kann vom Stern abgestrahlt werden, und der Stern schrumpft wieder. Eigentliche Ursache für den Wechsel in der Strahlungsdurchlässigkeit ist die bei einer hohen Temperatur der Schicht eintretende Ionisation der Heliumatome, wobei die frei werdenden Elektronen als Streuzentren für die Strahlung wirken und die bei sinkender Temperatur einsetzende Rekombination, die die Elektronen wieder aus dem Verkehr zieht und sie an die Heliumkerne bindet. So weit zur Erinnerung. Noch nicht erwähnt haben wir, dass es neben den RR-Lyrae-Sternen, die vornehmlich in alten Kugelsternhaufen zu finden sind, und den Cepheiden auch noch andere pulsationsinstabile Sternfamilien gibt, als da sind die δ-Scuti-Sterne, die Mira-Sterne und die W-Virginis-Sterne. Auch die Vorhauptreihensterne, die T-Tauri-Sterne mit ihren hochgradig unregelmäßigen Helligkeitsvariationen, denen wir im Kapitel 6 begegnet sind, rechnet man dazu. Die Abbildung 77 zeigt, wo im Hertzsprung-Russell-Diagramm die einzelnen Vertreter ihren Platz haben.

Sehen wir uns die Pulsierenden Veränderlichen der Reihe nach etwas genauer an. Die δ-Scuti-Sterne haben eine besonders kurze Periode. Innerhalb von nur einer bis fünf Stunden verändert sich ihre Helligkeit. Da sie noch leuchtschwächer sind als die unterhalb der Cepheiden platzierten RR-Lyrae-Sterne, bezeichnet man sie gelegentlich auch als Zwerg-Cepheiden.

Anders als die RR-Lyrae-Sterne zeigen die Mira-Sterne sowohl große Helligkeitsschwankungen als auch große Periodenlängen. Im Zeitraum von 100 bis 1000 Tagen kann ihre

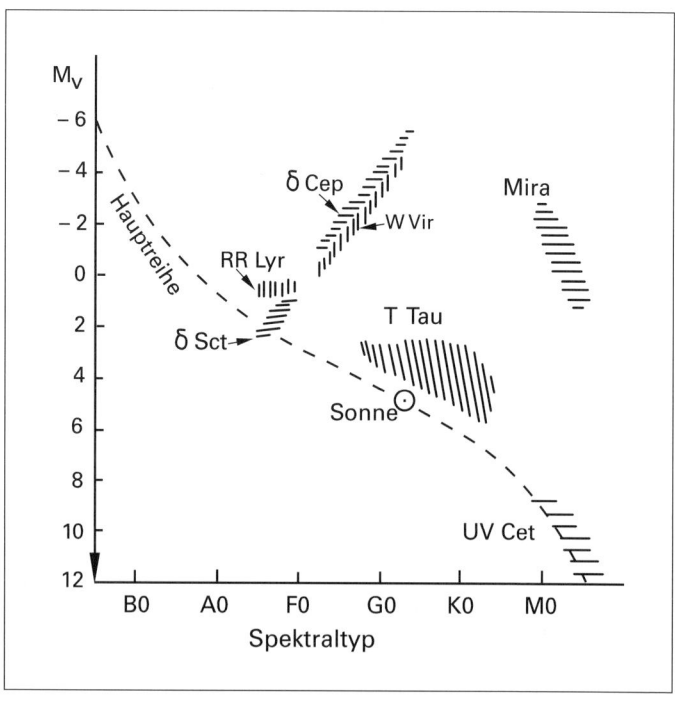

Abb. 77: Position verschiedener Gruppen veränderlicher Sterne im Hertzsprung-Russell-Diagramm.

Leuchtkraft um das 500-Fache anwachsen. Diese Sterne leiten ihre Leuchtkraft weniger von ihrer Oberflächentemperatur ab als vielmehr von ihrer Größe, denn je ausgedehnter ein Stern, umso heller ist er. Mira-Sterne sind kühle Riesensterne. Ihr Pulsationsmechanismus ist jedoch noch nicht vollständig verstanden. Vermutlich ist aber auch bei ihnen ein ähnlicher Anregungsprozess wie bei den Cepheiden am Werk. Es könnte aber auch sein, dass die Pulsationen nicht auf dem Kappa-Mechanismus beruhen, also auf einer Ionisation des Heliums in einer oberflächennahen Schicht, sondern auf einer Ionisation des Wasserstoffs in der konvektiven Zone des Sterns, also dort, wo die Energie von aufsteigenden heißen Gasblasen transportiert wird. Die dadurch ausgelösten Schockwellen laufen durch die Sternatmosphäre und verursachen die beobachteten Radiusänderungen. Mira-Sterne stehen kurz davor, ihre Hülle abzuwerfen und damit zu einem Planetarischen Nebel und einem Weißen Zwerg zu werden. Durch Sternwinde verlieren sie pro Jahr etwa ein Millionstel der Masse unserer Sonne.

Übrigens hat man beim Prototypen dieser Sternfamilie, dem Stern Mira im Sternbild Walfisch, erst kürzlich – im August 2007 – eine bisher noch nicht beobachtete Besonderheit entdeckt. Mira bewegt sich mit einer Geschwindigkeit von rund 500 000 Kilometern pro Stunde durch das All. Infolgedessen zieht er die durch seinen Sternwind verlorene Materie wie einen langen Kometenschweif hinter sich her, und in Bewegungsrichtung ist eine richtige Bugwelle aus heißem Gas zu erkennen. Der Schweif des Sterns Mira hat die enorme Länge von rund 13 Lichtjahren! Schweif und Bugwelle bestehen aus heißem Gas und zeigen sich deshalb nur im ultravioletten Licht. Erst mit den UV-empfindlichen Instrumenten des NASA-Satelliten Galaxy Evolution Explorer konnte man dieses Phänomen studieren. Man hofft, durch weitere intensive Beobachtung von Mira Aufschluss über die letzten Zuckungen eines Roten Riesensterns zu erhalten.

Schließlich noch ein paar Worte zu den W-Virginis-Sternen. Sie sind eng verwandt mit den Cepheiden. Bei gleicher Pulsationsperiode sind diese relativ jungen Sterne jedoch etwas leuchtschwächer.

Neben diesen Vertretern der periodisch pulsierenden Veränderlichen kennt man noch halbregelmäßig oder auch unregelmäßig veränderliche Sterne. Bei Ersteren zeigt die Lichtkurve meist unregelmäßige Wellen von etwa 30 bis 1000 Tagen Länge, wogegen die Lichtkurven der unregelmäßig Veränderlichen mit meist flachen Wellen unterschiedlicher Form und Länge aufwarten. Erwähnenswert sind noch die sogenannten Magnetischen Veränderlichen. Bei ihnen ist es vornehmlich ein Wechsel in der Stärke bestimmter Absorptionslinien, der auffällt. Da damit auch Veränderungen im Magnetfeld des Sterns einhergehen, hat man ihnen den Namen »Magnetische Veränderliche« gegeben. Für die schwachen Lichtwechsel dieser Gruppe machen Astronomen nicht eine Pulsation des Sterns, sondern seine Rotation verantwortlich.

Doppelt gemoppelt

Waren die bis jetzt vorgestellten Verwandlungen ausschließlich stellare Solodarbietungen auf der Himmelsbühne, so brauchen die Bedeckungsveränderlichen unbedingt einen Partner, um ihre Schau abziehen zu können. Dass Sterne im Doppelpack oder in Form von Mehrfachsternsystemen vorkommen, ist keineswegs die Ausnahme, es ist eher die Regel. Denn nahezu jeder zweite Stern hat einen anderen Stern zum Begleiter. Mit anderen Worten: Rund zwei Drittel aller Sterne sind Doppelsterne, die um ihren gemeinsamen Schwerpunkt kreisen, oder sie leben in einem Mehrfachsternsystem. Unsere Sonne zählt da fast schon zu den Ausnahmen. Bis heute hat man trotz intensiver Suche nichts von einem stellaren Begleiter unserer Sonne entdecken können. Proxima Centauri, der zu uns mit einer Entfernung von rund 4,25 Lichtjahren nächste Stern, ist zu weit weg, als dass die beiden Sterne über Gravitationskräfte aneinander gebunden sein könnten. Unsere Sonne scheint daher als Einzelstern das Zentrum der Milchstraße zu umlaufen.

Lassen Sie uns zunächst noch etwas über Doppelsterne erzählen, bevor wir auf die Bedeckungsveränderlichen eingehen. Zwei Wege führen zur Bildung von Doppelsternen. Sie erinnern sich: Sterne entstehen aus dem Material interstellarer Gas-, Molekül- und Staubwolken. Bevor jedoch diese Wolken unter ihrer eigenen Schwerkraft kollabieren, brechen sie erst in mehrere kleine Wolken auseinander. Die Wolken fragmentieren. Die Prozesse, die zur Fragmentierung führen, haben wir in Kapitel 6 besprochen. Ursache sind stets irgendwo in der Wolke lokalisierte Zentren erhöhter Materiedichte, die als Keime für den Kollaps kleiner, isolierter Wolkenareale dienen.

Mit der Zeit verdichten sich diese Bereiche immer mehr, bis die Wolke in mehrere kleinere Wolken mit erhöhter Materiedichte zerfällt. Schließlich kollabieren die Bruchstücke gänzlich unter ihrer eigenen Schwerkraft und verdichten sich zu einem Stern. Aus einer ursprünglich ausgedehnten Wolke können dabei viele Sterne hervorgehen, deren gegenseitiger Abstand so gering ist, dass sie aufgrund ihrer Gravitationskräfte aneinandergebunden sind. Auf diese Weise entstandene Doppelsterne sind dann zwar gleich alt, können jedoch ziemlich unterschiedliche Massen haben.

Den anderen Weg, einen Doppelstern zu formen, geht die Natur viel seltener. Dabei fängt sich ein Stern aufgrund seiner Anziehungskraft einen anderen Stern ein. Wenn überhaupt, dann passiert das vornehmlich in Gebieten, wo die Sterndichte relativ hoch ist, beispielsweise in den Kugelsternhaufen im Halo unserer Galaxis. Allerdings funktioniert dieses Einfangszenario nur, wenn gleichzeitig ein dritter Stern zugegen ist, der mit seiner Gravitationskraft einen der beiden Doppelsternkandidaten so weit abbremst, dass er dem Gravitationsfeld des anderen nicht mehr entkommen kann. Da eine nahe, gleichzeitige Begegnung dreier Sterne jedoch relativ unwahrscheinlich ist, zählt eine solche Hochzeit zweier Sterne zu den ganz seltenen Ereignissen.

Die Familie der Doppelsterne unterteilt man in visuelle, spektroskopische und astrometrische Doppelsterne. Bei den visuellen Doppelsternen kann man mit einem guten Teleskop die beiden Partner getrennt erkennen (Abb. 78). Bei den spektroskopischen Doppelsternen geht das nicht mehr. Sie umkreisen einander in zu geringem Abstand. Die Bahnbewegung lässt sich nur noch anhand der periodischen Dopplerverschiebung ihrer Spektren erkennen. Dopplerverschiebungen sind ja nichts Außergewöhnliches. Wir begegnen ihnen so oft, dass wir gar nicht mehr darauf achten. Denken Sie nur an einen Feuerwehr- oder einen Streifenwagen, der uns entgegenkommt, an uns vorbeifährt und sich wieder entfernt. Ist das Auto auf gleicher Höhe mit uns, fällt der Ton des Martinshorns abrupt in eine tiefere

Abb. 78: Doppelstern Pismis 24–1 im 8000 Lichtjahre entfernten Emissionsnebel NGC 6357. Ursprünglich galt dieses Objekt als ein Stern mit einer Masse von 200 bis 300 Sonnenmassen. Aufnahmen des Hubble Space Telescope zeigen jedoch, dass es sich bei Pismis 24–1 um einen Doppelstern handelt. Spektroskopische Untersuchungen ergaben schließlich, dass einer der beiden Sterne nochmals ein enges Doppelsternsystem bildet, das selbst von Hubble nicht mehr aufgelöst werden kann.

Tonlage. Der Grund: Bei der Annäherung des Wagens werden die Schallwellen gestaucht und beim Entfernen gedehnt, die Frequenz des Tons ist also zuerst höher, dann aber niedriger als bei einer in Ruhe befindlichen Schallquelle. Bei einem Doppelstern ist das ähnlich, nur handelt es sich hier um elektromagnetische Wellen, also Licht, das eine Dopplerverschiebung erfährt. Ist das Doppelsternsystem so im Raum orientiert, dass man von der Erde in Richtung der Bahnebene der beiden Sterne blickt, so kommt ja beim gegenseitigen Umkreisen der beiden Sterne abwechselnd immer einer auf uns zu, wogegen sich der andere von uns wegbewegt. Bei dem auf uns zukommenden Stern werden die Wellen gestaucht, beim sich wegbewegenden Stern gedehnt, mit dem Effekt, dass das Licht der beiden Sterne abwechselnd etwas in den blauen beziehungsweise in den roten Bereich des elektromagnetischen Spektrums verschoben wird

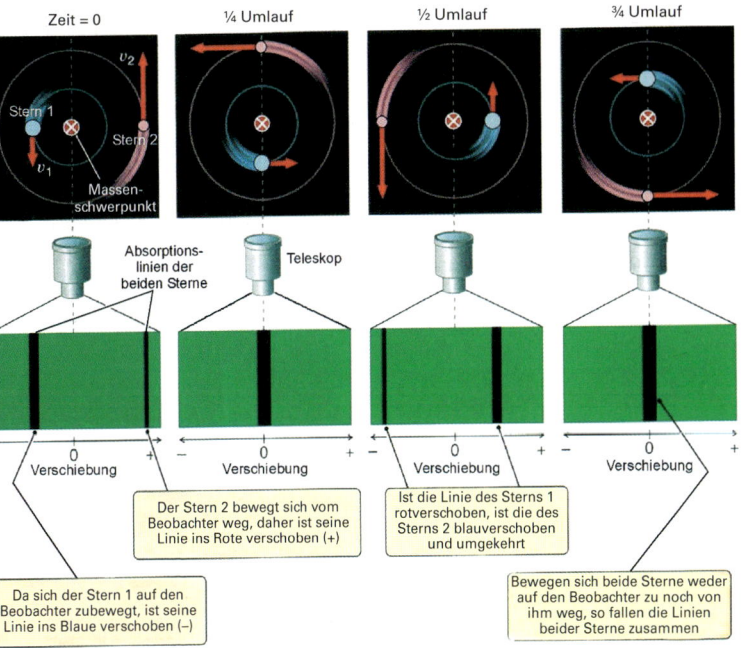

Abb. 79: Verschiebung der Absorptionslinien zweier Sterne eines Doppelsternsystems durch den Dopplereffekt.

(Abb. 79). Obwohl man die beiden Sterne nicht auflösen kann, signalisiert der Wechsel in den Wellenlängen der Sternspektren, dass es sich um einen Doppelstern handeln muss. Der zeitliche Abstand, beispielsweise zwischen zwei Blauverschiebungen, ist übrigens gleich der Zeit, die die beiden Sterne für eine Umrundung des gemeinsamen Schwerpunkts benötigen.

Bei den astrometrischen Doppelsternen kann man einen der beiden weder mit einem guten Teleskop erkennen noch ein Spektrum von ihm aufnehmen. Meist ist er so lichtschwach oder auch so klein, dass er im gleißenden Licht seines Partners einfach untergeht. Aber er hat eine nicht zu vernachlässigende Masse, und die zerrt aufgrund ihrer Anziehungskraft an dem großen Partner, mit dem Ergebnis, dass der sichtbare Partner leicht hin und her zu pendeln scheint oder, wenn man senkrecht auf die Bahnebene der beiden Sterne blickt, einen kleinen Kreis an den Himmel zeichnet. Im Englischen nennt man das *star wobble*. Aus der Messung des Winkels, um den sich der Stern periodisch verschiebt, und der Periode des Hin- und Herpendelns kann man mit Hilfe des 3. Kepler'schen Gesetzes sogar die Masse des unsichtbaren kleinen Begleiters errechnen – vorausgesetzt, man kennt noch die Entfernung zu dem Doppelstern und die Masse des sichtbaren großen Bruders.

Bei den visuellen Doppelsternen ist die Massebestimmung einfacher. Man kann nicht nur die Masse eines, sondern meist die beider Sterne bestimmen. Und vor allem: Die Entfernung zu den Sternen muss nicht bekannt sein. Angenommen, die beiden Sterne laufen auf Kreisbahnen, dann genügt es, die Umlaufperiode um den gemeinsamen Schwerpunkt und, mit Hilfe des Dopplereffekts, die Bahngeschwindigkeiten der beiden Sterne zu messen. Auch hier liefert das 3. Kepler'sche Gesetz zunächst die Massensumme der beiden Sterne. Da sich jedoch die Bahngeschwindigkeiten der beiden Sterne umgekehrt verhalten wie deren Massen, kann man zwei einfache Gleichungen aufstellen und damit die individuellen Sternmassen berechnen. Im Anhang unter »Formeln und Gleichungen« haben wir die entsprechenden Gleichungen aufgeführt.

Man sieht: Wenn es darum geht, die Masse von Sternen zu bestimmen, dann sind Doppelsterne besonders geeignete Objekte. Mittlerweile hat man von etwa 100 Sternen genaue Daten. »Genau« heißt natürlich nicht zu 100 Prozent exakt, sondern es heißt mathematisch exakt, im Rahmen der Genauigkeit, mit der die Werte für die Umlaufzeit und die entsprechenden Winkelabstände, Entfernungen und Bahngeschwindigkeiten gemessen werden konnten. Leider funktioniert diese direkte Methode nur bei relativ wenigen Sternen. Man kann aber an den »genau« vermessenen Sternen indirekte Verfahren eichen, mit deren Hilfe dann die Masse anderer Sterne zumindest in guter Näherung bestimmt werden kann. Klaus Klages sagt dazu: »Auch Wissenschaftler können sich irren – nur etwas genauer.«

Nach diesem Exkurs über Doppelsterne kommen wir jetzt endlich zu der speziellen Doppelsternvariante der Bedeckungsveränderlichen. Wie der Name schon andeutet, verändert sich die Lichtkurve dieser Sternsysteme, nicht weil einer der Partner physikalisch periodisch heller und dann wieder dunkler wird, sondern weil der eine Stern den anderen periodisch verdeckt. Für einen Beobachter auf der Erde macht sich das nur bemerkbar, wenn er annähernd in Richtung der Bahnebene der beiden einander umkreisenden Sterne blickt. Dann sieht er, wie einer der Sterne vor dem anderen vorbeizieht, hinter ihm verschwindet und auf der anderen Seite wieder zum Vorschein kommt. Die Helligkeit des Systems ist demnach am größten, wenn beide Sterne nebeneinander stehen, und am geringsten, wenn sich der eine gerade hinter dem anderen befindet. Aus der Form der Lichtkurve kann man direkt ablesen, ob man es mit zwei Sternen zu tun hat, die relativ weit auseinander stehen und sich gegenseitig nicht beeinflussen, oder ob es sich um ein enges Doppelsternsystem handelt. Bei Ersteren ist die Umlaufperiode meist größer als ein Tag, sie kann sogar viele Jahre betragen. Enge Doppelsterne umkreisen einander dagegen sehr schnell, manchmal sogar innerhalb weniger Stunden.

Bedeckungsveränderliche sind willkommene Objekte, wenn es darum geht, den Radius eines Sterns zu bestimmen. Normalerweise ist das ein schwieriges Unterfangen. Direkte Messungen gelingen nur in Ausnahmefällen, wenn der Stern relativ nah und besonders groß ist, wie beispielsweise bei unserer Sonne. Ansonsten gibt es einige indirekte Verfahren, auf die wir hier aber nicht eingehen wollen. Bei den Bedeckungsveränderlichen reicht es, mit Hilfe des Dopplereffekts die Bahngeschwindigkeit des Sterns, der seinen Partner umrundet, zu bestimmen und die Lichtkurve des Sternduos während eines Umlaufs aufzuzeichnen (Abb. 80). Hat man die Zeiten notiert, bei denen der Stern den anderen gerade »berührt« (t_1), ganz hinter ihm verschwunden ist (t_2), auf der anderen Seite gerade wieder auftaucht

(t_3) und schließlich zur Gänze hinter dem Stern wieder hervorgetreten ist (t_4), so kann man wieder zwei einfache Gleichungen aufstellen und daraus unmittelbar die beiden Sterndurchmesser ausrechnen (siehe Anhang). In der Praxis ist das jedoch nicht so einfach. Denn diese Methode liefert nur dann die richtigen Sternradien, wenn der eine Stern seinen Partner auf einer Kreisbahn umrundet. Normalerweise bewegt sich aber nicht nur ein Stern, sondern beide umlaufen den gemeinsamen Schwerpunkt, und das eventuell auch noch auf elliptischen Bahnen. Um auch da weiterzukommen, braucht man die Bahngeschwindigkeiten beider Sterne. Diese Messung klappt aber nur, wenn beide Sterne von annähernd gleicher Helligkeit sind, da ansons-

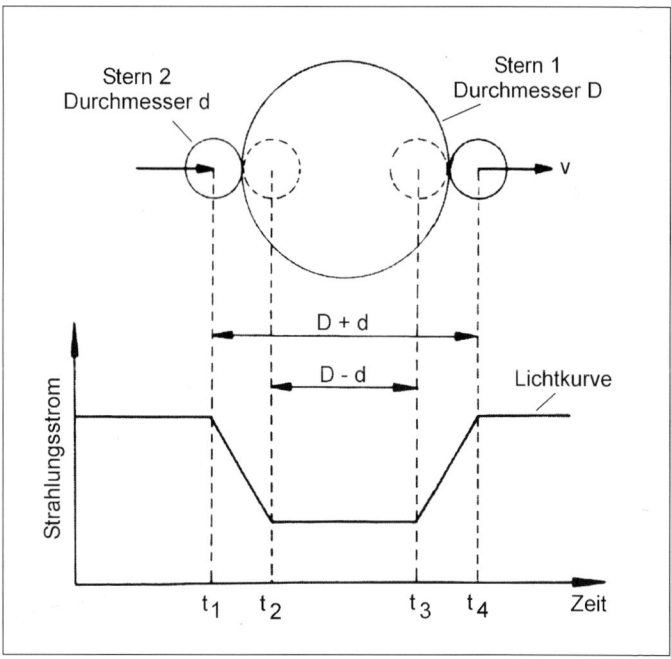

Abb. 80: Schema zur Form der Lichtkurve eines Bedeckungsveränderlichen. Eine Messung der Bahngeschwindigkeit und der Zeiten t_1 bis t_4 erlaubt die Bestimmung der beiden Sternradien.

ten einer im Glanz des anderen verschwindet und von seinem Spektrum nichts zu erkennen ist.

Auch wenn die Radienbestimmung bei einem bedeckungsveränderlichen System nicht klappt oder wenn man es mit einem Einzelstern zu tun hat, so ist noch nicht aller Tage Abend. In Kapitel 4 sind wir einer Gleichung begegnet, die den Sternradius mit der Oberflächentemperatur und der Leuchtkraft des Sterns verknüpft. Vielleicht erinnern Sie sich: Die Leuchtkraft eines Sterns ist proportional zum Sternradius im Quadrat und zur vierten Potenz seiner Effektivtemperatur. Mit dieser Gleichung den Sternradius zu berechnen ist nicht schwierig. Viel schwieriger ist es, die dazu nötigen Daten für die Leuchtkraft und Effektivtemperatur des Sterns mit ausreichender Genauigkeit zu bestimmen. Aufgrund dieser Probleme liefert die Gleichung daher den Sternradius auch nur in mehr oder weniger guter Näherung.

Helligkeitsveränderungen sind übrigens auch zu beobachten, wenn anstelle eines Sterns ein Planet einen Stern umkreist. Der Stern erscheint immer dann etwas dunkler, wenn der Planet vor dem Stern vorbeizieht und etwas von seinem Licht abblockt. In diesem Fall spricht man von einem Planetentransit. Da Planeten im Verhältnis zu ihrem Stern jedoch sehr klein sind, ist der Effekt meist winzig. Der größte Planet in unserem Sonnensystem, der Jupiter, schwächt das Sonnenlicht bei einem Vorbeigang vor der Sonne gerade mal um rund ein Prozent ab. Das Beispiel zeigt: Man braucht sehr empfindliche Detektoren. Bei den Sternen in unserer näheren Umgebung suchen Planetenjäger seit geraumer Zeit nach derartigen Helligkeitsveränderungen als Hinweis auf einen Planeten. Mittlerweile (Stand April 2008) hat man auf diese Weise 46 Exoplaneten gefunden. Neben dieser Methode gibt es noch eine Reihe anderer, zum Teil mehr Erfolg verheißender Suchverfahren. Da jedoch dieses Buch den Sternen gewidmet ist und nicht eventuellen Planeten, die sie umkreisen, verzichten wir auf eine Besprechung der unterschiedlichen Planetensuchverfahren. Nur so viel: Bis heute (April 2008) hat man mit allen praktizierten Suchverfahren schon insgesamt 287 Exoplaneten entdeckt. Wer mehr dazu wissen möchte, findet jede Menge Information auf der Internetseite http://exoplanet.eu.

Eruptive Veränderliche

Kann man das Verhalten der Pulsations- und Bedeckungsveränderlichen als ein Verwirrspiel bezeichnen, so hat das Schauspiel der Eruptiven Veränderlichen zweifellos den Charakter eines Dramas. Eruptive Veränderliche sind Sterne, die einen gewaltigen Massenausbruch, verbunden mit einem gleichzeitigen enormen Helligkeitszuwachs, erfahren. Dazu gehören Supernovae des Typs Ia, Ib, Ic und II sowie Novae und Zwergnovae. Während die Supernovae dieses Ereignis mit dem Leben bezahlen, kommen die Novae und Zwergnovae gerade noch mal davon. Manche wiederholen ihre Vorführung sogar mehrmals. Novae und Zwergnovae bezeichnet man auch als kataklysmische Veränderliche. Diese Objekte sind meist Teil eines Doppelsternsystems und ziehen Materie von ihrem Begleiter ab. Wir kommen darauf noch ausführlich zu sprechen. Der Begriff »kataklysmisch« leitet sich übrigens von dem griechischen Wort »kataklysmos« ab, was so viel wie »Sintflut« oder »Überschwemmung« bedeutet. Sintflut in dem Sinne, dass einer der Doppelsterne vom anderen mit Materie überflutet wird und infolgedessen seine Umgebung mit Licht überschwemmt. Eine vierte Variante Eruptiver Veränderlicher sind die sogenannten R-Coronae-Borealis-Sterne. Im Gegensatz zu den Supernovae, Novae und Zwergnovae verursacht ein Ausbruch dieser Sterne jedoch keine Helligkeitsexplosion, sondern, ganz im Gegenteil, eine Abnahme der Sternhelligkeit. Doch der Reihe nach. Beginnen wir mit dem, was wir – zumindest teilweise – schon kennen: mit den Supernovae.

Im neunten Kapitel sind wir dem Phänomen Supernova schon mal begegnet. Dort haben wir den Lebensweg eines Sterns mit 25 Sonnenmassen vom Einsetzen des Wasserstoffbrennens bis hin zu seinem spektakulären Ende – einer Supernova vom Typ II – Schritt für Schritt verfolgt. Vielleicht lesen Sie ja nochmals nach, wie sich ein Stern zu einer solchen Supernova entwickelt. Alle Sterne mit einer Anfangsmasse von mehr als acht Sonnenmassen, so haben wir erfahren, vergehen in einer Supernova dieses Typs. Um nicht unnötig Verwirrung zu stiften, haben wir jedoch etwas unterschlagen. Massereiche Sterne können auch in einer Supernova vom Typ Ib oder Ic explodieren. Wo liegt da der Unterschied? Er zeigt sich vor allem in den Spektren der explodierenden Sterne. Während das Spektrogramm einer Supernova des Typs II ausgeprägte Wasserstofflinien zeigt, ist davon bei den Typen Ib und Ic nichts zu finden. Außerdem unterscheidet sich der Typ Ib vom Typ Ic durch das Vorhandensein von Spektrallinien des Elements Helium, die bei Letzterem fehlen. Mittlerweile glaubt man die Ursache für diese Unterschiede zu kennen. Zwar liegt allen drei Typen der gleiche uns schon bekannte Entstehungsmechanismus zugrunde, nämlich der Kollaps des Sternkerns unter seiner eigenen Schwerkraft, doch die Sterne, die die Ausgangsbasis der jeweiligen Supernova bilden, sind verschieden. So dürfte dem Vorgängerstern einer Supernova des Typs Ib seine Wasserstoffhülle schon einige Zeit vor dem Kollaps abhanden gekommen sein. Und der Vorläufer einer Supernova des Typs Ic hat darüber hinaus auch noch seine Heliumhülle verloren, ehe er als Supernova explodiert ist.

Für diese Verluste sind meist starke Sternwinde verantwortlich, die bei massereichen Sternen häufig zu beobachten sind. Kandidaten für extreme Sternwinde sind insbesondere die sogenannten Wolf-Rayet-Sterne. Wolf-Rayet-Sterne liegen im Massebereich von etwa 20 bis 100 Sonnenmassen und nähern sich dem Ende ihrer Entwicklung. Mit Oberflächentemperaturen von 30 000 bis 60 000 Kelvin sind sie außerordentlich heiß und rund 50 000 bis 3 Millionen Mal leuchtkräftiger als die Sonne. Man bezeichnet diese Sterne daher gelegentlich auch als Blaue Überriesen – blau, weil heiße Sterne bläulich leuchten. Ihre Wasserstoffhülle und oft auch die heliumhaltige Schale haben sie größtenteils schon in ihre Umgebung abgeblasen. Aber noch immer entwickeln sie einen starken Wind, der neben restlichem Wasserstoff- und Heliumhüllengas auch an die Sternoberfläche gelangte Fusionsprodukte wie Stickstoff, Kohlenstoff und Sauerstoff mit Geschwindigkeiten von bis zu 5000 Kilometern pro Sekunde davonweht. Pro Jahr kann der Stern auf diese Weise bis zu einem Fünfhunderttausendstel der Masse unserer Sonne verlieren. Das sind respektable 4000 Milliarden Milliarden Tonnen Materie! Sehr wahrscheinlich sind es daher insbesondere Wolf-Rayet-Sterne, die in einer Supernova des Typs Ib beziehungsweise Ic explodieren. Da der verbleibende Supernovaüberrest praktisch keinen Wasserstoff enthält, fehlen in dessen Spektrum natürlich auch die für eine Supernova des Typs II charakteristischen Wasserstoff- beziehungsweise Heliumabsorptionslinien.

Neben diesen »Linienspielen« gibt es aber noch ein anderes auffälliges Merkmal, das die unterschiedlichen Supernovatypen kennzeichnet. So unterscheiden sich die Typen Ib und Ic vom Typ II durch eine charakteristisch andere Lichtkurve (Abb. 81). Außerdem haben im sichtbaren Bereich des elektromagnetischen Spektrums die Ib- und die Ic-Supernovae im Maximum der Lichtemission eine mehr als doppelt so große Leuchtkraft wie eine Typ-II-Supernova. Damit sind sie rund zwei Milliarden Mal heller als die Sonne. Schließlich zeigen einige Typ-II-Lichtkurven noch ein ausgeprägtes Plateau, das bei den Typen Ib und Ic nicht vorkommt.

Supernovae des Typs II, Ib und Ic findet man fast ausschließlich in Spiralgalaxien, und zwar in den Spiralarmen, wo noch reichlich Gas für die Entstehung neuer, auch massereicher Sterne vorhanden ist. In elliptischen Galaxien, die neuesten Erkenntnissen zufolge aus der Verschmelzung kleiner Gala-

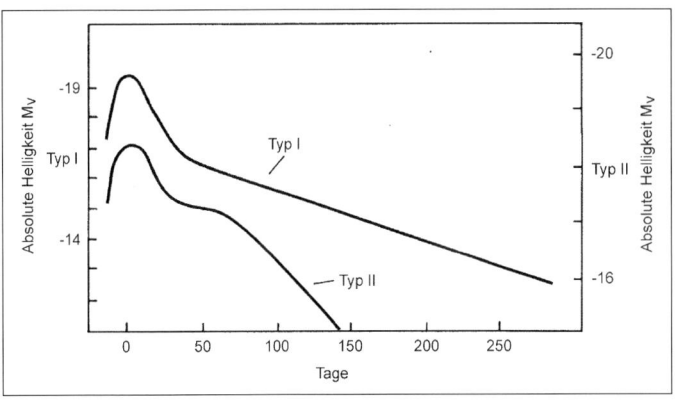

Abb. 81: Charakteristische Supernovalichtkurven. Die Lichtkurve einer Supernova vom Typ I unterscheidet sich deutlich von der des Typs II.

xien, insbesondere von Spiralgalaxien, entstehen, hat man bisher noch keine derartige Supernova entdeckt. Der Grund: Elliptische Galaxien sind ausgesprochen arm an Gas. Folglich kommt es dort auch nicht mehr zu einer Sternentstehung, das heißt, es sind unlängst keine massereichen Sterne entstanden, die als Supernova hätten explodieren können. Diese Tatsache untermauert die gängige Lehrmeinung, wonach alle drei Supernovatypen einen massereichen Stern zum Vorläufer gehabt haben müssen.

Supernovae des Typs Ia

Bei einer Supernova vom Typ Ia ist alles anders. Zeichnet bei den soeben besprochenen Typen II, Ib und Ic jeweils ein Einzelstern als Vorläufer für die Supernova verantwortlich, so braucht es für eine Supernova des Typs Ia zwei Sterne. Typischerweise liegen deren Ausgangsmassen im Bereich von zwei bis acht Sonnenmassen. Die beiden Sterne bilden ein enges Doppelsternsystem, in dem sie einander so nahe kommen, dass sie sich in einem gemeinsamen Gravitationsfeld umkreisen. Dargestellt wird das durch das sogenannte Roche-Potenzial, auf das wir gleich zu sprechen kommen. Unter bestimmten Bedingungen kommt es nun zwischen den beiden Sternen zu einem Massetransport von einem Stern zum anderen. Schauen wir uns mal an, wie das für zwei Sterne unterschiedlicher Masse aussieht.

Soll bei einem Stern ein Massetransport von innen in äußere Bereiche erfolgen, so muss dazu Arbeit geleistet werden, das heißt, es ist ein gewisser Aufwand an Energie nötig. Umgekehrt wird Energie frei, wenn Masse von außen nach innen strömt. Wird jedoch Masse längs einer sogenannten Äquipotenzialfläche verschoben, so erfordert das keinerlei Energie. Eine solche Äquipotenzialfläche entspricht einer Fläche, auf der die Schwerkraft überall den gleichen Wert hat. In einem Doppelsternsystem hat jeder Stern seine eigenen Potenzialflächen. Nahe am Stern sind das nahezu kugelförmige, geschlossene Flächen (Abb. 82). Mit wachsender Entfernung zu den beiden Sternen nähern sich die Äquipotenzialflächen der beiden Sterne jedoch immer mehr an, bis sie sich schließlich in einem gemeinsamen Punkt, dem sogenannten Lagrange-Punkt L1, berühren. Diese beiden ausgezeichneten Flächen, die die beiden Sterne in Form einer Sanduhr einhüllen, entsprechen dem bereits erwähnten Roche-Potenzial und werden daher als kritische Roche-Fläche bezeichnet. Die beiden tropfenförmigen Flächen links und rechts des Punktes L1 – siehe Abbildung 82 – umschließen das sogenannte Roche-Volumen des jeweiligen Sterns. Noch weiter draußen umhüllen dann alle weiteren Potenzialflächen beide Sterne gemeinsam.

Nehmen wir nun an, einer der beiden Sterne, den wir Stern 2 nennen wollen, sei anfänglich deutlich massereicher als der andere Stern. Da bekanntlich massereiche Sterne ihren Brennstoff relativ schnell verbrauchen, soll sich Stern 2 bereits zu einem Weißen Zwerg von etwa einer Sonnenmasse entwickelt haben, der nur noch aus Kohlenstoff und Sauerstoff besteht. Mit fortschreitender Zeit entwickelt sich aber auch Stern 1 und wächst zu einem Roten Riesen heran. Dabei dehnt er sich immer wei-

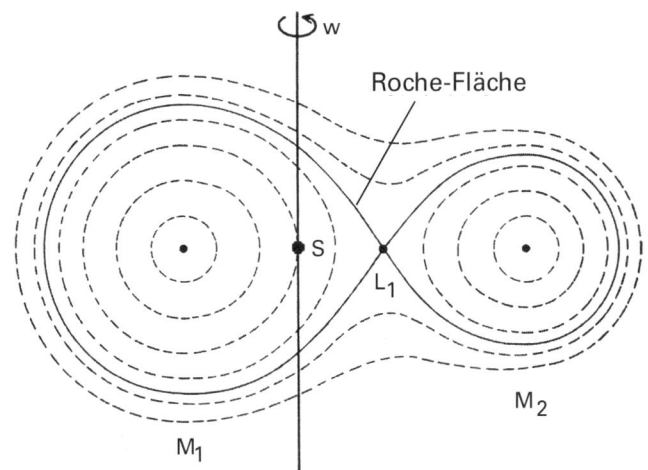

Abb. 82: Äquipotenzialflächen in einem Doppelsternsystem. Die Sterne M1 und M2 umkreisen den gemeinsamen Schwerpunkt S. Die beiden sich am Lagrange-Punkt L1 berührenden Flächen bilden zusammen die sogenannte kritische Roche-Fläche beziehungsweise das Roche-Potenzial.

ter aus, bis er schließlich sein Roche-Volumen voll ausfüllt (Abb. 83 Mitte). Ab diesem Zeitpunkt kann Materie vom Stern 1 am Lagrange-Punkt L1 auf den Weißen Zwerg überströmen. Dort sammelt sich das Gas zunächst in einer sogenannten Akkretionsscheibe um den Weißen Zwerg. Reibungseffekte in der Scheibe lassen dann die Materie auf die Oberfläche des Weißen Zwergs spiralieren und dessen Masse anwachsen.

Dieser Masseaustausch könnte so weitergehen, wenn es da nicht bei 1,44 Sonnenmassen eine scharfe Grenze, die sogenannte Chandrasekhar-Grenzmasse, gäbe. Erreicht der Weiße Zwerg diese Masse, wird er instabil, und im Inneren zündet spontan Kohlenstoffbrennen, ein Kernfusionsprozess, dem wir bei der Besprechung massereicher Sterne schon begegnet sind. Da der Weiße Zwerg aber durch entartetes Elektronengas stabilisiert wird – siehe Kapitel 8 –, ist der Fermi-Druck um vieles größer als der thermische Druck, der durch den Temperatur-

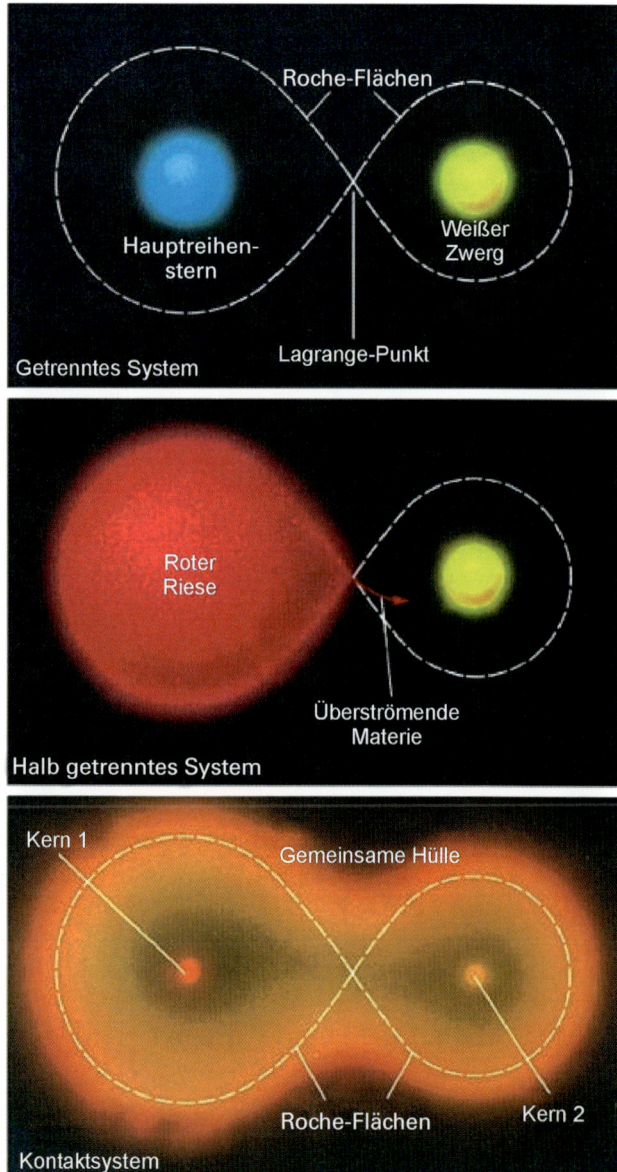

Roche-Flächen

Hauptreihen-
stern

Weißer
Zwerg

Lagrange-Punkt

Getrenntes System

Roter
Riese

Überströmende
Materie

Halb getrenntes System

Kern 1

Gemeinsame Hülle

Roche-Flächen

Kern 2

Kontaktsystem

anstieg aufgrund des Kohlenstoffbrennens entsteht. Mit anderen Worten: Trotz der Kernfusionsprozesse im Inneren dehnt sich der Weiße Zwerg nicht aus und kühlt daher auch nicht ab. Folglich erlischt das Kohlenstoffbrennen nicht, sondern frisst sich rasch durch den ganzen Weißen Zwerg, bis explosionsartig weitere Fusionsprozesse zünden: zuerst das Sauerstoff-, dann das Neon- und letztlich noch das Siliziumbrennen. Die bei diesen Prozessen frei werdende Energiemenge ist so gewaltig, dass schließlich der Weiße Zwerg vollständig in einer Supernovaexplosion vom Typ Ia zerrissen wird.

Fassen wir zusammen: Von einer Supernova vom Typ Ia spricht man, wenn ein Weißer Zwerg durch Akkretion von Masse die Chandrasekhar-Grenze von 1,44 Sonnenmassen überschreitet und durch die Energie der daraufhin zündenden Kernfusionsprozesse explosionsartig zerrissen wird. Etwa die Hälfte der Sternmasse wird dabei in ein instabiles Isotop des Elements Nickel (^{56}Ni) umgewandelt. Dieses Isotop zerfällt mit einer Halbwertszeit von 6,6 Tagen in ein Isotop des Elements Kobalt (^{56}Co) und das Kobalt wiederum mit einer Halbwertszeit von 77 Tagen in stabiles Eisen (^{56}Fe). Bei diesen sich über viele Tage hinziehenden Zerfallsprozessen werden enorme Mengen an γ-Quanten frei. Außerdem entstehen Unmengen an Positronen – das sind die positiv geladenen Antiteilchen der Elektronen –, die aber sofort mit freien Elektronen ebenfalls zu γ-Quanten zerstrahlen. Die enorme Leuchtkraft der Supernova sowie der lange »Schwanz« der Lichtkurve in der Abbildung 81 kommen zustande, weil diese γ-Quanten über viele Stöße mit den Atomen der Explosionswolke die Wolkenmaterie aufheizen und zum Leuchten anregen. Bei der Supernova 1987 A in der Großen Magellan'schen Wolke konnte dieser schrittweise Zerfall von ^{56}Ni und ^{56}Co direkt beobachtet werden.

Abb. 83 links: Bei Doppelsternen unterscheidet man zwischen getrennten, halb getrennten und Kontaktsystemen. Bei halb getrennten Systemen kommt es zu einem Massetransfer über den Lagrange-Punkt L1.

Das klingt jetzt alles sehr theoretisch, und die Frage, ob die Modelle, welche die Prozesse beschreiben, auch richtig sind, ist durchaus berechtigt. Doch wir versichern: Sie sind richtig! Die beobachteten Lichtkurven von Supernovae des Typs Ia entsprechen genau den von Kernphysikern gemessenen Zerfallszeiten der Nickel- beziehungsweise Kobaltisotope. Hier zeigt sich besonders schön, wie die im Labor auf der Erde gewonnenen Erkenntnisse der Kernphysik auch auf die Sterne anwendbar sind. Nicht zuletzt ist das eine großartige Bestätigung der Hypothese, dass unsere Naturgesetze überall im Universum gültig sind.

Die bei der Explosion einer Supernova des Typs Ia freigesetzte Gesamtenergie – Licht und kinetische Energie der ins All geschleuderten Materie – beträgt rund 10^{44} Joule. Damit erreichen Supernovae Ia im Maximum eine absolute Helligkeit von rund minus 20 Magnituden und sind damit noch etwa viermal heller als die Supernovae des Typs Ib und Ic (circa minus 18,5 Magnituden) und etwa zehnmal heller als eine Supernova des Typs II (circa minus 17,5 Magnituden). Da ferner alle Ia-Supernovae mit einem Weißen Zwerg an der Chandrasekhar-Massegrenze starten, haben sie auch alle in etwa den gleichen Energiegehalt und sind somit gleich hell. Das macht diese Supernovae zu hervorragenden Standardkerzen für die Entfernungsbestimmung im Universum. Denn wenn alle Supernovae Ia, ganz egal, wo man sie entdeckt, die gleiche absolute Helligkeit haben, dann muss man nur noch deren scheinbare Helligkeit messen, um daraus mit einer einfachen Gleichung – sie verknüpft die Entfernung mit der scheinbaren und der absoluten Helligkeit – deren Entfernung zum Beobachter zu berechnen. Insbesondere die »Vermessung« des Kosmos auf den ganz großen Distanzen wird durch die Supernovae Ia enorm erleichtert.

In letzter Zeit haben sich Supernovae vom Typ Ia auch für die Kosmologie als sehr nützlich erwiesen. Mit ihrer Hilfe kann man nämlich feststellen, wie sich das Universum in seiner Frühzeit ausgedehnt hat und wie es sich heute verhält. Aufgrund ihrer enormen Leuchtkraft sind Supernovae Ia ja über gewaltige Entfernungen hinweg noch zu sehen. Wie wir bereits wissen, ist aber die Beobachtung eines weit entfernten Objekts gleichbedeutend mit einem Blick in die Vergangenheit. So hat man Supernovae Ia aus einer Zeit beobachten können, zu der das Universum erst halb so groß wie heute und erst rund sechs Milliarden Jahre alt war. Einige Beobachtungen gehen sogar noch weiter in der Zeit zurück. Kosmologen können ausrechnen, welche scheinbaren Helligkeiten man bei diesen Supernovae des frühen Universums messen müsste, wenn sich das Universum entweder immer gleichmäßig oder gebremst oder beschleunigt ausgedehnt haben sollte. Als man die Rechenergebnisse mit den gemessenen Werten verglich, war man jedoch ziemlich überrascht: Bis vor etwa sieben Milliarden Jahren hat sich das Universum erwartungsgemäß gebremst, das heißt immer langsamer ausgedehnt. Doch dann hat es den Fuß von der Bremse genommen und Gas gegeben. Seither dehnt es sich immer schneller aus! Die Kosmologen glauben, dass sich das auch nicht mehr ändern wird. Vermutlich wird sich die Ausdehnung in alle Ewigkeit zunehmend beschleunigen. Was das letztlich für die beobachtende Astronomie bedeutet, ist momentan ein heißes Diskussionsthema, das wir hier jedoch nicht auswalzen wollen.

Wenn Sie mehr über die Expansion des Universums wissen möchten, so können wir Ihnen – Klappern gehört zum Handwerk – unser Büchlein »Kosmologie für helle Köpfe« empfehlen. Dort erfahren Sie auch, welchen Einfluss die Materie im Kosmos und die sogenannte Dunkle Energie auf die Expansion haben. Auf einige einfache Gleichungen müssen Sie sich jedoch gefasst machen.

Novae und Zwergnovae

Kehren wir wieder zurück zu unseren veränderlichen Sternen. Zu den Eruptiven Veränderlichen zählen auch die schon angesprochenen Novae und Zwergnovae. Der Name ist jedoch irreführend. Er leitet sich von dem lateinischen Wort *nova*, zu Deutsch »neu«, ab. Ursprünglich glaubte man nämlich, dass dieses Phänomen die Geburt eines neuen Sterns an einer Stelle des Himmels anzeigt, wo vorher kein Stern zu sehen war. In Wirklichkeit handelt es sich jedoch um einen bislang leuchtschwachen Stern, der plötzlich enorm an Helligkeit zulegt.

Im Gegensatz zu den Supernovae ist bei den Novae und Zwergnovae alles um ein paar Größenordnungen kleiner. Wo nicht »Super« draufsteht, ist eben auch kein »Super« drin. Sehen wir uns zuerst an, wie es zu einer Nova kommt. Ausgangssituation ist, wie bei den Ia-Supernovae, ein Doppelsternsystem mit einem Weißen Zwerg, der den einen Teil des Binärsystems bildet. Alles Weitere läuft zunächst so ab, als sollte es mit einer Supernova des Typs Ia enden: Materietransfer vom Roten Riesen über den Lagrange-Punkt L1 auf eine den Weißen Zwerg umgebene Akkretionsscheibe. Wo die Materie auftrifft, bildet sich ein heißer Fleck, ein sogenannter Hot Spot, der einen wesentlichen Teil der Leuchtkraft einer Nova ausmacht (Abb. 84). Wie bei der Supernova Ia spiraliert dann die Materie aufgrund von Reibungseffekten in der Scheibe auf die Oberfläche des Weißen Zwergs. Doch noch ehe der Weiße Zwerg die Chandrasekhar-Massegrenze erreicht, zündet in dem durch den Aufprall auf die Zwergoberfläche erhitzten Wasserstoff explosionsartig das Wasserstoffbrennen. Dabei steigt die Helligkeit auf das etwa 10 000-Fache der ursprünglichen Sternhelligkeit an, sodass die Nova im Maximum rund 500 000 bis etwa 1 Million Mal heller ist als unsere Sonne. Gleichzeitig katapultiert die Explosion die oberflächennahen Schichten mit Geschwindigkeiten von bis zu 2000 Kilometern pro Sekunde in das All. Vermutlich wird sogar die gesamte umgebende Gasscheibe durch die Explosion aufgelöst. Der Weiße Zwerg verliert dabei bis zu einem Tausendstel einer Sonnenmasse.

Addiert man die bei der Explosion abgestrahlte Lichtenergie und die kinetische Energie der abgeschleuderten Hülle, so beträgt die insgesamt freigesetzte Energie rund 10^{38} Joule. Das ist nur ein Millionstel der bei einer Supernova des Typs Ia frei wer-

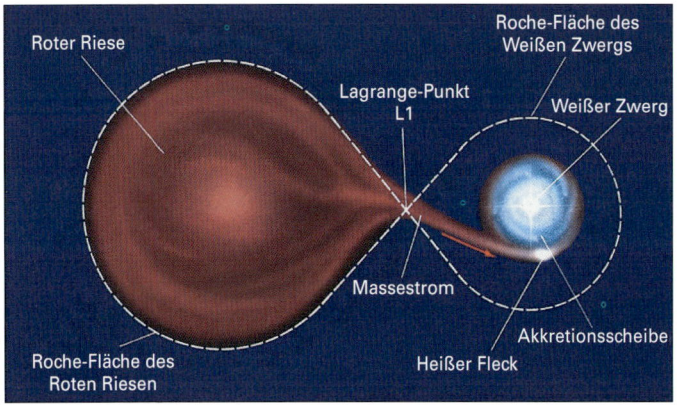

Abb. 84: Entstehung einer Nova durch Massenakkretion auf einen Weißen Zwerg.

denden Energie. Auch hinsichtlich ihrer maximalen Helligkeit ist eine Nova nicht mit einer rund 10 000-mal helleren Ia-Supernova zu vergleichen. Während sich jedoch alle Supernovatypen bei der Explosion selbst zerstören, geht der Weiße Zwerg aus der Novaexplosion letztlich relativ unbeschadet hervor.

Zu einer Nova kann es auch kommen, wenn in dem Doppelsternsystem ein heißer Hauptreihenstern des Spektraltyps O den Platz des Weißen Zwergs einnimmt. Wie beim Weißen Zwerg sammelt sich auch auf der Oberfläche des O-Sterns die vom anderen Stern abströmende Materie und erhöht den Druck und die Temperatur in seiner Atmosphäre. Sind die kritischen Werte erreicht, fusioniert wieder explosionsartig der Wasserstoff in der oberen Sternhülle zu Helium, wodurch diese sich gewaltig aufbläht und die Leuchtkraft des Sterns in die Höhe treibt. Ist dann ein Teil der expandierenden Hülle abgeworfen, so ist, wie beim Weißen Zwerg, der Stern im Wesentlichen wieder so, wie er vorher war.

Novae treten in verschiedenen Erscheinungsformen auf. Man unterscheidet rasche, langsame, sehr langsame und rekurrierende Novae. Rasche Novae zeigen einen Helligkeitsabfall der

Lichtkurve um das mehr als 15-Fache innerhalb der ersten 100 Tage nach der Explosion. Bei den langsamen Novae ist der Helligkeitsabfall in den ersten 100 Tagen deutlich geringer, und die sehr langsamen Novae verharren sogar bis zu einigen Jahren im Maximum und verlieren erst dann langsam an Helligkeit. Die rekurrierenden Novae geben sich mit nur einem Ausbruch nicht zufrieden. Bei ihnen ist der Gaszustrom so umfangreich, dass sie mit zwei oder sogar mehreren Helligkeitsausbrüchen pro Jahrhundert auftrumpfen.

Und jetzt noch ein paar Worte zu den Zwergnovae. Als Prototypen dienen hier die Sterne U Geminorum beziehungsweise SS Cygni. Während bei einer Nova die Helligkeit des Sterns um das etwa 10 000-Fache ansteigt, ist es bei einer Zwergnova nur noch ein Faktor 10 bis maximal 250. Auch zündet keine thermonukleare Kernfusion. Vielmehr wird der Zwergnovaausbruch durch Instabilitäten in der umgebenden Gasscheibe verursacht. Dabei kommt es zu einem erhöhten Massetransport vom äußeren Rand der Scheibe in Richtung Scheibenmitte. Die dabei frei werdende Gravitationsenergie ist die Energiequelle, die der Zwergnova zu ihrer Leuchtkraft verhilft. Einen Auswurf von Materie, also ein Abwerfen der Materiescheibe, hat man bei einer Zwergnova noch nicht beobachten können.

Abbildung 85 veranschaulicht nochmals den verschlungenen Weg eines Doppelsternsystems. Das Ende der Entwicklung markiert entweder eine Zwergnova, eine Nova oder eine Supernova vom Typ Ia.

R-Corona-Borealis-Sterne

Sterne dieses Typs gehören zu den wunderlichsten Objekten im All. War bisher bei allen Eruptiven Veränderlichen ein Ausbruch immer mit einem Anstieg der Helligkeit des Sterns ver-

Abb. 85 rechts: Entwicklung zweier Sterne unterschiedlicher Anfangsmasse in einem halb getrennten Doppelsternsystem.

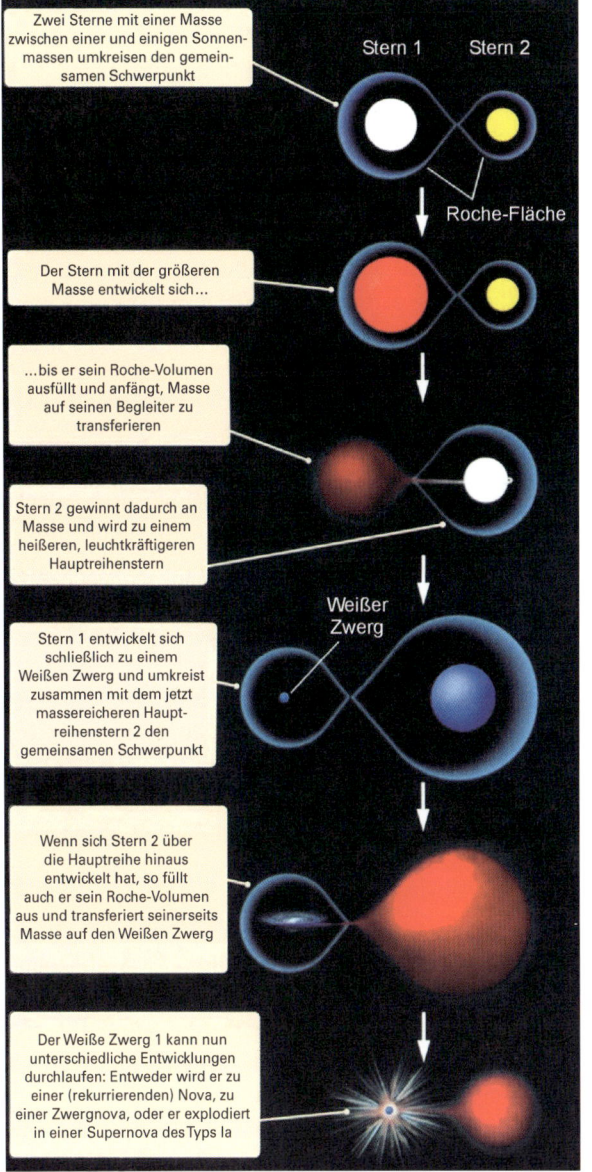

Zwei Sterne mit einer Masse zwischen einer und einigen Sonnenmassen umkreisen den gemeinsamen Schwerpunkt

Stern 1   Stern 2

Roche-Fläche

Der Stern mit der größeren Masse entwickelt sich…

…bis er sein Roche-Volumen ausfüllt und anfängt, Masse auf seinen Begleiter zu transferieren

Stern 2 gewinnt dadurch an Masse und wird zu einem heißeren, leuchtkräftigeren Hauptreihenstern

Weißer Zwerg

Stern 1 entwickelt sich schließlich zu einem Weißen Zwerg und umkreist zusammen mit dem jetzt massereicheren Hauptreihenstern 2 den gemeinsamen Schwerpunkt

Wenn sich Stern 2 über die Hauptreihe hinaus entwickelt hat, so füllt auch er sein Roche-Volumen aus und transferiert seinerseits Masse auf den Weißen Zwerg

Der Weiße Zwerg 1 kann nun unterschiedliche Entwicklungen durchlaufen: Entweder wird er zu einer (rekurrierenden) Nova, zu einer Zwergnova, oder er explodiert in einer Supernova des Typs Ia bunden, so ist es bei den R-Corona-Borealis-Sternen genau umgekehrt. Nach monate- oder jahrelanger konstanter Helligkeit erleiden diese Sterne binnen weniger Tage einen Helligkeitseinbruch um mehrere Größenklassen, um sich dann langsam wieder zu erholen. Bei den R-Corona-Borealis-Sternen handelt es sich um Rote Überriesen, deren Atmosphären kaum Wasserstoff enthalten, dafür aber einen überproportional hohen Anteil an Kohlenstoff und Stickstoff. Gelegentlich stoßen diese Sterne gewaltige Mengen kohlenstoffhaltiges Material aus, das im kalten Weltraum zu winzigen Kohlenstoffpartikeln kondensiert. Diese legen sich wie eine dunkle Rußwolke um den Stern und schlucken dessen Licht. Im Lauf der Zeit wird jedoch die Wolke durch den Druck der vom Stern ausgehenden Strahlung wieder weggeblasen. Bis zum nächsten Ausbruch leuchtet der Stern dann so hell wie zuvor. Ihren Namen haben diese Eruptiven Veränderlichen vom Prototyp dieser Variablen, dem Stern R-Corona-Borealis, der vor rund 200 Jahren von dem britischen Amateurastronomen Edward Pigott im Sternbild Corona-Borealis entdeckt wurde.

Wie diese Sterne entstanden sind, ist noch nicht völlig geklärt. Vermutlich erlaubt sich hier die Natur den makabren Scherz, Sternleichen, in diesem Fall Weiße Zwerge, wieder zu neuem Leben zu erwecken. Manchmal lässt der Tod des einen andere erst richtig aufleben. Eine der Theorien besagt nämlich, dass der Stern in einem finalen Heliumblitz, der in der aus Helium bestehenden Oberfläche eines Weißen Zwergs abläuft, wiedergeboren wird. Dem Heliumblitz sind wir ja schon bei der Entwicklung massearmer Sterne auf dem Riesenast im Hertzsprung-Russell-Diagramm begegnet. Aufgrund der Explosion bläht sich das Objekt rasch zu einem Roten Überriesen hoher Leuchtkraft auf. Einer anderen Theorie zufolge entstehen die R-Corona-Borealis-Sterne in einem Doppelsternsystem durch die Verschmelzung zweier Weißer Zwerge. Dabei soll die Oberfläche des einen Weißen Zwergs im Wesentlichen aus Helium bestehen, die des anderen aus Kohlenstoff und Sauerstoff. Beide Theorien können den geringen Wasserstoffgehalt der R-Corona-Borealis-Sterne gut erklären: Weiße Zwerge haben ja keinen Wasserstoff mehr. Da jedoch die erste Theorie einige Ungereimtheiten hinsichtlich der Elementhäufigkeit und der zeitlichen Entwicklung des Sterns aufweist, gibt man mittlerweile der zweiten Theorie den Vorzug.

Vom Typ R-Corona-Borealis sind nur etwa 50 Sterne bekannt. Man glaubt daher, dass diese Roten Überriesen nur für sehr kurze Zeit in der R-Corona-Borealis-Phase verharren – vermutlich nicht länger als 1000 Jahre.

Damit soll es genug sein mit den Veränderlichen. Zwar könnten wir noch eine Weile weitermachen, beispielsweise mit Röntgendoppelsternen, magnetischen Doppelsternen oder Paarinstabilitäts-Supernovae, aber das würde dann vielleicht doch etwas zu speziell. Dieses Buch soll ja nur einen Überblick über die vielfältigen Erscheinungsformen der Sterne verschaffen. Nützen wir lieber die letzten Seiten zu einem Kapitel über das, was bleibt, über die Restposten am Ende eines Sternenlebens.

Kapitel 12

Was übrig bleibt

Stirbt ein Lebewesen, so bleibt, zumindest für eine gewisse Zeit, seine Hülle noch erhalten. So ähnlich verhält es sich auch mit den meisten Sternen. Dass etwas übrig bleibt, wenn Sterne sterben, ist uns nicht neu. Vom Tod eines massearmen Sterns zeugen ein Weißer Zwerg und ein Planetarischer Nebel, und die Explosion eines massereichen Sterns hinterlässt einen Neutronenstern – vielleicht auch ein Schwarzes Loch – und einen sogenannten Supernovaüberrest. Weiße Zwerge und Neutronensterne haben wir in den Kapiteln 8 und 9 schon ausführlich vorgestellt. Allerdings sind dabei die Planetarischen Nebel und die Supernovaüberreste etwas zu kurz gekommen. Das wollen wir jetzt wiedergutmachen.

Planetarische Nebel

Bevor wir mit den Planetarischen Nebeln beginnen, noch ein Hinweis. Planetarische Nebel gehören zu den wundervollsten Strukturen, die die Natur erschafft. Als filigrane Gebilde von nahezu vollkommener Kugelsymmetrie, manchmal aber auch einem abstrakten Gemälde nicht unähnlich, scheinen sie, allerdings für das bloße Auge nicht sichtbar, zwischen den Sternen zu schweben. Ihr phantastisches Aussehen zu beschreiben gelingt wohl nur dem, der es versteht, mit Worten zu malen. Doch meist ist unsere Sprache zu blass, um ein getreues Abbild dieser Strukturen in unserem Kopf entstehen zu lassen. Planetarische Nebel muss man mit anderen Sinnen erfassen: Man

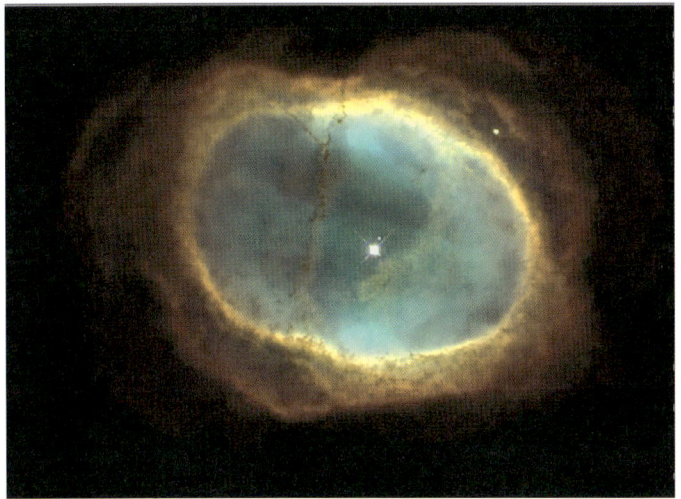

Abb. 86: Der Planetarische Nebel NGC 3132. Dieser von dem britischen Astronomen John Herschel 1835 entdeckte und 2000 Lichtjahre entfernte Südliche Ringnebel ist einer der uns nächsten Planetarischen Nebel. Der Stern, der seine Hüllen abgeworfen hat und diesen Nebel entstehen ließ, ist nicht der sehr helle Punkt im Zentrum, sondern der kleine, schwach leuchtende unmittelbar darüber.

muss sie sehen (Abb. 86)! Deshalb – wenn Sie Zugang zum Internet haben – rufen Sie die Seite http://de.wikipedia.org/wiki/Liste_der_planetarischen_Nebel auf. Dort finden Sie eine kleine Auswahl Planetarischer Nebel in Wort und Bild. Fast alle Bilder lassen sich nahezu bildschirmfüllend vergrößern, und fast immer ist eine Beschreibung dabei, die über die wichtigsten Daten informiert. Diese Schau sollten Sie sich nicht entgehen lassen – es lohnt sich.

Heute kennt man mehr als 1000 Planetarische Nebel in unserer Milchstraße. Dass diese Objekte nichts mit Planeten zu tun haben, sondern, durch ein schwaches Fernrohr betrachtet, nur eine gewisse Ähnlichkeit mit einem Gasplaneten haben, wurde schon erwähnt. Nein, Planetarische Nebel bestehen aus dem Gas der von einem sterbenden Stern, einem Roten Riesen, abgeworfenen Hülle. Dabei entspricht die gesamte Gasmasse in etwa 0,2 bis 0,3 Sonnenmassen, die sich auf Entfernungen von bis zu einigen Zehntausenden Astronomischen Einheiten ausdehnt. Ihre herrlichen Farben verdanken die Planetarischen Nebel dem Weißen Zwerg, der im Zentrum vieler dieser Objekte noch zu erkennen ist. Die ultraviolette Strahlung des zwischen 30 000 und 150 000 Kelvin heißen zentralen Reststerns ionisiert das Gas und bringt es zum Leuchten. Die breite Farbpalette entsteht, weil neben dem dominanten Wasserstoff auch die Atome der im Stern erbrüteten und mit der Hülle ausgeworfenen Elemente wie Helium, Sauerstoff, Stickstoff, Kohlenstoff und Neon mit angeregt werden. Man »sieht« also förmlich, wie der sterbende Stern das interstellare Medium, das Gas zwischen den Sternen, mit schweren Elementen anreichert und so den Kreislauf der Materie schließt.

Planetarische Nebel sind übrigens keine starren Gebilde. Messungen zeigen, dass sich die Nebelhüllen mit Geschwindigkeiten von circa 25 Kilometer pro Sekunde ausdehnen. Die Gasdichte sinkt, das Gas wird folglich immer dünner, sodass der Nebel in aller Regel nach etwa 10 000 Jahren nicht mehr zu sehen ist. Da diese Zeit im Vergleich zur Lebensdauer eines massearmen Sterns sehr kurz ist, kann man aus der Anzahl der gegenwärtig beobachtbaren Planetarischen Nebel auf deren Gesamtzahl schließen. Demnach dürfte es in unserer Milchstraße rund 10 000 derartige Objekte geben. Planetarische Nebel sind also keine Einzelerscheinung einiger weniger Sterne, sondern das leuchtende »Totenhemd« einer Vielzahl von Sternen.

Supernovaüberreste

Wie bei den Planetarischen Nebeln empfehlen wir auch hier zur Einstimmung zunächst, die Internetseite http://en.wikipedia. org/wiki/List_of_supernova_remnants aufzurufen und sich ein paar der bekanntesten Vertreter anzusehen. Zwar sind die erklärenden Texte in englischer Sprache abgefasst, aber mit

Abb. 87: Überrest der Supernova Cassiopeia A. Das Bild entstand aus einer Überlagerung von Aufnahmen im Röntgenbereich sowie im Bereich des sichtbaren Lichts und der Infrarotstrahlung. Cassiopeia A liegt 10 000 Lichtjahre entfernt im Sternbild Cassiopeia.

einem kleinen Wörterbuch an der Hand dürfte es nicht allzu schwer sein, sie zu verstehen.

Supernovaüberreste – im Folgenden kurz SNR genannt – sind außerordentlich komplexe Gebilde. Generell handelt es sich dabei um Sternhüllen, die bei einer Supernovaexplosion mit Geschwindigkeiten von bis zu 10 000 Kilometern pro Sekunde abgestoßen werden. Prinzipiell unterscheidet man drei Typen von SNR: schalen- beziehungsweise ringförmige SNR, dann dem Krebs-Nebel ähnliche sogenannte »angefüllte« SNR und zusammengesetzte (composite) SNR mit einer gemischten Morphologie. Für den ringförmigen Typ ist der SNR Cassiopeia A im Sternbild Cassiopeia ein Beispiel (Abb. 87). Man erkennt einen ringförmigen Bogen, der den SNR umgibt. Diese Struktur entsteht durch die Schockwelle der Explosion. Sie rast in das interstellare Medium hinein, heizt dort das Gas schalen-

Abb. 88: Der berühmte Krebs-Nebel im Sternbild Stier. Die für den Nebel ursächliche Supernovaexplosion konnten chinesische Astronomen 1054 am Himmel beobachten. Das bläuliche Glimmen im Inneren des Nebels geht von hochenergetischen Elektronen aus, die durch den Pulsar im Zentrum beschleunigt werden.

förmig um den Explosionsherd auf und regt es so zum Leuchten an. Die angefüllten beziehungsweise dem Krebs-Nebel verwandten SNR leiten ihren Namen von Letzterem ab (Abb. 88). Bis auf den Pulsar, der im Zentrum des SNR sitzt und Materie in zwei Strahlungskeulen mit hoher Geschwindigkeit in den Raum schießt, sind sie dem schalenförmigen Typ sehr ähnlich. Allerdings sehen sie nicht so sehr wie ein Ring aus, sondern ähneln mehr einem ausgefüllten Klecks. Composite-SNR sind eine Mischung aus schalenartigem und dem Krebs-Nebel ähnlichem SNR. Je nachdem, in welchem Wellenlängenbereich des elektromagnetischen Spektrums man diesen SNR-Typ beobachtet, scheint er entweder schalenartig oder dem Krebs-Nebel ähnlich zu sein.

Der SNR breitet sich in den ersten circa 200 Jahren nach der Explosion des Sterns zunächst relativ ungebremst aus. Gegen Ende dieser Phase hat er einen Durchmesser von sechs bis sieben Lichtjahren erreicht. Ab da verlangsamt sich die Ausdehnung merklich. Insbesondere die Wechselwirkung der abgeworfenen Schale mit dem Gas des interstellaren Mediums bremst die Materieteilchen von anfänglich 10 000 Kilometern pro Sekunde auf nur wenige hundert Kilometer pro Sekunde herunter. In den rund 100 000 Jahren dieses Entwicklungsabschnitts wächst der SNR auf einen Durchmesser von circa 100 Lichtjahren heran. Im Laufe der folgenden 100 000 Jahre kommt dann die Expansion allmählich zum Stehen. Ist schließlich die Teilchengeschwindigkeit auf etwa zehn Kilometer pro Sekunde abgesunken – ein Wert, der mit der Teilchengeschwindigkeit im interstellaren Medium vergleichbar ist –, löst sich der SNR auf, und seine Materie wird vom interstellaren Medium absorbiert.

Supernovaüberreste emittieren Licht in nahezu allen Wellenlängenbereichen, vornehmlich jedoch im Radio- und im Röntgenbereich. Im Bereich des sichtbaren Spektrums sind nur wenige SNR auffällig, vor allem deswegen, weil das sichtbare Licht vom Staub zwischen den Sternen größtenteils verschluckt wird. Astronomen bezeichnen dieses Phänomen als interstellare Extinktion. Radio- und Röntgenstrahlen durchdringen den Staub jedoch nahezu ungeschwächt. Die Radiostrahlung der SNR ist vornehmlich »nichtthermischen« Ursprungs. Das heißt, sie wird nicht von einer entsprechend aufgeheizten Materie abgestrahlt, sondern entsteht in Form von Synchrotronstrahlung. Dabei spiralieren elektrisch geladene Teilchen, hauptsächlich Elektronen, um die Kraftlinien der im SNR vorhandenen Magnetfelder. Da die Bewegung der Teilchen im Magnetfeld einer Beschleunigung gleichkommt und da beschleunigte Ladungen strahlen, geben sie einen Teil ihrer Bewegungsenergie als elektromagnetische Welle ab.

Die Röntgenstrahlung der SNR ist dagegen meist thermischer Natur. Eine Ausnahme von dieser Regel bildet insbesondere der Krebs-Nebel, auf den wir gleich noch zu sprechen kommen. Prinzipiell strahlt Materie entsprechend ihrer Temperatur mehr oder weniger energiereiche elektromagnetische Wellen ab. Bei einem Stück glühend heißem Eisen ist es sichtbares Licht, bei einer nur mäßig warmen Dampfheizung ist es vor allem Infrarotstrahlung, die wir als Wärme verspüren. Ist jedoch die Temperatur hoch genug, so kann auch Röntgenlicht entstehen. Dazu muss das Gas deutlich über eine Million Kelvin heiß sein. Bei diesen Temperaturen haben die Gasatome alle ihre Elektronen verloren. Diesen »See« aus Elektronen und nackten Atomkernen bezeichnet man auch als ein Plasma oder neben den Zuständen gasförmig, flüssig und fest als vierten Aggregatszustand der Materie. Nimmt man für das Plasma eine Temperatur im Bereich von 7 bis 45 Millionen Kelvin an, so lässt sich die starke Röntgenstrahlung des bereits erwähnten SNR Cassiopeia A gut als thermische Röntgenstrahlung erklären.

Beim Krebs-Nebel, dem 6300 Lichtjahre entfernten SNR im Sternbild Stier, ist auch die Röntgenstrahlung nichtthermischer Natur, also auf Synchrotronstrahlung zurückzuführen. Verantwortlich dafür ist im Wesentlichen ein Pulsar im Zentrum des Nebels, der sich rund 30-mal pro Sekunde um seine Achse dreht. An den magnetischen Polen dieses phantastischen Objekts schießen zwei gewaltige, hochenergetische, eng gebündelte Teilchenstrahlen in den Raum. Im extrem starken Magnetfeld des Pulsars lassen die sich mit nahezu Lichtgeschwindigkeit bewegenden Teilchen die beobachtete Röntgenstrahlung entstehen. Letztlich ist also die Rotation des Pulsars die Quelle, aus der der Krebs-Nebel seine Energie bezieht. Für die Astronomen ist der Krebs-Nebel ein besonders interessantes Forschungsobjekt: Man kennt den Zeitpunkt, zu dem die Supernova, die für den Krebs-Nebel verantwortlich zeichnet, am Himmel aufleuchtete – am 4. Juli des Jahres 1054 –, und man sieht den Pulsar im Zentrum und kann die Wechselwirkung zwischen ihm und dem SNR studieren.

Wie bei den Planetarischen Nebeln zeigen auch die Spektren der SNR die Vielfalt der Elemente, die im Vorläuferstern und in dessen Supernovaexplosion erbrütet wurden. Das vom Röntgensatelliten XMM-Newton aufgenommene Spektrum des SNR

Tycho in der Abbildung 74 ist dafür ein gutes Beispiel. Teilweise sind es mehrere Sonnenmassen an schweren Elementen, die da in das interstellare Medium eingebracht werden. Mittlerweile ist man auch davon überzeugt, dass Supernovae, neben anderen Quellen, Ursprungsort der extrem energetischen kosmischen Strahlung sind, der nahezu lichtschnellen Elektronen, Protonen und Heliumkerne, die gelegentlich in die Erdatmosphäre eindringen und dort gewaltige Teilchenschauer auslösen. Vermutlich gewinnen diese Teilchen ihre enorme kinetische Energie in den Schockwellen der Supernovaexplosionen. Und nicht zuletzt können diese Schockwellen auch für die Entstehung neuer Sterne verantwortlich gemacht werden. Während sie in das interstellare Medium hineinrasen, komprimieren sie das Wolkengas und lösen so neue Sterngeburten aus. So ist der Tod des einen Sterns zugleich der Beginn eines neuen Sternlebens. Wie im »richtigen« Leben liegen auch bei den Sternen Tod und Geburt dicht beieinander. Der Tod ist dort kein Untergang, sondern ein Übergang.

Kapitel 13

Alles auf Anfang — die ersten Sterne

Wundern Sie sich jetzt bitte nicht, dass wir ausgerechnet im vorletzten Kapitel noch etwas über die allerersten Sterne erzählen. Zwar wurde dieses Thema im sechsten Kapitel schon einmal angesprochen, aber die wenigen Zeilen dort waren bestenfalls ein Appetitanreger. Dass wir jetzt nochmals darauf zurückkommen, hat zwei Gründe: Erstens lässt sich auf dem, was wir über die Sternentstehung schon wissen, gut aufbauen, und zweitens ist das Thema, astronomisch betrachtet, brandheiß. Brandheiß in dem Sinne, dass nicht nur die Sterne, von denen gleich die Rede sein wird, ungewöhnlich hohe Temperaturen aufweisen, sondern auch in dem Sinne, dass die ersten Sterne gegenwärtig *die* Studienobjekte schlechthin sind, also die vorderste Front astronomischer Forschung darstellen. Erkenntnisse über die ersten Sterne sind nämlich gleichzeitig Erkenntnisse über die Zustände im frühen Universum. Über den Zeitraum der ersten 500 Millionen Jahre, nachdem die Strahlung sich von der Materie entkoppelt hatte, ist sehr wenig bekannt. Der Grund dafür ist einfach: Bis vor wenigen Jahren standen den Astronomen nicht die technischen Geräte zur Verfügung, um über die Geburt der ersten Sterne etwas zu erfahren. Auch jetzt ist die Datendecke immer noch ziemlich dünn. Ein intensives Studium der ersten Sterne wird da sicher weiterhelfen.

Lassen Sie uns vorab noch schnell ein paar Begriffe klären. Die Summe aller Sterne unterteilt man in drei »Bevölkerungsgruppen«, also Populationen, die man kurz mit POP I, POP II und POP III bezeichnet. Zur Familie der POP-I-Sterne gehören die gegenwärtig relativ jungen Sterne, die vornehmlich in den Scheiben der Spiralgalaxien anzutreffen sind. Sie zeichnen sich vor allem durch einen relativ hohen Anteil an schweren Elementen aus oder, wie die Astronomen sagen, durch einen hohen Anteil an Metallen. Als Metalle werden dabei pauschal alle Elemente schwerer als Helium bezeichnet. So ist beispielsweise unsere 4,5 Milliarden Jahre alte Sonne, ein POP-I-Stern, aus Wasserstoff, Helium und Metallen im Massenverhältnis 0,73 : 0,25 : 0,02 aufgebaut. POP-II-Sterne gehören zur Population der metallarmen Sterne. Diese Sterne sind viel älter als unsere Sonne und überwiegend in den Halos von Galaxien zu finden. Betrachtet man zur Vereinfachung nur das Massenverhältnis von Eisen zu Wasserstoff im Stern, so bezeichnet man Sterne, bei denen dieses Verhältnis 100-mal kleiner ist als in der Sonne, als metallarm, und solche mit einem 1000-mal kleineren Verhältnis als sehr metallarm. Und wie sieht es bei den POP-III-Sternen aus, den allerersten Sternen im Universum? Bis wir die Frage beantworten, können Sie ja schon mal raten.

Werfen wir zunächst noch einen kurzen Blick auf den frühen Kosmos, denn die Verhältnisse damals haben die Entstehung der ersten Sterne bestimmt. Erinnern wir uns: Die Protonen, die Kerne der Wasserstoffatome, entstanden zusammen mit den Neutronen schon etwa eine Millionstelsekunde nach dem Urknall. Von den Neutronen zerfiel in der Folgezeit ein Teil in weitere Protonen. Rund drei Minuten später, in der sogenannten Primordialen Nukleosynthese, entstanden dann die Atomkerne des Elements Helium. Genau genommen wurde damals nicht nur Helium gebildet, sondern auch geringe Mengen an Helium-3, einem Isotop des Heliums, Deuterium und ganz wenig Lithium. Ab dann kehrte für lange Zeit Ruhe ein im Universum. Einzig: Der Kosmos dehnte sich immer weiter aus, und die Temperatur im Universum sank stetig. Etwa 380 000 Jahre nach dem Urknall war dann die Energie der allgegenwärtigen Photonen so weit gefallen, dass sie eine Vereinigung von Atomkernen und Elektronen zu ganzen Atomen nicht mehr verhindern konnten. Die Temperatur im Kosmos betrug »nur«

noch circa 3000 Kelvin, und die aus Neutronen und Protonen aufgebaute Materie im Universum bestand fast ausschließlich aus atomarem Wasserstoff und Helium im Verhältnis 3 zu 1.

Hätte es zu diesem Zeitpunkt, also rund eine halbe Million Jahre nach dem Urknall, bereits einen menschlichen Beobachter gegeben, was hätte er gesehen? Eine irgendwie strukturierte Materie, also isolierte Gaswolken, Sterne oder gar Galaxien natürlich nicht, denn es hatten sich ja noch keine gebildet. Aber er hätte den Kosmos leuchten sehen. Ein rötlicher Schein hätte ihn von allen Seiten umgeben. Doch das hätte sich relativ rasch geändert, denn das Universum hat sich ja immer weiter ausgedehnt. Es ist dabei auch ständig kälter geworden, und die Wellenlängen des Lichts wurden immer mehr gedehnt, das heißt zu größeren Wellenlängen verschoben. Schon zwei Millionen Jahre nach dem Urknall betrug die Temperatur im Universum nur noch rund 1000 Kelvin. Bei dieser Temperatur hätte unser Beobachter vielleicht noch ein allseitiges rötliches Glimmen wahrgenommen. Noch eine Million Jahre später war dann die Temperatur schon auf rund 700 Kelvin abgesunken. Die Wellenlängen waren nun völlig in den infraroten Bereich des elektromagnetischen Spektrums verschoben – unsichtbar für das menschliche Auge. Mit anderen Worten: Spätestens drei Millionen Jahre nach dem Urknall hätte sich unser Beobachter in absoluter Dunkelheit zurechtfinden müssen. Und das ging noch rund 200 Millionen Jahre lang so. Das Universum wurde immer größer, immer kälter und immer dunkler. Erst als die ersten Sterne auftauchten und wieder sichtbares Licht in den Kosmos brachten, ging diese finstere Zeit, die man auch als das »Dunkle Zeitalter des Universums« bezeichnet, zu Ende. Sie wissen schon: »Es werde Licht – und es ward Licht.«

So weit zur Vorgeschichte. Damit stellt sich die Frage: Wie und wann entstanden die ersten Sterne, und wie sahen sie aus? Wie Sterne heutzutage entstehen, haben wir in den vorausgegangenen Kapiteln erfahren. Dieses Wissen über die Geburt neuer Sterne ist größtenteils empirischer Natur, es entstand aufgrund von Beobachtungen und eines intensiven Studiums der

Vorgänge im Universum. Im frühen Kosmos waren die Voraussetzungen für die Geburt von Sternen jedoch anders als heute. Außerdem ist es bisher noch nicht gelungen, einen dieser ersten Sterne aufzuspüren und ihn genauer unter die Lupe zu nehmen. Vermutlich wird das auch in Zukunft nicht in der Weise möglich sein, wie wir es mit den heutigen Sternen praktizieren können. Mit Beobachtung und Empirie kommt man daher nicht weiter. Bleibt nur die Simulation. In unserem Fall ist das eine möglichst getreue Nachbildung der damaligen Verhältnisse, die man den Naturgesetzen und der Dynamik des Kosmos unterwirft. Die enorme Rechenleistung moderner Computer macht diese Aufgabe zu einem lösbaren Problem. Doch kümmern wir uns zunächst um die Zutaten.

Sterngeburten im Computer

Eine Simulation der Sternentwicklung in der Frühzeit des Kosmos ist wesentlich einfacher als eine, die die heutigen Verhältnisse im Universum zu berücksichtigen hat. Warum? Es gab nur Wasserstoff, Helium und die Dunkle Materie. Die schweren Elemente, die die Dinge so kompliziert machen, waren noch nicht in der Welt. Allerdings, die Abwesenheit schwerer Elemente hat auch Nachteile. Insbesondere betreffen sie die Kühlung der Gaswolken. Im sechsten Kapitel hat sich ja gezeigt, dass Gaswolken umso leichter kollabieren, je kälter sie sind. Mit einem gewissen Anteil an Molekülen, vor allem solchen, die Kohlenstoff enthalten, ist eine Temperaturabsenkung auf 20 bis 10 Kelvin möglich. Wolken atomaren Wasserstoffs können jedoch nur durch Stoßanregung der Atome abkühlen. Eine Temperaturabsenkung auf Werte unter circa 1000 Kelvin ist damit nicht machbar. Man braucht Moleküle. Glücklicherweise können sich ja zwei Wasserstoffatome zu einem Wasserstoffmolekül zusammenlagern. Normalerweise dient hier der allgegenwärtige Staub im Kosmos, an den sich Wasserstoffatome anlagern können, als Katalysator dieses Prozesses. Aber

Staub gibt es keinen im frühen Universum. Die Bildung von Wasserstoffmolekülen muss also aus der Gasphase heraus erfolgen. Der wahrscheinlichste Weg zum Wasserstoffmolekül ist da die Anlagerung eines Elektrons an ein Wasserstoffatom zu einem negativ geladenen Wasserstoffion. Anschließend verbindet sich das Ion mit einem weiteren Wasserstoffatom zu einem Wasserstoffmolekül, wobei das Elektron wieder frei wird. Die Aufgabe des Katalysators übernimmt hier also ein Elektron, eines von denen, die bei der Vereinigung von Atomkernen und Elektronen zu Atomen rund 400 000 Jahre nach dem Urknall übrig blieben.

Nun, was haben die Simulationen erbracht? Schon etwa 10 bis 20 Millionen Jahre nach dem Urknall hatten sich in der Dunklen Materie bereits Gebiete mit einer im Vergleich zu ihrer Umgebung höheren Dichte ausgebildet. Zur Erinnerung: Dunkle Materie, die rund 90 Prozent aller Materie im Universum ausmacht, ist eine unsichtbare Materieform aus uns noch unbekannten Teilchen, die sich nur aufgrund ihrer anziehenden Schwerkraft auf normale Materie bemerkbar macht und nicht mit den Photonen des Lichts wechselwirkt. Im Laufe der folgenden circa 50 bis 100 Millionen Jahre sind dann diese ursprünglichen Dichteschwankungen zu riesigen, etwa 1000 Kelvin heißen Halos Dunkler Materie mit einer Masse von etwa einer Million Sonnenmassen herangewachsen. Aufgrund ihrer Anziehungskraft wurde auch immer mehr Wasserstoff in diese Halos hineingezogen, wo er sich zunächst zu kleinen Wasserstoffwolken weiter verdichtete, in denen dann die angesprochenen Wasserstoffmoleküle entstehen konnten.

Damit nun die Wasserstoffwolke kollabieren kann, muss sie zunächst abkühlen. Um die Wasserstoff*atome* durch gegenseitige Stöße elektronisch anzuregen, sind die 1000 Kelvin jedoch zu niedrig. Für eine Stoßanregung ist eine Gastemperatur von mindestens 10 000 Kelvin erforderlich. Die für den Wolkenkollaps nötige Kühlung der Wasserstoffwolken konnte also nur durch eine Anregung von Schwingungs- und Rotationszuständen der in der Wolke entstandenen Wasserstoff*moleküle* erfolgen. Allerdings war so nur eine untere Wolkentemperatur von rund 150 bis 200 Kelvin zu erreichen. Damit derart heiße Wolken instabil werden und unter ihrem eigenen »Gewicht« zusammenfallen, müssen sie sehr massereich sein. Erst als die zentrale Wasserstoffwolke aufgrund ihrer wachsenden Schwerkraft aus ihrer Umgebung so viel Wasserstoff an sich gezogen hatte, dass ihre Masse schließlich auf einige hundert Sonnenmassen herangewachsen war, wurde sie instabil und kollabierte zu einem dichten Kern – dem ersten Stern im Universum. Vom Urknall bis zu diesem Zeitpunkt waren nur rund 100 Millionen Jahre vergangen.

Was bei den Simulationen alle überraschte, war, dass die Wolken trotz ihrer großen Masse keine Tendenz zeigten, zu fragmentieren, also in kleinere Wolken auseinanderzubrechen und anstelle eines einzigen riesigen Sterns mehrere, jedoch masseärmere Sterne entstehen zu lassen. Das Anwachsen der Gasmasse in der Wolke auf die Saatwolke – man spricht auch von Akkretion – bis zum Aufflammen des Sterns ging so schnell, dass für eine Fragmentierung keine Zeit blieb. Der gesamte Prozess, von den ersten Verdichtungen der Wasserstoffwolke bis zum fertigen Stern, dauerte nur rund 10 000 Jahre. Vermutlich leuchteten also nicht mehrere Sterne fast zur gleichen Zeit auf, sondern es entwickelte sich wirklich nur ein einziger Stern in jedem der Halos aus Dunkler Materie. Dass neben diesem Stern keine weiteren Sterne entstanden, daran hat der Stern selbst auch kräftig mitgewirkt. Denn die von ihm ausgehende intensive UV-Strahlung spaltete unmittelbar nach seiner Entstehung die zur Kühlung der Wolken so nötigen Wasserstoffmoleküle wieder in zwei Wasserstoffatome, ionisierte diese sogar, sodass das Gas wieder heißer und der Kollaps anderer Wolken erschwert, wenn nicht gar völlig verhindert wurde.

Die aus den Simulationen abgeleiteten Daten zum Zeitpunkt der Entstehung und zur Masse der ersten Sterne sind jedoch noch mit einer gewissen Unsicherheit behaftet. So geben einige »Simulanten« den Zeitraum bis zum ersten Stern mit 200 Millionen Jahren nach dem Urknall an, andere liefern ein Ergebnis von nur 30 Millionen Jahren. Ähnlich verhält es sich mit der Sternmasse: Hier reicht die Spannweite von mindestens 50 bis hin zu nahezu 1000 Sonnenmassen. Vermutlich müssen insbesondere die Werte der Startparameter, die in die Simulationen eingehen und deren Ausgang bestimmen, noch eingehender untersucht werden, um zu einheitlicheren Ergebnissen zu kommen. Und man muss bedenken: Die Computersimulationen spiegeln die Realität nur unzureichend wider. Über die wirklichen Zustände in den ersten 100 Millionen Jahren werden wir vermutlich erst durch künftige, wohl noch jahrelange Beobachtungen Klarheit erlangen.

Fassen wir zusammen: Was unterscheidet die ersten Sterne, die POP-III-Sterne, von den heutigen Sternen? Erstens: Sie sind riesig, sowohl was ihre Masse anbelangt – im Mittel einige hundert Sonnenmassen –, als auch was ihren Durchmesser betrifft. Darüber hinaus – und damit wird die Frage nach ihrem Metallgehalt beantwortet – enthalten sie, im Gegensatz zu den POP-I- und den POP-II-Sternen, überhaupt keine schweren Elemente. Das hat natürlich Konsequenzen. Bei diesen Sternen kann die Fusion von Wasserstoff zu Helium nur über die Proton-Proton-, die pp-Kette laufen. Die für den CNO-Zyklus nötigen Elemente Kohlenstoff beziehungsweise Sauerstoff hat der Stern ja nicht. Er wird sie erst im Laufe seines Lebens erbrüten. Da jedoch die Energieerzeugungsrate der pp-Kette oberhalb einer Kerntemperatur von circa 18 Millionen Kelvin wesentlich niedriger ist als die des CNO-Zyklus, müssen die ersten Sterne bei gleicher Leuchtkraft viel heißer gewesen sein als ein vergleichbarer metallreicher Stern. Viel heißer heißt aber auch, dass die ersten Sterne ihr Umfeld mit enormen Strahlungsflüssen hochenergetischer UV-Strahlung regelrecht überschüttet und damit zunächst auch jede weitere Sternentstehung nahezu unmöglich gemacht haben.

Die von den Sternen ausgehende Strahlung hat das Universum in dreierlei Hinsicht verändert. Erwähnt haben wir schon, dass die UV-Photonen die aufwendig produzierten Wasserstoffmoleküle wieder zerlegt haben, wodurch der Kühlung weiterer

Wolken die Basis entzogen wurde. Die Photonen haben aber auch den neutralen Wasserstoffatomen ihr Elektron entrissen, was gleichbedeutend ist mit einer Ionisation des Wasserstoffs. Zunächst bildete sich um jeden Stern nur eine kleine ionisierte Blase im diffus verteilten Wasserstoffgas. Als aber immer mehr Sterne aufflammten, wuchsen die Blasen zusammen, sodass riesige Gebiete ionisierten Wasserstoffs entstanden. Die Astronomen bezeichnen diesen Vorgang als Reionisation des Universums. Reionisation insofern, weil der Wasserstoff ja bis zum Einsetzen der Rekombination, als sich die Elektronen mit den Atomkernen zu neutralen Atomen vereinigten, schon einmal ionisiert war. Nach der Rekombination war das Universum nur für Strahlung durchlässig, deren Energie kleiner war als die Ionisationsenergie des Wasserstoffs. Jetzt wurde es auch für die hochenergetische UV-Strahlung durchsichtig. Der dritte Effekt markiert das Ende des Dunklen Zeitalters. Obwohl das Licht der sehr heißen ersten Sterne vornehmlich aus hochenergetischer UV-Strahlung bestand, war dennoch der Anteil an sichtbaren Wellenlängen hoch genug, um wieder »Licht« in das Universum zu bringen. Ein Mensch hätte die Sterne sehen können. Etwa 100 Millionen Jahre nach dem Urknall war die Epoche der Dunkelheit im Universum zu Ende.

Diskutieren wir noch, auf welche Weise sich die ersten Sterne von der Bühne des Lebens verabschiedet haben. Wir wissen: Entsprechend ihrer Masse sterben Sterne nach mehr oder weniger langer Zeit. Je massereicher ein Stern, desto kürzer lebt er. Bei den massereichen Sternen der ersten Generation ist die Zeitspanne von der Geburt bis zum Tod besonders kurz. Im Mittel vergehen nur rund eine Million Jahre, bis sich ein POP-III-Stern wieder von der Bühne des Lebens verabschiedet. Verlieren Sterne insbesondere gegen Ende ihres Lebens durch Sternwinde und Pulsationseffekte einen erheblichen Teil ihrer Masse, so bleiben die metallfreien POP-III-Sterne von einem vorzeitigen Massenverlust nahezu verschont. Sie retten ihre Gesamtmasse bis hin zu ihrem spektakulären Ende. Und dieses Ende ist nicht nur spektakulär, es unterscheidet sich auch deutlich von dem Ableben der bisher behandelten Sterne. Natürlich vergehen auch die POP-III-Sterne in einer Supernova, jedoch in einer Supernova besonderer Art, in einer sogenannten Paarinstabilitäts-Supernova. Bis gegen Ende des Heliumbrennens verläuft die Entwicklung parallel zur Entstehungsgeschichte einer Supernova vom Typ II. Doch zum Schluss dieser Brennstufe sind Kerntemperatur und Kerndichte so hoch, dass die Energie der bei den Fusionsprozessen entstandenen Gammastrahlung zur Bildung von Elektron-Positron-Paaren ausreicht. Das heißt, die γ-Quanten »materialisieren« sich im Feld eines Atomkerns in ein Elektron und sein Antiteilchen, ein Positron. Damit fällt schlagartig ein Teil des den Stern stabilisierenden Strahlungsdrucks weg. Folglich kollabiert der Stern, wird rapide dichter und heißer, sodass schließlich explosionsartig Sauerstoff- und Siliziumbrennen einsetzt. Der dadurch entstehende, nach außen gerichtete Druck zerreißt dann den ganzen Stern. Den Tod durch eine Paarinstabilitäts-Supernova erleiden vornehmlich Sterne im Massenintervall von etwa 140 bis 260 Sonnenmassen. Da Paarinstabilitäts-Supernovae keinen kompakten Kern, beispielsweise einen Neutronenstern, hinterlassen, schleudern sie die gesamte Sternmasse in Form der erbrüteten schweren Elemente über 100 Lichtjahre hinaus ins All.

Und wie vergehen POP-III-Sterne mit Massen unterhalb 140 beziehungsweise mit mehr als 260 Sonnenmassen? Die unterhalb 140 Sonnenmassen enden auch in einer Supernova, wobei der Sternüberrest unmittelbar danach zu einem Schwarzen Loch zusammenfällt. Und die mit mehr als 260 Sonnenmassen schaffen es erst gar nicht bis zu einer Supernova, sie kollabieren direkt zu einem massereichen Schwarzen Loch, aus dem nichts mehr entkommen kann. POP-III-Sterne dieser »Gewichtsklassen« haben demnach praktisch nichts zum Metallhaushalt des Universums beigetragen.

Mit ihrem Tod haben die ersten Sterne den Übergang von einem einfachen, homogenen Universum zu einem strukturierten, hochkomplexen System eingeleitet. Gegen Ende des

Dunklen Zeitalters war nichts mehr wie zuvor. Vor allem: Die neu entstehenden Sterne bauten die von den ersten Sternen erbrüteten und in die Wasserstoff- und Heliumwolken injizierten schweren Elemente ein, die, wie schon mehrmals erwähnt, von den Astronomen pauschal als Metalle bezeichnet werden. Bei den durch die explodierenden POP-III-Sterne angereicherten Gaswolken erleichterte sodann der Gehalt an Metallen die Fragmentierung in kleinere Einheiten, und die erstmalig entstandenen Moleküle mit Kohlenstoff- und Sauerstoffatomen trugen dazu bei, dass die Wolken auf niedrigere Temperaturen abkühlen konnten. All dies führte dazu, dass die neuen Sterne, die Sterne der Population II, masseärmer, kühler und vor allem langlebiger wurden. Außerdem entstanden nicht mehr nur durch große Entfernungen voneinander getrennte Sternsingles, sondern auch Sternhaufen zu mehreren hundert oder auch tausend Sternen. Und wo die Sterne besonders dicht standen, bildeten sich die ersten Zwerggalaxien. Sterne wie die riesigen POP-III-Sterne gab es fortan nie wieder im Universum.

Was gibt es da zu sehen?

Neben den Versuchen, die ersten Sterne in Simulationen wieder auferstehen zu lassen, hofft man natürlich, diese stellaren Urahnen in Zukunft auch einmal mit einem Teleskop direkt sehen zu können. Obwohl diese Sterne längst untergegangen sind, sind die Erfolgsaussichten nicht schlecht. Man vertraut da voll auf den Satz: Ein Blick in die Tiefen des Universums ist gleichbedeutend mit einem Blick in die Vergangenheit. Allerdings braucht man Teleskope mit Sensoren, die nicht für sichtbares, sondern für infrarotes (IR) Licht empfindlich sind. Warum? Von damals bis heute hat sich das Universum sehr stark ausgedehnt. Damit sind auch die Wellenlängen des von den ersten Sternen abgestrahlten Lichts gedehnt und in den infraroten Bereich des elektromagnetischen Spektrums verschoben worden. Mit dem Spitzer-Teleskop, einem IR-empfindlichen Tele-

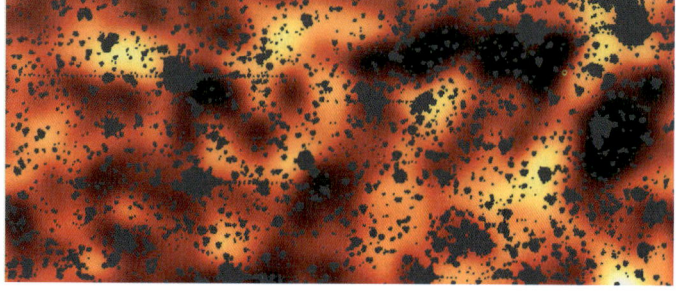

Abb. 89: Das Infrarotbild oben zeigt Sterne und Galaxien im Sternbild Drache, aufgenommen mit dem Spitzer-Teleskop. Der Bildausschnitt überdeckt eine Fläche von circa 50 mal 100 Millionen Lichtjahren. Im Bild unten sind alle Vordergrundobjekte wie Sterne, Galaxien und sonstige Artefakte entfernt. Die verbliebenen hellgelben Flecken könnten das Licht der ersten Sterne im Universum sein.

skop, das der Erde in einigem Abstand auf ihrem Weg um die Sonne folgt, ist das im IR leuchtende Universum gut zu beobachten. Im Dezember 2006 veröffentliche das Spitzer-Team ein Bild des kosmischen IR-Hintergrunds. Die darauf zu erkennenden hellen Flecken könnten das vereinte Leuchten von Ansammlungen der ersten Objekte im Universum sein (Abb. 89). Deutlich bessere Bilder erwarten sich die Astronomen vom James-Webb-Weltraumteleskop, das 2013 als Nachfolger des Hubble-Weltraumteleskops gestartet werden soll. Mit seinem sechseinhalb Meter großen Spiegel wird es weiter ins Universum hinausblicken können und schärfere Bilder liefern als das

JWST at L2 in 2013

Abb. 90: Das James-Webb-Weltraumteleskop, dessen Start für 2013 geplant ist. Mit seinem 6,5-Meter-Spiegel wird es den Himmel im Infrarotbereich von 0,6 bis 28 Mikrometer fotografieren.

Spitzer-Teleskop mit seinem nur knapp einen Meter großen Spiegel (Abb. 90). Vielleicht kann aber auch schon das neue ESA-IR-Weltraumteleskop mit seinen 3,5 Metern, das nach dem Entdecker des Planeten Uranus, Friedrich Wilhelm Herschel, benannt ist und dessen Start 2009 erfolgen soll, neue Erkenntnisse über die ersten Sterne liefern.

Aber auch im Bereich der hochenergetischen Gammastrahlung gibt es etwas zu beobachten. Gammastrahlen werden von dem Gas und Staub zwischen den Galaxien praktisch nicht absorbiert. Objekte, die Gammastrahlung emittieren, sind daher über unglaublich große Entfernungen noch zu sehen. Da eine Supernova stets mit einem intensiven Gammastrahlenblitz einhergeht, sollten diese Ereignisse auch etwas über die ersten Sterne verraten. Allerdings: Diese Gammastrahlenausbrüche sind sehr kurz, sie dauern meist nur ein paar bis einige zehn Sekunden. Man braucht also etwas Glück, um im richtigen Augenblick in die richtige Richtung zu schauen. Die große Entfernung zu den ersten Sternen von über 13 Milliarden Lichtjahren macht die Beobachtung jedoch leichter. Schuld daran ist wiederum die Expansion des Universums. Je weiter ein Objekt von der Erde weg ist, umso schneller entfernt es sich. Infolgedessen wird das Zeitintervall vom Beginn bis zum Ende des Gammastrahlenausbruchs gedehnt, sodass es einem irdischen Beobachter viel länger erscheint, als es tatsächlich war. Den Gammastrahlenausbruch beobachtet man praktisch in Zeitlupe. Das Compton-Röntgenstrahlenteleskop, das die Erde von 1991 bis 2000 umkreiste, hat Tausende solcher Ausbrüche registriert. Einige könnten von Sternen der ersten Generation stammen.

Eine dritte Informationsquelle ist die Strahlung extrem entfernter Quasare. Ein Quasar ist ein von einer Materiescheibe umgebenes Schwarzes Loch, von dem zwei Strahlungskeulen in entgegengesetzte Richtung ins All schießen. Je mehr Materie aus der Scheibe in das Schwarze Loch stürzt, umso intensiver sind die Jets. Durchläuft das Licht eines Quasars auf seinem Weg zum Beobachter Wolken neutralen Wasserstoffs, so werden insbesondere die Photonen absorbiert, die ausreichend Energie besitzen, um die Wasserstoffatome zu ionisieren. Bei einer bestimmten Wellenlänge im Spektrum des Quasars entsteht also eine Delle, dort kommt weniger Strahlung an. Man bezeichnet das als Gunn-Peterson-Effekt. Astronomen am Lawrence Livermore National Laboratory in Kalifornien haben diesbezüglich einen Quasar untersucht, dessen Licht aus einer Zeit rund 900 Millionen Jahre nach dem Urknall stammt. Die Delle in seinem Spektrum war jedoch nur schwach ausgeprägt. Das deutet darauf hin, dass das Quasarlicht kaum Bereiche neutralen Wasserstoffs durchquert hat, sondern hauptsächlich auf bereits ionisierte Wasserstoffwolken traf. Da zeitlich betrachtet die Wolken neutralen Wasserstoffs näher am Urknall liegen als die später durch die ersten Sterne ionisierten Wolken, kann der Quasar erst zu leuchten begonnen haben, nachdem der Wasserstoff durch die Strahlung der ersten Sterne ionisiert wurde. Vermutlich liegt der Quasar gerade in der Übergangszone von neutralem zu ionisiertem Wasserstoff. Wäre der Quasar älter als die ersten Sterne, so hätte er sein Licht inmitten der noch neutralen Wasserstoffwolken abgestrahlt und die Delle wäre tiefer ausgeprägt. Ein weiterer Hinweis also, dass die ersten strahlenden Objekte im Universum deutlich älter sind als das circa 900 Millionen Jahre nach dem Urknall vom Quasar emittierte Licht.

Der Hammer

Für den Schluss des Kapitels haben wir uns noch einen echten Knaller aufgehoben. Da gibt es ein neues Modell, das, falls es die Verhältnisse korrekt widerspiegelt, dazu führen könnte, dass man die Geschichte der ersten Sterne neu überdenken, wenn nicht gar umschreiben muss. In diesem Modell kommt der Dunklen Materie eine entscheidende Rolle zu. Darum erst noch ein paar Worte zu diesem ominösen »Stoff«. Obwohl die Dunkle Materie rund 90 Prozent aller Materie im Universum ausmacht, weiß bis heute noch niemand, woraus sie besteht. Die Theorien der Teilchenphysik besagen, dass es zu jedem Teilchen der uns vertrauten Materie ein sogenanntes supersymmetrisches, sehr massereiches Teilchen geben sollte. Wenn das stimmt, dann sind diese Teilchen unmittelbar nach dem Urknall entstanden, größtenteils aber bereits wieder zerfallen. Bis heute dürften nur die masseärmsten dieser Teilchen überlebt haben, insbesondere das sogenannte Neutralino, das, wie der Name schon andeutet, elektrisch neutral ist, also keine Ladung trägt. Teilchenphysiker und Astrophysiker vermuten nun, dass diese Teilchen wesentlicher Bestandteil der Dunklen Materie im Kosmos sind. Gesehen oder beobachtet wurde das Neutralino bisher jedoch noch nicht. Vielleicht gelingt das mit dem neuesten Teilchenbeschleuniger, dem LHC (Large Hadron Collider), der im September 2008 seine Arbeit aufgenommen hat.

Dass die Dunkle Materie in dem neuen Sternentstehungsmodell eine wichtige Rolle spielt, beruht vor allem auf einem Prozess, den man als Annihilation der Dunklen Materie, kurz

DM-Annihilation, bezeichnet. So wie es in der uns vertrauten Materie zu einem Teilchen auch ein Antiteilchen gibt, beispielsweise Elektronen und Positronen, so muss es auch in der Dunklen Materie Teilchen und Antiteilchen geben. Einige Teilchenphysiker vermuten sogar, dass die Teilchen der Dunklen Materie zugleich auch ihre eigenen Antiteilchen sind. Und wenn Teilchen und Antiteilchen aufeinander treffen, dann – BUMM! Das »BUMM« soll andeuten, dass sich die beiden Teilchen gegenseitig vernichten, sie zerstrahlen, wobei eine Menge Energie frei wird. Eigentlich gibt das Wort »zerstrahlen« das Ergebnis einer DM-Annihilation nicht korrekt wieder, denn neben einer Menge hochenergetischer Gammastrahlung entstehen dabei auch Neutrinos, Protonen, Elektronen und die dazugehörenden Antiteilchen. Ungefähr 30 Prozent der bei der DM-Annihilation frei werdenden Energie entfallen auf Neutrinos, 30 Prozent auf γ-Quanten, und die restlichen 40 Prozent nehmen geladene Teilchen wie Protonen und Elektronen für sich in Anspruch. Gegenwärtig laufen einige Experimente, mit deren Hilfe man DM-Annihilationen nachweisen will. Besonders viel verspricht man sich von dem Versuch, aus dem allgemeinen Gammastrahlenhintergrund die bei der DM-Annihilation frei werdende Gammastrahlung als Gammastrahlungsüberschuss herausfiltern zu können.

Im neuen Sternentstehungsmodell läuft die Entwicklung zunächst genauso ab wie im konventionellen Modell. Zunächst zieht die Gravitation Wasserstoff- und Heliumgas in der zu Knoten verdichteten Dunklen Materie zu Wolken zusammen. Zu Wolken, die auch von Dunkler Materie durchdrungen sind. Durch den Zustrom von weiterem Gas verdichtet sich die Gaswolke im Zentrum dann zu einem Protostern. Und jetzt tritt die Neutralino-DM-Annihilation auf den Plan. Solange die Wolke noch nicht sehr kompakt ist, kann die bei der Annihilation frei werdende Energie die Wolke ungehindert verlassen. Ist die Wolke jedoch zu einem Protostern ausreichender Dichte kollabiert, wird ein wesentlicher Bruchteil der Annihilationsenergie im Sternengas deponiert und heizt es auf. Der Energieeintrag ist so groß, dass er den Energieverlust, den die Wolke durch die kühlende Wirkung der Wasserstoffmoleküle erfährt, übersteigt. Infolgedessen kühlt der Kern des Protosterns nicht weiter ab, und er kollabiert auch nicht weiter. Der Kern erreicht also weder die für eine Kernfusion nötige Dichte noch die nötige Temperatur. Der Stern bezieht seine Energie allein aus der Annihilation Dunkler Materie im Sterninneren.

Damit führt das neue Modell zu einer völlig anderen Art von POP-III-Sternen, zu Sternen, die anstelle von Kernfusionsprozessen von der Vernichtung Dunkler Materie leben. Da diese Sterne kaum strahlen, könnte man sie auch als »Dunkle« POP-III-Sterne bezeichnen. Es könnte sogar sein, dass diese Sterne noch heute existieren, denn der Verlust an Neutralinos durch Annihilation im Kern könnte durch den Zustrom neuer Dunkler Materie in die entstandenen Lücken wieder ausgeglichen werden. Das hieße aber auch, dass diese Sterne sich nicht weiterentwickeln und daher auch nie auf der Hauptreihe landen. Außerdem, wenn keine Kernfusionsprozesse ablaufen, dann entstehen auch keine schweren Elemente und keine UV-Strahlung. Dunkle POP-III-Sterne können damit weder etwas zur Anreicherung der intergalaktischen Materie mit Metallen noch zur Reionisation des Universums beitragen.

Sollte es tatsächlich unter den Sternen der ersten Generation solche durch DM-Annihilation befeuerten Wasserstoff-Helium-Sterne, wie sie das neue Modell vorschlägt, gegeben haben, so hätte man es mit wahrlich absonderlichen Kandidaten zu tun. Vielleicht lässt sich ihre Existenz dereinst ja experimentell beweisen. Man müsste allerdings nicht nur nach der von ihnen ausgesandten Gammastrahlung suchen, sondern auch nach den anderen bei der DM-Annihilation entstandenen Reaktionsprodukten, den Neutrinos, den Elektronen und Protonen und den dazugehörenden Antiteilchen.

Kapitel 14

Gedanken sind frei

Stellen wir uns vor, es gäbe keine Sterne, hätte nie welche gegeben. Was glauben Sie: Würde das groß auffallen, oder würden wir die Sterne gar vermissen? Nun, vermissen würden wir sie ganz bestimmt nicht! Denn – es gäbe uns gar nicht! Es gäbe überhaupt niemanden, nirgendwo auch nur ein Fünkchen Leben! Leben benötigt Energie, um entstehen und sich entwickeln zu können. Und diese Energie liefern die Sterne in Form von elektromagnetischer Strahlung. Doch das ist es nicht allein. An Energie mangelt es ja nicht. Das Universum war schon immer voll davon, auch lange bevor die ersten Sterne entstanden. Demnach hätte sich das Leben ja die Energie auch woanders herholen können, es hätte der Sterne gar nicht bedurft. Wie passt das zusammen?

Der Unterschied ist in der räumlichen Verteilung der Energie zu suchen. Vor den Sternen gab es keine ausgeprägten Energiequellen und keine Energiesenken. Das Universum befand sich, zumindest lokal, im thermodynamischen Gleichgewicht, es war überall gleich heiß oder auch gleich kalt, je nachdem, was man als heiß oder als kalt ansehen will. Aber ein System im thermodynamischen Gleichgewicht ist tot! Da tut sich gar nichts. Wärme fließt freiwillig immer nur von warm nach kalt, nie umgekehrt. Ein Objekt im thermodynamischen Gleichgewicht mit seiner Umgebung erfährt keinen Energiezugewinn und kann andererseits auch keine Energie loswerden.

Das Leben aber ist ein dissipatives Nichtgleichgewichtssystem. Es verwendet das sichtbare Licht des Kraftwerks Sonne für den Aufbau und den Unterhalt seiner Strukturen. Die dabei entstehende Wärme wird in die kalte Umgebung des belebten Systems dissipiert, was so viel heißt wie: Sie wird gleichmäßig zerstreut. Ein Teil der absorbierten Energieform Licht verrichtet Arbeit am belebten System, der Rest wird in die Energieform Wärme umgewandelt und vom System in alle Richtungen abgestrahlt. Lebewesen zeichnen sich also dadurch aus, dass sie *nicht* im Gleichgewicht mit ihrer Umgebung sind. Folglich kann sich Leben nur entfalten, wenn ein steter Fluss von Energie durch das System garantiert ist. Damit das gewährleistet ist, muss das Leben in ein größeres System eingebettet sein, das sich im Zustand des thermodynamischen Ungleichgewichts befindet. Dieses Ungleichgewicht entstand, als die ersten heißen Sterne im kalten Universum auftauchten und ihr Licht verschwenderisch ins All schickten. Die Biosphäre der Erde konnte sich nur organisieren, weil sie sich genau zwischen einem Stern, unserer Sonne, und dem kalten Weltraum befindet.

Aber die Strukturbildung im Universum, wie sie mit den ersten Sternen begann, ist noch in anderer Hinsicht von Bedeutung. Planeten, die sich später aus dem Restgas um die Sterne ausformten, bildeten sozusagen die Plattform für das Leben. Leben, zumindest so wie wir es kennen, kann man sich im »luftleeren« Raum nicht vorstellen. Leben braucht einen festen Boden unter den Füßen und Ressourcen, aus denen es seine Bausteine schöpfen kann. Bis heute kennen wir zwar nur einen einzigen derartigen Planeten, der Leben hervorgebracht hat, aber die Fülle der in der Vergangenheit entdeckten extrasolaren Planeten lässt vermuten, dass diese Genesis auch anderswo im Universum wahr wurde oder noch wahr werden wird. Für manche mag das eine verstörende Erkenntnis sein. Der Mensch würde seinen Anspruch auf Einzigartigkeit verlieren. Aber wer das Fremdartige sucht, darf nicht erschrecken, wenn er es findet.

Auf einen kurzen Nenner gebracht zeigt sich: kein Leben ohne Sterne. Aber man kann sich ja mal fragen, ob es auch anders hätte kommen können. Verdankt sich die Sternentstehung im frühen Universum dem Zufall, oder lief die Entwicklung zwangsläufig in diese Richtung? So wie wir die Dinge heute verstehen, ist wohl Letzteres richtig – es gab, vermutlich, keine andere Möglichkeit. Mit beziehungsweise unmittelbar nach dem Urknall wurden auch die entscheidenden Parameter des Universums festgelegt. Dazu gehören vor allem Art und Stärke der vier alles im Kosmos bestimmenden Grundkräfte, als da sind: die starke und die schwache Kernkraft, die elektromagnetische Kraft und die Gravitation. Ferner die Werte der Naturkonstanten, wie beispielsweise die Elementarladung oder die Lichtgeschwindigkeit und die Masse und Ladung der Elementarteilchen, der Quarks der Elektronen, der Neutrinos und was es da noch alles gibt. Vereinfachend lässt sich all das unter dem Überbegriff Naturgesetze versammeln. Diesen Naturgesetzen war die Materie unterworfen, und sie bestimmten, wie sich im Umfeld eines sich permanent ausdehnenden Universums die Teilchen zu bewegen hatten, wie die Wechselwirkungen zwischen den Teilchen auszusehen hatten und welche Prozesse wann und wo ablaufen konnten. Unter dem Regiment dieser speziellen Naturgesetze hat sich der Kosmos zu jenem Gebilde strukturiert, das wir heute beobachten.

Doch was wäre geworden, wenn die Naturgesetze bei der Entstehung des Kosmos nur ein wenig anders ausgefallen wären? Hätte das Universum da auch Sterne hervorgebracht, und wenn ja, hätten diese Sterne dem Leben auf die Beine helfen können? Besonders gut lässt sich das anhand der Gravitation, der schwächsten der vier Grundkräfte, demonstrieren. Der Parameter, der die Gravitation bestimmt, ist die Gravitationskonstante G, eine Naturkonstante, deren Wert außerordentlich klein ist ($6{,}6 \times 10^{-11}$ m^3 kg^{-1} s^{-2}). Und gerade weil G so klein ist, sind die Sterne so groß. Es muss eben ungeheuer viel Masse angehäuft werden, damit der Gravitationsdruck die Materie so stark zusammenpressen kann, dass eine für die Kernfusion ausreichend hohe Temperatur entsteht. Das führt aber auch dazu, dass ein sonnenähnlicher Stern über einen großen Vorrat an Wasserstoff verfügt, von dem er etwa zehn Milliarden Jahre zehren kann. Das heißt: Zehn Milliarden Jahre kann der Stern im Stadium des Wasserstoffbrennens eventuelles Leben gleichmäßig mit Energie versorgen.

Doch wie sähe die Sache aus, wenn die Gravitationskonstante bei der Entstehung des Universums etwas größer ausgefallen wäre? Ein Stern müsste deutlich weniger Masse aufsammeln, um die Temperatur im Sterninneren auf einen Wert ansteigen zu lassen, bei dem Wasserstoffbrennen zündet. Eine um zehn Prozent größere Gravitationskonstante hätte eine Sonne zur Folge gehabt, deren Wasserstoffvorrat nur für etwa zehn Millionen Jahre ausgereicht hätte. Auf unserer Erde sind die ersten lebenden Organismen vor etwa 3,8 Milliarden Jahren aufgetaucht. Mit einem Zentralstern, der bereits nach einigen zehn Millionen Jahren das Wasserstoffbrennen einstellt, wäre die Erde ein toter Planet. Dreht man die Schraube in die entgegengesetzte Richtung und macht G noch kleiner, als es ohnehin schon ist, so würden die Sterne noch massereicher. Eigentlich ein guter Zustand, da sie nun noch längere Zeit in der Phase des Wasserstoffbrennens zubringen könnten. Aber die Planeten würden vermutlich in geringerem Abstand um die Sterne kreisen und wären somit in einem viel höheren Maße ihrer tödlichen Strahlung ausgesetzt. Macht man G immer noch kleiner, so kommt man schließlich bei einem Wert an, ab dem das Universum zu keinerlei Strukturbildung mehr in der Lage gewesen wäre. Die Expansion des Kosmos hätte die Materie schneller »verdünnt«, als die Gravitation sie hätte zusammenballen können. Man hätte es mit einem Universum ohne Sterne, ohne Planeten und ohne Galaxien zu tun gehabt. Dass unter diesen Umständen auch keine wie auch immer gearteten Lebensformen hätten gedeihen können, muss man nicht extra betonen.

Machen wir ein ähnliches Spielchen mit einer anderen Fundamentalkraft, der schwachen Kernkraft. Sie ist verantwortlich für den bereits besprochenen β-Zerfall, bei dem ein Neutron in ein Proton, ein Elektron und ein Antineutrino zerfällt, und auch dafür, wie intensiv Neutrinos mit Materie in Wechselwirkung treten. Vielleicht erinnern Sie sich, dass bei einer Supernovaexplosion die nach außen laufende Schockwelle zu schwach ist, um den Stern zu zerreißen. Die für die Aufheizung der Sternhülle nötige Energie stammt hauptsächlich von den Unmengen an Neutrinos, die frei werden, wenn im Sternkern Elektronen in Protonen hineingedrückt werden und der zentrale Neutronenstern entsteht. Beim Verlassen des Sterns deponieren die Neutrinos nur einen verschwindenden Bruchteil ihrer Energie in der Sternhülle. Da es jedoch so viele sind, reicht das aus, um den Stern explodieren zu lassen. Wäre nun die schwache Kernkraft etwas stärker und folglich die Neutrino-Materie-Wechselwirkung deutlich größer, so könnten die Neutrinos den Sternkern gar nicht verlassen, sondern würden dort stecken bleiben. Wäre dagegen die schwache Kernkraft etwas schwächer, so wäre die an die Sternhülle abgegebene Energie zu gering, um die Gase entsprechend aufzuheizen. In beiden Fällen käme es zu keiner Supernova! Und – ganz wichtig – das interstellare Medium würde nicht mit den im Stern erbrüteten schweren Elementen angereichert. Doch wo die fehlen, kann es weder gesteinsartige Planeten noch Leben geben.

Bereits diese zwei Beispiele zeigen: Es hätte auch anders kommen können, ein Kosmos ohne Sterne scheint gar nicht so unwahrscheinlich. Doch warum in unserem Universum die entscheidenden Größen für die Existenz von Sternen, und sogar Leben, passend aufeinander abgestimmt sind, das weiß niemand. Manche wollen dahinter eine ordnende Hand erkennen, andere neigen mehr zum Fatalismus und sagen: Es hat sich eben so gefügt. Es gibt aber auch Leute, die auf die Statistik bauen. Theoretisch tauchen fortwährend neue Universen aus dem Meer der Vakuumenergie auf, vielleicht sogar unendlich viele. Einige fallen sofort wieder in sich zusammen, andere existieren weiter und wachsen ohne Unterlass, je nachdem, wie die entscheidenden Parameter, die die Entwicklung bestimmen, ausgefallen sind. Warum soll unter all den Universen nicht auch eines dabeisein, in dem die Werte derart sind, dass dort eine Spezies hochkommen konnte, deren Mitglieder sich so verrückte Gedanken machen wie wir eben? Wie es in den zu unserem Universum eventuell vorhandenen Paralleluniversen zugeht, werden wir allerdings nie in Erfahrung bringen. Deshalb verfolgen wir dieses Thema auch nicht weiter. Sagen wir einfach: Egal, wie viele Universen es gibt – uns reicht schon das eine!

Haben wir bis jetzt spekuliert, was geworden wäre, wenn, so interessiert uns jetzt noch, was einmal werden wird. Geht die Ära der Sterne irgendwann zu Ende? Einstein soll zwar einmal gesagt haben: »Ich sorge mich nie um die Zukunft. Sie kommt früh genug.« Aber in unserem Fall kann von »früh« ja keine Rede sein. Wie also geht es weiter? Wir wissen: Die leuchtenden Gaskugeln am Himmel leben nicht ewig. Ob sie ein langes oder nur kurzes Leben führen, darüber entscheidet ihre Masse. Unsere Sonne hat mittlerweile rund 4,5 Milliarden Jahre auf dem Buckel. Circa weitere vier Milliarden Jahre wird sie noch Wasserstoff zu Helium verbrennen, dann geht der Ofen erst mal aus, und unser Stern wird sich zu einem Roten Riesen aufblähen, so groß, dass der sonnennächste Planet Merkur darin verschwindet. Über einen vom Menschen verursachten Klimawandel brauchen wir uns dann nicht mehr zu unterhalten, höchstens, wenn es nicht sowieso schon längst zu spät ist, über eine allgemeine Flucht auf einen anderen Planeten. Einige hundertmillionen Jahre nach dem Wasserstoffbrennen zündet dann mit dem Heliumbrennen nochmals das nukleare Feuer im Kern der Sonne. Gegen Ende dieser Phase wächst der Stern zu einem noch gewaltigeren Roten Überriesen heran, der nun auch die Venus verschluckt. Vermutlich wird sogar die Erde, auf der es seit Langem schon so unerträglich heiß ist, dass alle Meere verdampft sind, zu einem glühenden Gesteinsklumpen aufschmelzen. Doch dann ist mit den Kernfusionsprozessen endgültig Schluss. Die Sonne stößt ihre Gashülle zu einem Planetarischen Nebel ab, der sich relativ schnell verflüchtigt, und der im Zentrum des Geschehens verbleibende Ascheklumpen, der Weiße Zwerg, kühlt über Jahrmillionen langsam aus.

Von der Wiege bis zur Bahre hat demnach unsere Sonne rund zehn Milliarden Jahre im Kosmos geleuchtet. Massereichere Sterne verabschieden sich schon nach bedeutend kürzerer Zeit, masseärmere dagegen haben eine Lebensspanne, die die unserer Sonne um ein Vielfaches übertrifft. Aber letztlich werden sie alle einmal ausgebrannt sein und aus dem Universum verschwinden. Natürlich entstehen in den Galaxien aus dem ungeheuren Vorrat an interstellarem Gas auch immer wieder neue Sterne. Dass sich dieses Reservoir nicht allzu schnell erschöpft, dafür sorgen ja auch die Sterne, indem sie gegen Ende ihres Lebens einen Großteil ihrer Masse in Form unprozessierter Gase zusammen mit den erbrüteten schweren Elementen wieder an das interstellare Medium zurückgeben. Aber letztlich erschöpft sich auch diese Quelle, und in den Galaxien werden keine neuen Sterne mehr aufflammen. Fred Adams und Greg Laughlin, zwei amerikanische Physikprofessoren, prognostizieren, dass es in etwa 100 Billionen Jahren so weit sein wird. Dann kann die Gravitation die verbliebenen Gasreste nicht mehr zu den für eine Sternentstehung nötigen dichten Gaswolken zusammenballen. Zur gleichen Zeit dürften auch die langlebigsten Sterne am Ende ihres Daseins angekommen sein und langsam verlöschen. Im Kosmos wird es dann dunkler und dunkler. Das Licht, mit dem die ersten Sterne einst das Dunkle Zeitalter beendet hatten, macht erneuter Finsternis Platz. Der letzte Stern, der verschwindet, knipst im Universum endgültig die Lampen aus.

ANHANG

Formeln und Gleichungen

Die wichtigsten der für Sterne gültigen Beziehungen sowie einige
Gleichungen und Formeln zur Berechnung von Sternparametern

Kapitel 4

1. Wichtige Beziehungen für Sterne auf der Hauptreihe

Masse-Leuchtkraft-Beziehung: $\qquad L \propto M^{3,5}$

Masse-Radius-Beziehung: $\qquad R \propto M^{0,6}$

Masse-Temperatur-Beziehung: $\qquad T_{eff}^4 \propto M^{2,3}$

In diesen Proportionalitäten ist M die Sternmasse, L die Leuchtkraft
des Sterns, R der Sternradius und T_{eff} die Oberflächentemperatur des
Sterns.

2. Für alle Sterne gültige Beziehung wischen Leuchtkraft, Radius und Effektivtemperatur

$$L = 4\pi R^2 \sigma T_{eff}^4$$

In dieser Gleichung ist L die Leuchtkraft des Sterns, R der Sternradius und T_{eff} die Oberflächentemperatur des Sterns. Die Größe σ ist die Stefan-Boltzmann-Strahlungskonstante. L wird in Watt angegeben.

3. Zusammenhang zwischen den Magnituden m zweier Sterne und deren Strahlungsströmen S

Die scheinbare Helligkeit eines Sterns wird in Magnituden m angegeben. Man berechnet sie mit der Gleichung

$$m_1 - m_2 = -2,5 \times \log \frac{S_1}{S_2}$$

nachdem man die Strahlungsströme des zu bestimmenden und eines Vergleichssterns mit bekannter scheinbarer Helligkeit gemessen hat. In der Gleichung stehen m_1 und m_2 für die Magnituden der Sterne 1 und 2 und S_1 beziehungsweise S_2 für die gemessenen Strahlungsströme der beiden Sterne. Als Strahlungsstrom S bezeichnet man alle durch ein Flächenelement hindurchtretenden, über alle Wellenlängen aufsummierten Strahlungsbündel. Strahlungsströme werden in Watt pro Quadratzentimeter angegeben.

4. Zusammenhang zwischen scheinbarer Helligkeit m, absoluter Helligkeit M und Entfernung d zum Stern

Per Definition bezeichnet man die scheinbare Helligkeit m, die ein Stern in einer Entfernung von 10 Parsec zum Beobachter hat, als seine absolute Helligkeit M. Mit Hilfe der Gleichung

$$m - M = -5 + 5 \log d$$

lassen sich scheinbare in absolute Helligkeiten umrechnen. In der Gleichung bedeuten m die scheinbare und M die absolute Helligkeit des Sterns. Die Entfernung d zum Stern ist in Parsec (pc) einzusetzen (1 pc entspricht 3,26 Lichtjahren).

Kapitel 6

Gravitationsgesetz

$$K = m \times b = \frac{G M m}{r^2}$$

Das Gravitationsgesetz besagt: Die anziehende Kraft zwischen zwei Körpern ist umso größer, je größer deren Masse beziehungsweise je kleiner ihr gegenseitiger Abstand ist. In der Gleichung ist K die Gravitationskraft, M die Masse des Sterns, m die Masse eines Probekörpers, G die Gravitationskonstante und r die Entfernung zwischen Stern und Probekörper.

Allgemeine Gasgleichung

$$p\,V = n\,R\,T$$

Es bedeuten p den Gasdruck, V das vom Gas eingenommene Volumen, n die Anzahl Mole, R die Gaskonstante, T die Temperatur im Gas.

Jeans-Masse

$$M_J = \left(\frac{\pi R}{G \mu}\right)^{3/2} T^{3/2} \rho^{-1/2}$$

Eine Gaswolke mit dem Radius R, der Temperatur T und der Dichte ρ muss mindestens eine Masse entsprechend der Jeans-Masse haben, damit sie unter ihrer eigenen Schwerkraft zusammenstürzen kann. In der Gleichung ist M_J die Jeans- bzw. Wolkenmasse, R der Wolkenradius, G die Gravitationskonstante, μ das Molekulargewicht, T die Temperatur und ρ die Dichte der Wolke.

Impuls

$$m\,v$$

In der Gleichung ist m die Masse und v die Geschwindigkeit des Körpers.

Drehimpuls

$$m\,r\,v = m\,\omega\,r^2$$

In der Gleichung bedeuten m die Masse des rotierenden Körpers, r seine Entfernung zum Drehpunkt, v die Geschwindigkeit längs der Kreisbahn und ω die Winkelgeschwindigkeit. Es gilt: $\omega = 2\,\pi\,\nu$, mit ν gleich $1/t$ und t gleich der Zeit, die der Körper benötigt, um den Drehpunkt auf einer Kreisbahn einmal zu umlaufen.

Zentrifugalkraft

$$m\,r\,\omega^2$$

Körper, die um einen festen Punkt auf eine Kreisbahn mit dem Radius r gezwungen werden, erfahren eine Zentrifugalkraft. In der Gleichung bedeuten m die Masse des Körpers, r seinen Abstand zum Drehpunkt und ω die Winkelgeschwindigkeit.

Freifallzeit

$$t_{ff} \cong \sqrt{\frac{1}{G\,\rho}}$$

Würde in einem Stern spontan der nach außen gerichtete Druck wegfallen, so würde er innerhalb der sogenannten Freifallzeit im freien Fall zusammenstürzen. In der Gleichung bedeuten t_{ff} die Freifallzeit, G die Gravitationskonstante und ρ die mittlere Dichte des Sterns.

Potenzielle Energie des Sterns

$$E_{pot} = -\frac{G M^2}{r}$$

Die potenzielle Energie eines Sterns entspricht der Arbeit, die aufzuwenden wäre, wollte man seine Massenelemente gegen die Gravitation ins Unendliche verschieben. In der Gleichung bedeuten E_{pot} potenzielle Energie, G Gravitationskonstante, M Sternmasse und r Sternradius. In einem System, in dem nur Zentralkräfte wirken, also Kräfte, die auf ein Zentrum hin zielen, wie etwa die Gravitationskraft, hat die potenzielle Energie ein negatives Vorzeichen. Nimmt die potenzielle Energie des Sterns ab, so wird also der ohnehin schon negative Wert der Energie noch »negativer« und sinkt z.B. von -1 auf -2 ab.

Kelvin-Helmholtz-Zeit

$$t_{KH} = \frac{G M^2}{2 r L} = \frac{E_{pot}}{2 L}$$

Die Kelvin-Helmholtz-Zeit gibt die Zeitdauer an, in der ein Stern ohne innere Energiequellen seine Strahlungsverluste allein aus seiner potenziellen Energie decken kann. In der Gleichung bedeuten t_{KH} Kelvin-Helmholtz-Zeit, r Sternradius und L Leuchtkraft des Sterns.

Kapitel 7

Berechnung der Verweildauer t_{Stern} eines Sterns
der Masse M_{Stern} auf der Hauptreihe

Die Lebensdauer t_{Stern} eines Sterns ist proportional zu seiner Masse M_{Stern} geteilt durch seine Leuchtkraft:

$$t_{Stern} \propto \frac{M_{Stern}}{L}$$

Ersetzt man die Leuchtkraft L in dieser Proportionalität durch die Masse-Leuchtkraft-Beziehung

$$L \propto M^{3,5}$$

so erhält man für t_{Stern} den Ausdruck:

$$t_{Stern} \propto \frac{1}{M_{Stern}^{2,5}}$$

Das Gleiche gilt für die Sonne

$$t_{Sonne} \propto \frac{1}{M_{Sonne}^{2,5}}$$

t_{Stern} geteilt durch t_{Sonne} liefert sodann:

$$\frac{t_{Stern}}{t_{Sonne}} \left(\frac{M_{Sonne}}{M_{Stern}} \right)^{2,5}$$

Damit erhält man für t_{Stern}

$$t_{stern} = t_{Sonne} \left(\frac{M_{Sonne}}{M_{Stern}} \right)^{2,5}$$

Beispiel: Für einen Stern, der zehnmal so viel Masse hat wie die Sonne, ist das Verhältnis M_{Sonne} zu M_{Stern} gleich 0,1. Aufgerundet ergibt 0,1 hoch 2,5 0,0032. Die Verweildauer unseres 10-Sonnenmassen-Sterns auf der Hauptreihe ist also um den Faktor 0,0032 kürzer als die der Sonne. Um das Ergebnis in Jahren auszudrücken, ist die Verweildauer der Sonne mit 0,0032 zu multiplizieren, was rund 25 Millionen Jahre ergibt.

Kapitel 8

Triple-α-Prozess des Heliumbrennens

Beim Triple-α-Prozess fusionieren drei Heliumkerne über einen Beryllium-Zwischenkern zu einem Kohlenstoffkern. Der Prozess durchläuft die Reaktionsketten:

$$^4\text{He} + {}^4\text{He} \rightarrow {}^8\text{Be} + \gamma \quad \text{und}$$

$$^8\text{Be} + {}^4\text{He} \rightarrow {}^{12}\text{C}^* \rightarrow {}^{12}\text{C} + \gamma$$

Folgereaktionen

Durch schrittweise Anlagerung weiterer Heliumkerne werden ausgehend von Kohlenstoff entsprechend der Reaktionskette

$$^{12}\text{C}(\alpha,\gamma)\,^{16}\text{O}(\alpha,\gamma)\,^{20}\text{Ne}(\alpha,\gamma)\,^{24}\text{Mg}(\alpha,\gamma)\,^{28}\text{Si}$$

weitere schwere Elemente fusioniert. Dabei bedeutet (α,γ), dass ein α-Teilchen, das heißt ein Heliumkern, sich mit dem vor der Klammer stehenden Element vereinigt, wobei ein γ-Quant frei wird und das nach der Klammer stehende Element entsteht.

Kapitel 9

Reaktionsgleichungen der Brennstufen massereicher Sterne nach dem Heliumbrennen

Kohlenstoffbrennen

$$^{12}\text{C} + {}^{12}\text{C} \rightarrow {}^{24}\text{Mg} + \gamma \qquad\qquad {}^{12}\text{C} + {}^{12}\text{C} \rightarrow {}^{23}\text{Mg} + n$$

$$^{12}\text{C} + {}^{12}\text{C} \rightarrow {}^{23}\text{Na} + {}^1\text{H} \qquad\qquad {}^{12}\text{C} + {}^{12}\text{C} \rightarrow {}^{20}\text{Ne} + {}^4\text{He}$$

$$^{12}\text{C} + {}^{12}\text{C} \rightarrow {}^{16}\text{O} + 2\,{}^4\text{He}$$

Neonbrennen

$$^{20}Ne + \gamma \rightarrow {}^{16}O + {}^{4}He \qquad\qquad {}^{20}Ne + {}^{4}He \rightarrow {}^{24}Mg + \gamma$$

$$^{20}Ne + n \rightarrow {}^{21}Ne + \gamma \qquad\qquad {}^{21}Ne + {}^{4}He \rightarrow {}^{24}Mg + n$$

$$^{24}Mg + {}^{4}He \rightarrow {}^{28}Si + \gamma$$

Sauerstoffbrennen

$$^{16}O + {}^{16}O \rightarrow {}^{32}S + \gamma \qquad\qquad {}^{16}O + {}^{16}O \rightarrow {}^{31}S + n$$

$$^{16}O + {}^{16}O \rightarrow {}^{31}P + {}^{1}H \qquad\qquad {}^{16}O + {}^{16}O \rightarrow {}^{28}Si + {}^{4}He$$

$$^{16}O + {}^{16}O \rightarrow {}^{24}Mg + 2\,{}^{4}He$$

Siliziumbrennen

$$^{28}Si + {}^{28}Si \rightarrow {}^{56}Ni + \gamma \qquad\qquad {}^{56}Ni \rightarrow {}^{56}Co + e^{+} + \nu$$

$$^{56}Co \rightarrow {}^{56}Fe + e^{+} + \nu$$

Kapitel 11

1. *Zur Bestimmung der Sternmassen in einem Doppelsternsystem*

1. Messung der für beide Sterne gleichen Umlaufperiode T
2. Bestimmung der Umlaufgeschwindigkeiten der beiden Sterne mit Hilfe des Dopplereffekts
   - Eine Messung der relativ zur Wellenlänge $\lambda_{1,0}$ des Sterns 1 dopplerverschobenen Wellenlängen $\lambda_{1,1}$ und $\lambda_{1,2}$ liefert die Bahngeschwindigkeit v_1 des Sterns 1:

Stern 1 kommt auf Beobachter zu: $\qquad \lambda_{1,1} = \left(1 - \dfrac{v_1}{c}\right) \lambda_{1,0}$

Stern 1 entfernt sich vom Beobachter: $\lambda_{1,2} = \left(1 + \dfrac{v_1}{c}\right) \lambda_{1,0}$

Daraus folgt: $\qquad \dfrac{\lambda_{1,2} - \lambda_{1,1}}{\lambda_{1,0}} = 2\,\dfrac{v_1}{c} \quad$ bzw. $\quad v_1 = \dfrac{c\,(\lambda_{1,2} - \lambda_{1,1})}{2\,\lambda_{1,0}}$

- Gleiche Dopplermessungen beim Stern 2 liefert die Bahngeschwindigkeit v_2 des Sterns 2.

3. Berechnung der Entfernungen a_1 und a_2 der beiden Sterne 1 und 2 vom gemeinsamen Schwerpunkt S

   - Für Stern 1 gilt: $v_1 T = 2 \pi a_1$; daraus folgt: $a_1 = \dfrac{v_1 T}{2 \pi}$

   - Für Stern 2 gilt: $v_2 T = 2 \pi a_2$; daraus folgt: $a_2 = \dfrac{v_2 T}{2 \pi}$

4. Berechnung des Abstands a der beiden Sterne:

   - Es gilt: $a = a_1 + a_2$

5. Berechnung der Massensumme m_1 plus m_2 der beiden Sterne 1 und 2 mit Hilfe des 3. Kepler'schen Gesetzes:

   - 3. Kepler'sches Gesetz: $T^2 = \dfrac{4 \pi^2 a^3}{G (m_1 + m_2)}$

T gleich Umlaufperiode, a gleich mittlerer Abstand der beiden Sterne, G gleich Gravitationskonstante, m_1 und m_2 gleich Masse der beiden Sterne des Doppelsternsystems.

$$\text{Daraus folgt:} \quad (m_1 + m_2) = \dfrac{4 \pi^2 a^3}{G T^2}$$

6. Berechnung der Massen m_1 und m_2 der Sterne 1 und 2:

   - Es gilt: $\dfrac{m_1}{m_2} = \dfrac{a_2}{a_1}$; daraus folgt: $m_1 = \left(\dfrac{4 \pi^2 a^3}{G T^2} \right) \Big/ \left(1 + \dfrac{a_1}{a_2} \right)$

   - Mit dem nun bekanntem m_1 folgt m_2 aus $m_2 = m_1 \dfrac{a_1}{a_2}$

2. Zur Bestimmung der Sternradien bei Bedeckungsveränderlichen

Annahme: Der größere Stern 1 mit Durchmesser D wird von einem kleineren Stern 2 mit dem Durchmesser d auf einer Kreisbahn umrundet.

1. Messung der relativ zur Wellenlänge λ_0 dopplerverschobenen Wellenlängen λ_1 und λ_2 des Sterns 2. Damit Berechnung der Bahngeschwindigkeit v des Sterns 2. Es gilt:

    1. Stern 2 kommt auf Beobachter zu: $\lambda_1 = \left(1 - \dfrac{v}{c}\right)\lambda_0$

    2. Stern 2 entfernt sich vom Beobachter: $\lambda_2 = \left(1 + \dfrac{v}{c}\right)\lambda_0$

    3. Daraus folgt: $\dfrac{\lambda_2 - \lambda_1}{\lambda_0} = 2\,\dfrac{v}{c}$ bzw. $v = \dfrac{c\,(\lambda_2 - \lambda_1)}{2\,\lambda_0}$

2. Messung der Zeiten t_1 bis t_4 entsprechend der Abbildung 71.
3. Mit den gemessenen Zeiten und der bekannten Geschwindigkeit v lassen sich für die Unbekannten d und D zwei Gleichungen aufstellen, aus denen sich D und d berechnen lassen:

   • $D + d = v\,(t_4 - t_1)$ und $D - d = v\,(t_3 - t_2)$

Glossar

A

Äquipotenzialfläche
Eine Fläche, auf der das Gravitationspotenzial beziehungsweise die Gravitation überall den gleichen Wert hat. In geringem Abstand zum Stern sind Äquipotenzialflächen nahezu kugelförmig. In einem Doppelsternsystem können beide Sterne von einer gemeinsamen Äquipotenzialfläche umgeben sein. Auf einer Äquipotenzialfläche kann Materie ohne Energieaufwand verschoben werden.

Akkretion
Das Ansammeln von Materie, vornehmlich Gas, auf der Oberfläche eines Sterns oder in einer Materiescheibe um einen Stern.

Alter-null-Hauptreihe
Nach Beendigung der Protosternphase treten die Sterne in die Alter-null-Hauptreihe, auch Anfangshauptreihe genannt, ein. Dabei bedeutet Alter null, dass die Sterne am Anfang ihrer Entwicklung auf der Hauptreihe stehen, das heißt am Anfang der Phase des Wasserstoffbrennens.

Angeregter Zustand eines Atoms
Absorbiert ein Atom Energie in Form eines Photons, so geht es in einen angeregten Zustand über. Dabei wird ein Elektron einer inneren Bahn auf eine höhere Bahn gehoben.

Astrometrie
Messung des Winkels, um den sich die Position eines Sterns am Himmel verändert.

Astronomische Einheit AE

Die mittlere Entfernung Erde – Sonne wird als Astronomische Einheit, kurz AE, bezeichnet. In Kilometern ausgedrückt entspricht 1 AE 149598770,7 Kilometern.

Atomzahl

Anzahl der Protonen und der Neutronen in einem Atomkern.

B

Bedeckungsveränderliche

Ist ein Doppelsternsystem so im Raum ausgerichtet, dass man auf die Kante der Bahnen der beiden Sterne blickt, so zieht einer der beiden Sterne während eines Umlaufs vor dem anderen vorbei und bedeckt ihn. Dadurch wird das Licht des anderen Sterns zeitweilig abgeblockt, sodass das Sternsystem periodisch dunkler und wieder heller erscheint.

Beta-/(β-)Zerfall

Radioaktiver Zerfallsprozess, wobei im Kern eines Atoms ein Neutron in ein Proton umgewandelt wird bei gleichzeitiger Aussendung eines Elektrons – auch Beta-Teilchen genannt – und eines Antineutrinos. Beim Beta-Zerfall bleibt die Massenzahl des Kerns unverändert, die Ordnungszahl steigt jedoch um eine Einheit. Aus dem ursprünglichen Atom entsteht ein Element mit einer um eine Einheit höheren Anzahl an Kernprotonen.

Bethe-Weizsäcker-Zyklus (CNO-Zyklus)

Beim Wasserstoffbrennen nach dem Bethe-Weizsäcker-Zyklus verschmelzen vier Protonen zu einem Heliumkern, wobei die Elemente Kohlenstoff und Sauerstoff als Katalysatoren dienen. Der Bethe-Weizsäcker-Zyklus läuft vornehmlich in heißen Sternen ab.

C

Chandrasekhar-Grenzmasse

Masse, oberhalb der ein Weißer Zwerg unter seiner eigenen Schwerkraft zusammenbricht und als Supernova vom Typ Ia explodiert. Die Grenzmasse beträgt 1,44 Sonnenmassen.

Cepheiden

Sterne, die sich rhythmisch ausdehnen und wieder zusammenziehen (pulsieren), wobei sich ihre Leuchtkraft ändert.

Compton-Effekt

Stoß zwischen einem Photon und einem freien Elektron. Dabei verliert das Photon Energie an das Elektron, seine Wellenlänge wird größer. Beim inversen Compton-Effekt gewinnt das Photon Energie aus der Bewegungsenergie des Elektrons, seine Wellenlänge wird kleiner.

Coulomb-Wall

Auch Coulomb-Barriere genannt. Ist das abstoßende Potenzial, gegen das ein positiv geladenes Teilchen anlaufen muss, um in den ebenfalls positiv geladenen Atomkern eindringen beziehungsweise sich mit einem Proton vereinigen zu können.

D

Doppelstern

Zwei benachbarte Sterne, die ihren gemeinsamen Schwerpunkt umkreisen.

Dopplereffekt

Wellenlängenänderung von Schall- oder Lichtwellen aufgrund einer Bewegung der Quelle vom Beobachter weg oder auf ihn zu.

Drehimpuls

Ein um einen festen Punkt rotierender Körper besitzt einen Drehimpuls. Er wächst mit der Masse des Körpers, mit seinem Abstand zum Drehpunkt und mit seiner Umlaufgeschwindigkeit. Der Drehimpuls ist für die rotierende Bewegung von ähnlicher Bedeutung wie der Impuls (m v) für die fortschreitende Bewegung. Der Drehimpuls ist eine Erhaltungsgröße, er kann ohne die Einwirkung einer Kraft nicht vernichtet werden.

Drehmoment

Drehmoment ist gleich Kraft mal Hebelarm. Zwei gleich große Kräfte, die an den Enden einer Stange angreifen und in entgegengesetzte Richtungen wirken, üben auf die Stange ein Drehmoment aus, das heißt, sie versuchen, die Stange um ihren Mittelpunkt zu drehen.

Dunkle Materie
Exotische Materieform, die nicht mit Photonen in Wechselwirkung tritt und daher unsichtbar ist. Dunkle Materie macht sich nur durch ihren Schwerkrafteinfluss auf normale Materie bemerkbar.

E

Effektivtemperatur T_{eff}
Temperatur eines Hohlraumstrahlers, der die gleiche Flächenhelligkeit wie ein Stern hat. T_{eff} entspricht der mittleren Oberflächentemperatur eines Sterns.

Ekliptik
Die scheinbare jährliche Bahn der Sonne über den Himmel vor dem Hintergrund der Sterne.

Eruptive Veränderliche
Sterne, die einen einmaligen oder auch wiederholten abrupten Helligkeitsanstieg um viele Größenordnungen verbunden mit einem starken Masseausbruch zeigen.

Exoplanet
Planet um einen anderen Stern als unsere Sonne.

F

Fermi-Druck
Auch Entartungsdruck genannt. Entsteht aufgrund quantenmechanischer Effekte in komprimierter Materie, vornehmlich in einem Elektronengas. Da das Pauli-Verbot verhindert, dass mehrere gleichartige Teilchen ein und dasselbe Energieniveau besetzen, können die Teilchen nicht beliebig nahe zusammenrücken. Dadurch entsteht ein Druck, der nicht von der Temperatur der Materie, sondern nur von ihrer Dichte abhängt.

Fragmentierung

Auseinanderbrechen massereicher Gas- und Molekülwolken in mehrere kleine Wolken.

Freifallzeit

Auch dynamischer Kollaps genannt. Ist die Zeit, innerhalb der ein Massenelement aufgrund von Gravitationskräften im freien Fall vom Rand eines Objekts bis ins Zentrum fällt.

G

Gauß

Einheit der magnetischen Flussdichte. Wird fast nur noch in der Astrophysik verwendet. Im gesetzlichen Messwesen wird stattdessen die Einheit Tesla verwendet. Ein Gauß entspricht einem Zehntausendstel Tesla. Die magnetische Flussdichte eines Hufeisenmagneten beträgt etwa ein Tausendstel Tesla. Das Erdmagnetfeld ist rund 100-mal schwächer.

Gravitationsgesetz

Beschreibt die zwischen zwei Massen aufgrund der gegenseitigen Anziehung wirkende Kraft.

H

Hadronen

Aus Quarks aufgebaute Teilchen. Man unterscheidet zwei Klassen von Hadronen: a) Baryonen, die aus drei Quarks bestehen, dazu gehören die Protonen und Neutronen; b) Mesonen, die aus zwei Quarks aufgebaut sind.

Halbwertszeit

Zeit, nach der von einer gegebenen Menge eines radioaktiven Elements die Hälfte radioaktiv zerfallen ist.

Halo

Kugelförmiger Bereich vornehmlich Dunkler Materie um eine Galaxie. Dort finden sich auch die ältesten Sterne und Kugelsternhaufen.

Hauptreihe

Bandförmiger Bereich, der sich von links oben nach rechts unten quer über das Hertzsprung-Russell-Diagramm zieht und in dem die meisten Sterne zu finden sind. Sterne auf der Hauptreihe fusionieren in ihren Kernen Wasserstoff zu Helium.

Hayashi-Linie

Sie bezeichnet eine im Hertzsprung-Russell-Diagramm nahezu senkrecht verlaufende Linie, der ein Protostern auf seinem Weg zur Hauptreihe folgt. Rechts der Hayashi-Linie kann es keine Sterne im hydrostatischen Gleichgewicht geben.

Herbig-Haro-Objekt

Kompakter, heller Nebel im Kosmos. Ein Herbig-Haro-Objekt entsteht, wenn der von den Polen eines jungen Sterns ausgehende überschallschnelle Materie-Jet in das interstellare Medium rammt und die dabei entstehende Schockfront das Gas verdichtet und zum Leuchten anregt.

Hertzsprung-Russell-Diagramm

Diagramm, in dem den Sternen bezüglich ihrer Leuchtkraft und Effektivtemperatur (Oberflächentemperatur) eine Position zugewiesen ist. Trägt man die Wertepaare Leuchtkraft-Effektivtemperatur eines Sterns in chronologischer Abfolge im Diagramm ein, so entspricht deren Spur dem Entwicklungsweg des Sterns.

Horizontalast

Horizontal über das Hertzsprung-Russell-Diagramm verlaufendes Band, das von Sternen bevölkert wird, die Helium zu Kohlenstoff und Sauerstoff fusionieren.

Hot Spot

Heißer Fleck am Rand einer Akkretionsscheibe. Hot Spots entstehen an Stellen, wo die von einem benachbarten Stern überströmende Materie auf das Scheibengas trifft.

Hydrostatisches Gleichgewicht

Bei Sternen im hydrostatischen Gleichgewicht sind an jedem Punkt im Stern der nach außen gerichtete Gasdruck, der Strahlungsdruck und die Zentrifugalkraft mit der nach innen gerichteten Gravitation im Gleichgewicht.

I

Impuls
Physikalische Bewegungsgröße der fortschreitenden Bewegung. Der Impuls eines Körpers wächst mit seiner Masse und seiner Geschwindigkeit.

Instabilitätsstreifen
Nahezu senkrecht im Hertzsprung-Russell-Diagramm verlaufender schmaler Bereich. Sterne, die auf ihrem Entwicklungsweg den Instabilitätsstreifen kreuzen, werden instabil und beginnen dort zu pulsieren.

Ion
Elektrisch geladenes Atom, das ein oder mehrere Hüllelektronen verloren beziehungsweise ein zusätzliches Elektron angelagert hat.

Ionisation
Teilweise oder auch komplette Abtrennung der Hüllelektronen eines Atoms.

Isotop
Atom eines Elements, jedoch mit unterschiedlicher Anzahl von Neutronen im Kern.

J

Jeans-Masse
Kritische Masse, oberhalb der eine Gaswolke zu kollabieren beginnt.

K

Kappa-Mechanismus
Mechanismus, der die Durchlässigkeit für Strahlung in den äußeren Sternschichten regelt und Sterne pulsationsinstabil werden lässt.

Kelvin

Maßeinheit der absoluten Temperatur. Null Kelvin entspricht der tiefsten physikalisch möglichen Temperatur, dem absoluten Nullpunkt. 273,15 Kelvin entsprechen null Grad Celsius.

Kelvin-Helmholtz-Zeit

Zeit, während der ein Stern ohne innere Energiequellen seine Strahlungsverluste allein aus seiner potentiellen Energie decken kann. Für unsere Sonne beträgt die Kelvin-Helmholtz-Zeit rund 15 Millionen Jahre.

Kepler: 3. Kepler'sches Gesetz

Das Quadrat der Umlaufzeit zweier Sterne ist proportional zur dritten Potenz ihres Abstands und umgekehrt proportional zur Summe der beiden Sternmassen.

Kernfusion

Verschmelzung von zwei Atomkernen zu einem neuen, schwereren Kern.

Konvektion

Das Aufsteigen heißer und Absinken abgekühlter Gasblasen in Sternatmosphären. Neben dem Energietransport durch Strahlung ist Konvektion der wichtigste Energietransportmechanismus in einem Stern.

Kosmische Strahlung

Hochenergetische Teilchenstrahlung aus sich mit nahezu Lichtgeschwindigkeit bewegenden Teilchen, insbesondere Protonen, Elektronen und vollständig ionisierte Atomkerne.

L

Lichtjahr

Strecke, die das Licht in einem Jahr zurücklegt. Ein Lichtjahr entspricht rund 9,5 Billionen Kilometer.

Lichtkurve
Verlauf der scheinbaren Helligkeit eines Sterns in Abhängigkeit von der Zeit.

M

Magnetischer Druck
Druck, der beim Kollaps einer Gaswolke durch die Kompression von Magnetfeldern entsteht.

Metallizität
Gehalt eines Sterns an Elementen schwerer als Helium. In der Astronomie bezeichnet man alle Elemente schwerer als Helium als Metalle.

N

Neutralino
Hypothetisches Teilchen, das unmittelbar nach dem Urknall entstanden sein könnte. Neutralinos könnten ein wesentlicher Bestandteil der Dunklen Materie sein.

Neutrino
Elektrisch neutrales Elementarteilchen mit extrem geringer Masse. Neutrinos werden beim β-Zerfall frei und in den Sternen bei der Fusion von Wasserstoff zu Helium über die pp-Kette beziehungsweise den CNO-Zyklus. Mit Materie treten Neutrinos nahezu nicht in Wechselwirkung.

Neutron, Proton
Bausteine der Atomkerne, die sogenannten Nukleonen.

Neutronenstern
Sehr dichtes, nur etwa 20 Kilometer großes Objekt, mit einer Masse zwischen 1,5 und 2,5 Sonnenmassen. Der Zentralbereich von Sternen im Bereich von etwa 8 bis 25 Sonnenmassen kollabiert am Ende des Sternenlebens zu einem Neutronenstern. Neutronensterne sind vergleichbar mit einem riesigen Atomkern.

Nova

Plötzlicher Helligkeitsanstieg eines Sterns um mehrere Größenordnungen. Eine Nova entsteht durch explosionsartig einsetzende Kernfusion in dem von einem Begleitstern abströmenden und auf der Oberfläche eines Weißen Zwerges akkretierten Gas.

Nukleosynthese, stellare

Aufbau schwerer Elemente in den Sternen. Sie entstehen sowohl in den aufeinanderfolgenden Phasen vom Wasserstoff- bis zum Siliziumbrennen als auch durch Neutroneneinfang in den heißen Atmosphären massereicher Sterne.

O

Opazität

Maß für die Strahlungsundurchlässigkeit der Sternatmosphäre.

Ordnungszahl

Gibt die Anzahl der Protonen in einem Atomkern an.

P

p-Prozess

Anlagerung von Protonen an Atomkerne. Die sehr protonenreichen schweren Elemente, die in den Sternen weder mit dem s- noch mit dem r-Prozess zu erreichen sind, werden vermutlich in einem p-Prozess erzeugt. Der r-Prozess kann nur in einem sehr heißen Umfeld, vornehmlich in den Stoßfronten einer Supernova, ablaufen.

Parsec (pc)

Astronomische Entfernungseinheit. Ein Parsec entspricht 3,26 Lichtjahren beziehungsweise rund 30 Billionen Kilometern.

Photon

Entsprechend der Quantentheorie besteht elektromagnetische Strahlung aus diskreten Energiepartikeln, den Photonen.

Photosphäre

Diejenigen Schichten der Sternatmosphäre, in denen sowohl die kontinuierliche Strahlung des Sterns als auch die Absorptionslinien seines Spektrums entspringen.

Planetarischer Nebel

Die gegen Ende des Lebens eines Sterns mittlerer Masse abgestoßene leuchtende Gashülle.

Plasma

Heißes Gas aus Atomkernen und freien Elektronen. Neben den Aggregatszuständen fest, flüssig und gasförmig bezeichnet man ein Plasma auch als den vierten Aggregatszustand der Materie.

Positron

Das Antiteilchen des Elektrons. Es besitzt die gleiche Masse wie das Elektron, aber eine entgegengesetzte, positive Ladung.

Potenzielle Energie eines Sterns

Summe der Lageenergie aller Massenpunkte eines Sterns. Die potenzielle Energie besitzt ein negatives Vorzeichen. Man kann sie als die Arbeit ansehen, die geleistet werden müsste, wollte man den gesamten Stern auflösen und seine Teile gegen seine Schwerkraft ins Unendliche verschieben.

Primordiale Nukleosynthese

Entstehung der ersten Elemente in der Zeitspanne von etwa einer Sekunde bis circa drei Minuten nach dem Urknall. Bei der Primordialen Nukleosynthese wurden die Wasserstoffisotope Deuterium und Tritium, Helium und sein Isotop Helium-3 sowie geringe Mengen von Lithium und Beryllium gebildet.

Proton, Neutron

Bausteine der Atomkerne, die sogenannten Nukleonen.

Proton-Proton-Kette (pp-Kette)

Beschreibt die in den Sternen beim Wasserstoffbrennen ablaufende schrittweise Fusion von vier Protonen zu einem Heliumkern.

Protoplanetare Scheibe

Gasscheibe um junge Sterne, aus deren Material sich Planeten bilden können.

Protostern

Vorläufer eines Sterns, der seine Energie vornehmlich aus der Umwandlung von potentieller Energie in thermische Energie gewinnt.

Pulsar

Schnell rotierender Neutronenstern, dessen mitrotierende, in entgegengesetzte Richtungen weisende Strahlungskeulen ähnlich dem Lichtkegel eines Leuchtturms durch den Raum schwenken.

Pulsationsperiode

Dauer eines Expansions- und Kontraktionszyklus eines pulsationsveränderlichen Sterns.

Pulsationsveränderliche

Sterne, die sich rhythmisch aufblähen und wieder zusammenziehen, wobei sich ihre Leuchtkraft periodisch verändert, das heißt ansteigt und wieder abfällt.

Q

Quark

Elementarteilchen, aus denen, neben den sogenannten Mesonen, die als Kernbausteine dienenden Protonen und Neutronen aufgebaut sind. Je drei Quarks bilden ein Proton beziehungsweise ein Neutron, zwei ein Meson. Insgesamt kennt man sechs unterschiedliche Quarks. Für den Aufbau von Protonen und Neutronen verwendet die Natur nur zwei der sechs Arten.

Quasar

Extrem leuchtkräftiges Objekt in den Tiefen des Universums. Quasare gewinnen ihre Leuchtkraft aus der Umwandlung von Materie in Energie. Sie bestehen aus einem massiven Schwarzen Loch, in das Materie aus einer das Schwarze Loch umgebenden Materiescheibe einfällt.

r-Prozess

Serie sehr schnell aufeinanderfolgender Neutroneneinfangreaktionen eines Atomkerns, gefolgt von einer Reihe von β-Zerfällen. Im r-Prozess entstehen die schweren Elemente. Der r-Prozess läuft bevorzugt hinter der Stoßfront einer Supernova ab.

Reionisation

Erneute Ionisation von Atomen, wobei die Elektronen von den Atomkernen abgetrennt werden. Man spricht von Reionisation, wenn die Materie ursprünglich als Plasma vorlag, später sich die Atomkerne wieder Elektronen einfingen und dann erneut, vornehmlich durch UV-Strahlung, ionisiert werden.

Rekombination

Vereinigung von Atomkernen und Elektronen zu neutralen Atomen.

Riesenast

Entwicklungsweg eines Sterns im Hertzsprung-Russell-Diagramm nach dem Wasserstoffbrennen. Bei auf dem Riesenast angesiedelten Sternen findet im Stern Wasserstoffschalenbrennen statt.

Roche-Fläche

Sanduhrförmig eingeschnürte Fläche, die die zwei Sterne eines Doppelsternsystems einhüllt. Am Einschnürungspunkt, dem sogenannten Lagrange-Punkt, ist die Anziehungskraft der beiden Sterne gleich groß.

Roche-Potenzial

Das Roche-Potenzial ist das Potenzial auf der Roche-Fläche. Unter dem Begriff »Potenzial« versteht man die Fähigkeit eines Gravitationsfeldes, Arbeit zu verrichten.

Roche-Volumen

Von der Roche-Fläche um einen Stern umschlossenes Volumen.

Roter Riese

Leuchtkräftiger, relativ kühler Stern am Ende des Riesenastes, der sich auf das etwa Hundertfache seines ursprünglichen Durchmessers aufgebläht hat.

s-Prozess

Einfang eines Neutrons durch einen Atomkern, gefolgt von einem β-Zerfall. Das dabei entstehende Element hat eine um eine Einheit größere Ordnungszahl als das Ausgangselement. Der s-Prozess läuft bevorzugt in den heißen Atmosphärenschichten Roter Riesen ab.

Schalenbrennen

Kernfusion in einer schmalen Zone um den Sternkern. Massereiche Sterne am Ende ihrer Entwicklung zeigen mehrere konzentrisch um den Kern angeordnete Brennschalen.

Schwarzer Körper

Ein Objekt, das jede auftreffende elektromagnetische Strahlung absorbiert. Ein Loch mit einem dahinterliegenden möglichst großen Hohlraum, der so gestaltet ist, dass die durch das Loch eintretende Strahlung den Hohlraum nicht mehr verlassen kann, kommt einem idealen Schwarzen Körper sehr nahe.

Schwarzes Loch

Unsichtbares, extrem dichtes, massereiches Objekt, dessen Schwerkraft so groß ist, dass selbst Photonen nicht entkommen können. Bei der Supernovaexplosion sehr massereicher Sterne kollabiert deren Kern zu einem stellaren Schwarzen Loch von mindestens 2,5 Sonnenmassen. Schwarze Löcher in den Zentren von Galaxien können eine Masse von mehreren Millionen Sonnenmassen haben. Schwarze Löcher sind Singularitäten in der Raumzeit.

Schwarzkörperstrahlung

Als Schwarzkörperstrahlung, auch Hohlraumstrahlung genannt, bezeichnet man die Strahlung, die von einem (erhitzten) Schwarzen Körper abgestrahlt wird.

Spektrallinie

Dunkle oder helle Linie im Spektrum eines Sterns, je nachdem, ob es sich um eine Absorptions- oder um eine Emissionslinie handelt. Spektrallinien entstehen durch Absorption beziehungsweise Emission von Photonen bestimmter Energie durch die Atome der Sternatmosphäre.

Sternspektrum

Strahlungsintensität eines Sterns, aufgetragen gegen die Wellenlänge.

Stoßanregung

Anregung von elektronischen Übergängen (Heben eines Hüllelektrons auf eine höhere Schale) beziehungsweise von Schwingungs- und Rotationszuständen in einem Atom beim Zusammenprall zweier Teilchen. Die dazu nötige Energie liefert die Bewegungsenergie der stoßenden Teilchen.

Supernova

Man unterscheidet zwei Typen: 1) Explosion, mit der ein massereicher Stern sein Leben beendet (Typ II, Ib und Ic); 2) Explosion eines Weißen Zwergs, dessen Masse durch Materieakkretion die Chandrasekhar-Grenzmasse überschreitet (Typ Ia). Supernovaexplosionen setzen ungeheure Mengen an Energie frei und katapultieren mehrere Sonnenmassen an schweren Elementen in das interstellare Medium.

Supernovaüberrest

Leuchtende, sich rasch ausbreitende nebelartige Gaswolke, bestehend aus bei einer Supernovaexplosion in den Raum geschleuderter Sternmaterie.

Synchrotronstrahlung

Von elektrisch geladenen und beschleunigten Teilchen emittierte elektromagnetische Strahlung. Sie entsteht, wenn beispielsweise Elektronen um die Kraftlinien eines Magnetfeldes spiralen. Der Name rührt her von der in irdischen Teilchenbeschleunigern, sogenannten Synchrotrons, auftretenden Strahlung.

T

T-Tauri-Stern

Sehr junger Stern kurz vor dem Eintreten in die Hauptreihe. T-Tauri-Sterne fallen durch spontane Helligkeitswechsel und als Quellen intensiver Röntgenstrahlung auf. Außerdem zeigen sie ausgeprägte Materie-Jets.

Termschema
Graphische Anordnung der Energieniveaus eines Atoms oder Atomkerns.

V

Veränderliche
Sterne, die periodische oder aperiodische Veränderungen in ihrer Leuchtkraft zeigen.

Vorhauptreihenstern
Sterne, die im Hertzsprung-Russell-Diagramm nach Verlassen der Hayashi-Linie bei nahezu konstanter Leuchtkraft auf die Hauptreihe wandern. Sie gewinnen ihre Energie noch aus der Kelvin-Helmholtz-Kontraktion.

W

Weißer Zwerg
Ausgebrannter Kohlenstoff-/Sauerstoffkern eines Sterns von ursprünglich etwa 0,5 bis 8 Sonnenmassen. Weiße Zwerge bestehen aus entarteter Materie hoher Dichte.

Winkelgeschwindigkeit
Maß für die Geschwindigkeit einer Drehbewegung. Winkelgeschwindigkeiten werden in Einheiten eines Drehwinkels von 360 Grad pro Zeit angegeben.

Internetadressen

Einführungen und Übersichtsartikel

Astronomie (deutsch)
http://www.schulphysik.de/such5.html
Unter anderem viele Beiträge zu den Themen: Leben der Sterne,
Veränderliche Sterne, Supernovae, Neutronensterne

Astronomie – Sterne und Planeten (deutsch)
http://jumk.de/astronomie/index.shtml
Einführung zum Thema Sterne und Daten zu besonderen Sternen

Astronomy 101/103 (englisch)
http://instruct1.cit.cornell.edu/courses/astro101/index.htm
Ausführliche Behandlung der Sternentstehung und Sternentwicklung
sowie anderer astronomischer Themen

Astronomy Notes – Kapitel 13 (englisch)
http://www.astronomynotes.com/
Empfehlenswert Beitrag Nummer 13: Lives and Deaths of Stars

Ein Streifzug durch das Universum (deutsch)
http://astro.goblack.de/
Die Links »GoAstro« und »Universum« führen zu ausführlichen
Artikeln über Sterne.

Erste Sterne (englisch)
http://www.solstation.com/x-objects/first.htm
Kurzfassung zur Entstehung der ersten Sterne und den Bedingungen
im Kosmos nach dem Urknall; mit weiterführenden Links

Imagine the Universe (englisch)
http://imagine.gsfc.nasa.gov/docs/science/science.html

Beiträge zu den Sternen und anderen Objekten im Universum. Unter dem Link »Dictionary« sehr ausführliches Astronomisches Lexikon

Lexika

Astrolexikon (deutsch)
http://lexikon.astroinfo.org/
Lexikon zu astronomischen Begriffen

Lexikon der Astrophysik von Andreas Müller (deutsch)
http://www.wissenschaft-online.de/astrowissen/
Sehr ausführliche Erklärung astronomisch relevanter Begriffe mit vielen Links, die zu ergänzenden Artikeln führen

The Internet Encyclopedia of Science (englisch)
http://www.daviddarling.info/encyclopedia/ETEmain.html
Ausführliches Lexikon zu nahezu allen astronomischen Themen

The Natures of the Stars (englisch)
http://www.astro.uiuc.edu/~kaler/sow/star_intro.html
Ausführliches Lexikon zum Thema Sterne

Spezielle Sterne und deren Daten

Notable Nearby (englisch)
http://www.solstation.com/stars.htm
Liste naher Sterne bis etwa 100 Lichtjahre mit ausführlichen Daten zu jedem Stern

The Constellations and their Stars (englisch)
http://www.astro.wisc.edu/~dolan/constellations/constellations.html
Ausführlicher Sternkatalog unter »Supplementary Information«, »Stars«

Sternkarten und Sternbilder

Sternbilder (deutsch)
http://www.sternenhimmel-aktuell.de/Sternbilder.htm
Sternbilder mit ihren Sternen und einer kurzen Beschreibung

Your Sky (englisch)
http://www.fourmilab.ch/yoursky/
Virtuelles, interaktives Planetarium. Zeigt den Himmel von einem beliebigen Standort aus gesehen zu jeder beliebigen Zeit.

Literatur

Adams, F., und G. Laughlin: Die fünf Zeitalter des Universums. Stuttgart/München 2000

Becker, W.: Endstadien der Sternentwicklung. Vorlesungsskript, Max-Planck-Institut für extraterrestrische Physik, Garching 2004

Becker, W.: Neutronensterne und Pulsare. Vorlesungsskript, Max-Planck-Institut für extraterrestrische Physik, Garching 2005

Becker, W.: Sterne: Globale Eigenschaften und Spektren. Vorlesungsskript, Max-Planck-Institut für extraterrestrische Physik, Garching 2003

Bender, R., und A. Burkert: The Stars: Spectra and Fundamental Properties. Astrophysics Introductory Course, SS 2004 & WS 2004/2005

Bender, R., A. Crusius-Wätzel und M. Mattias: Stars, Star Formation and Stellar Evolution. Vorlesung an der Universitätssternwarte München, SS 2001

Bromm, V., und R. B. Larson: The First Stars. Annual Review of Astronomy and Astrophysics, 2004

Drexlin, G.: Endstadien von Sternen. Vorlesung an der Universität Karlsruhe, SS 2006

Gehren, T.: Einführung in die Astronomie & Astrophysik. Teil I und II. Vorlesungsskript, Universitätssternwarte München, WS 2005/2006 und SS 2006

Hasinger, G.: Das Schicksal des Universums. München 2007

Hasinger, G.: Vorlesung: Einführung in die Astrophysik, Sternentwicklung, Endstadien der Sterne. Garching, WS 2006/2007

Heger, A., et al.: How Massive Single Stars End their Life. In: http://xxx.lanl.gov/abs/astro-ph/0212469

Hester, J., D. Burstein, G. Blumenthal, R. Greeley, B. Smith, H. Voss, G. Wegner: Twenty First Century Astronomy. London/New York 2002

Kaler, J. B.: Sterne. Heidelberg/Berlin/Oxford 1994

Kippenhahn, R., und A. Weigert: Stellar Structure and Evolution. Berlin/Heidelberg/New York 1994

Kley, W.: Einführung in die Astronomie & Astrophysik II. 4. Kapitel: Physik der Sterne. Institut für Astronomie & Astrophysik, Abtlg. Computational Physics, Eberhard-Karls-Universität Tübingen, SS 2006

Larson, R. B., und V. Bromm: »Die ersten Sterne im Universum«. *Spektrum der Wissenschaft*, Februar 2002

Mitalas, R., und K. R. Sills: »On the Photon Diffusion Time Scale for the Sun«. *The Astrophysical Journal*, 401: 759–760, 20. 12. 1992

Müller, J., und H. Lesch: »Die Entstehung der chemischen Elemente«. *Chemie in unserer Zeit*, 39. Jahrgang, April 2005, S. 100

Paturi, F. R.: Harenberg: Schlüsseldaten Astronomie. Dortmund 1996

Phillips, A. C.: The Physics of Stars, 2nd Edition. Chichester 2007

Ritter, H.: Innerer Aufbau und Entwicklung von Sternen. Vorlesungsskript, Max-Planck-Institut für Astronomie. Garching, WS 1999/2000 und 2000/2001

Scheffler, H., und H. Elsässer: Physik der Sterne und der Sonne. Mannheim 1990

Seidel, R.: Supernova Ia. Seminar an der Humboldt-Universität Berlin, 26. 1. 2007

Smith, G.: Astronomy Tutorial. University of California, San Diego. In: http://casswww.ucsd.edu/public/

Spolyar, D., K. Freese und P. Gondolo: Dark matter and the first stars: a new phase of stellar evolution. In: http://xxx.lanl.gov/abs/0705.0521

Stix, M.: On the Time Scale of Energy Transport in the Sun. Kiepenheuer-Institut für Sonnenphysik, Freiburg i. Br., 18. 9. 2002

Unsöld, A., und B. Baschek: Der Neue Kosmos. Berlin/Heidelberg/New York 1999

Weigert, A., H. J. Wendker und L. Wisotzki: Astronomie und Astrophysik. Weinheim 2005

Weiss, A.: Das Alter der Sterne. Vorlesungsskript, Max-Planck-Institut für Astrophysik. Garching 2004

Weiss, A.: The First Stars in the Universe and the Galaxy. Max-Planck-Institut für Astrophysik, Garching, Dartmouth College, 10/2006

Personen- und Sachregister

307

Bildnachweis

(Die Angabe »a. a. O.« bezieht sich auf die in »Literatur« [Seite 294 ff.] verzeichneten Quellen.)

Abbildungen

Abbildung 1: http://de.wikipedia.org/wiki/Bild:Armillary_sphere.png

Abbildung 2: http://www.eso.org/esopia/images/html/phot-43a-99.html

Abbildung 3: http://hubblesite.org/gallery/spacecraft/05/

Abbildung 4: (Milchstraße im IR) http://abyss.uoregon.edu/~js/ast123/lectures/lec10.html

Abbildung 5: http://imgsrc.hubblesite.org/hu/db/2004/07/images/a/formats/print.jpg

Abbildung 6: Erstellt mit Astronomieprogramm »Redshift«

Abbildung 7: Jörn Müller

Abbildung 8: http://www.astro.com/im/haeuser_aequatorsystem1.gif

Abbildung 9: Kein Nachweis

Abbildung 10: Erstellt mit Astronomieprogramm »Redshift«

Abbildung 11: http://antwrp.gsfc.nasa.gov/apod/ap960501.html

Abbildung 12: http://zebu.uoregon.edu/~soper/Jovian/jupiter.html

Abbildung 13: Nach Fig. 4–1, Seite 38 aus: RCA Staff, Electro Optics Handbook, RCA, Dez. 1974

Abbildung 14: Nach Bild von Seite 14 aus: RCA Staff, Electro Optics Handbook, RCA, Dez. 1974

Abbildung 15: Aus: »Vom Urknall zum Menschen«, F. A. Brockhaus, Leipzig/Mannheim 1999, S. 61

Abbildung 16: Jörn Müller

Abbildung 17: Vorlesungsskript Wisotzki, HU Berlin, ASTRO I, WS 2005/2006

Abbildung 18: Jörn Müller

Abbildung 19: Jörn Müller

Abbildung 20: http://de.wikipedia.org/wiki/Balmer-Serie

Abbildung 21: Jörn Müller

Abbildung 22: Vorlesungsskript Wisotzki, HU Berlin, ASTRO I, WS 2005/2006

Abbildung 23: Aus: Weigert, A., H. J. Wendker, L. Wisotzki, a.a.O., S. 117

Abbildung 24: http://www.astro.virginia.edu/class/skrutskie/images/stars_spectra2.jpg

Abbildung 25: Quelle nicht auffindbar

Abbildung 26: Aus: Unsöld, A., und B. Baschek, a.a.O., S. 187

Abbildung 27: http://www.astro.uiuc.edu/~kaler/sow/hrd.html

Abbildung 28: http://www.capella-observatory.com/ImageHTMLs/
DiffuseNebula/M16Primary.htm

Abbildung 29: http://hubblesite.org/newscenter/archive/releases/2006/
01/image/a/

Abbildung 30: http://www.eso.org/public/outreach/press-rel/pr-2001/
pr-01-01.html

Abbildung 31: http://www.oktoberfest.de/de/16/content/teufelsrad/

Abbildung 32: http://physics.uoregon.edu/~jimbrau/astr122/
Copyright 2005 Pearson Prentice Hall, Inc.

Abbildung 33: http://physics.uoregon.edu/~jimbrau/astr122/
Copyright 2005 Pearson Prentice Hall, Inc.

Abbildung 34: http://physics.uoregon.edu/~jimbrau/astr122/
Copyright 2005 Pearson Prentice Hall, Inc.

Abbildung 35: http://www.wissenschaft-online.de/astrowissen/lexdt_
h06.html#hydg

Abbildung 36: http://ipac.jpl.nasa.gov/media_images/ssc2003-06b1.
jpg

Abbildung 37: http://www.aerospaceweb.org/question/astronomy/
q0247.shtml

Abbildung 38: Aus: Gehren, T., a.a.O.

Abbildung 39: http://hubblesite.org/gallery/album/star_collection/
pr1995045b/ und http://hubblesite.org/gallery/album/star_collection/
pr1995045c/

Abbildung 40: Aus: Scheffler, H., und H. Elsässer, a.a.O., S. 529

Abbildung 41: Aus: Kaler, J. B., a.a.O., S. 153

Abbildung 42: Aus: Scheffler, H., und H. Elsässer, a.a.O., S. 527

Abbildung 43: http://hubblesite.org/gallery/album/star_collection/pr1995024a/

Abbildung 44: Aus: Scheffler, H., und H. Elsässer, a.a.O., S. 531

Abbildung 45: http://de.wikipedia.org/wiki/Kernfusion

Abbildung 46: Jörn Müller

Abbildung 47: http://de.wikipedia.org/wiki/Bild:CNO_Cycle_de.svg

Abbildung 48: Jörn Müller

Abbildung 49: Aus: Unsöld, A., und B. Baschek, a.a.O., S. 282

Abbildung 50: http://physics.uoregon.edu/~jimbrau/astr122/

Abbildung 51: http://physics.uoregon.edu/~jimbrau/astr122/

Abbildung 52: http://commons.wikimedia.org/wiki/Image:Triple-Alpha_Process.png

Abbildung 53: http://physics.uoregon.edu/~jimbrau/astr122/

Abbildung 54: http://physics.uoregon.edu/~jimbrau/astr122/

Abbildung 55: Quelle nicht auffindbar

Abbildung 56: Aus: Scheffler, H., und H. Elsässer, a.a.O., S. 488

Abbildung 57: http://physics.uoregon.edu/~jimbrau/astr122/

Abbildung 58: http://physics.uoregon.edu/~jimbrau/astr122/

Abbildung 59: http://www.esa.int/esaSC/SEMZCGO2UXE_index_1.html

Abbildung 60: http://physics.uoregon.edu/~jimbrau/astr122/

Abbildung 61: Aus: Scheffler, H., und H. Elsässer, a.a.O., S. 481

Abbildung 62: Aus: Weigert, A., H. J. Wendker, L. Wisotzki, a.a.O., S. 196

Abbildung 63: Nach Bild von http://odin.physastro.mnsu.edu/~eskridge/astr101/kauf21_12.JPG

Abbildung 64: Aus: Scheffler, H., und H. Elsässer, a.a.O., S. 483

Abbildung 65: http://physics.uoregon.edu/~jimbrau/astr122/

Abbildung 66: Aus: Hester, J., et al., a.a.O., S. 403

Abbildung 67: Aus: Vorlesungsskript G. Drexlin, EKP, Astroteilchenphysik, SS 2006, Vorlesung # 5

Abbildung 68: http://hubblesite.org/newscenter/archive/releases/1999/19/image/i

Abbildung 69: http://chandra.harvard.edu/photo/2007/kepler/

Abbildung 70: Aus: »Vom Urknall zum Menschen«, f. A. Brockhaus, Leipzig/Mannheim, S. 114

Abbildung 71: Jörn Müller

Abbildung 72: http://www.physics.hku.hk/~nature/CD/regular_e/lectures/chap16.html

Abbildung 73: Quelle nicht auffindbar

Abbildung 74: http://www.mpe.mpg.de/xray/wave/rosat/gallery/calendar/2002/sep.php

Abbildung 75: http://physics.uoregon.edu/~jimbrau/astr122/

Abbildung 76: Aus: Scheffler, H., und H. Elsässer, a.a.O., S. 129

Abbildung 77: Aus: Weigert, A., H. J. Wendker, L. Wisotzki, a.a.O., S. 132

Abbildung 78: http://hubblesite.org/newscenter/archive/releases/2006/54/

Abbildung 79: Aus: Hester, J., et al., a.a.O., S. 318

Abbildung 80: Aus: Weigert, A., H. J. Wendker, L. Wisotzki, a.a.O., S. 108

Abbildung 81: Aus: Scheffler, H., und H. Elsässer, a.a.O., S. 166

Abbildung 82: Aus: Weigert, A., H. J. Wendker, L. Wisotzki, a.a.O., S. 212

Abbildung 83: http://physics.uoregon.edu/~jimbrau/astr122/

Abbildung 84: http://physics.uoregon.edu/~jimbrau/astr122/

Abbildung 85: Aus: Hester, J., et al., a.a.O., S. 395

Abbildung 86: http://hubblesite.org/gallery/album/nebula_collection/pr1998039a/

Abbildung 87: http://astronomy.meta.org/monatlich/0507_monatsthema_k.jpg

Abbildung 88: http://antwrp.gsfc.nasa.gov/apod/image/0512/crab-mosaic_hst_f.jpg

Abbildung 89: http://www.nasa.gov/centers/goddard/news/topstory/2005/universe_objects.html

Abbildung 90: http://www.nasa.gov/centers/goddard/news/topstory/2007/webb_slinger_prt.htm

Tabellen

Tabelle I: Aus: Scheffler, H., und H. Elsässer, a.a.O., S. 63

Tabelle II: Aus: Unsöld, A., und B. Baschek, a.a.O., S. 288

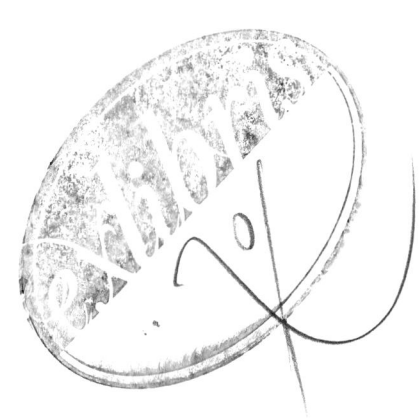

HARALD LESCH / JÖRN MÜLLER

15382

15343

15154

Um die ganze Welt des
GOLDMANN-*Sachbuch*-Programms
kennenzulernen, besuchen Sie uns doch
im Internet unter:

www.goldmann-verlag.de

Dort können Sie
nach weiteren interessanten Büchern ***stöbern***,
Näheres über unsere *Autoren* erfahren,
in *Leseproben* blättern, alle *Termine* zu Lesungen und
Events finden und den *Newsletter* mit interessanten
Neuigkeiten, Gewinnspielen etc. abonnieren.

Ein *Gesamtverzeichnis* aller Goldmann Bücher finden
Sie dort ebenfalls.

Sehen Sie sich auch unsere *Videos* auf YouTube an und
werden Sie ein *Facebook*-Fan des Goldmann Verlags!